EXPOSITION INTERNATIONALE DE MONTPELLIER

26 MAI - 26 JUIN 1927

CONGRÈS DE VITICULTURE

des 7, 8 et 9 Juin 1927

RAPPORT GÉNÉRAL

PAR

M. L. ROOS

DIRECTEUR HONORAIRE DE LA STATION ŒNOLOGIQUE DE L'HÉRAULT

MONTPELLIER

IMPRIMERIE ROUMÉGOUS ET DÉHAN

Rue Vieille Intendance, 5

1927

EXPOSITION INTERNATIONALE DE MONTPELLIER

26 MAI - 26 JUIN 1927

CONGRÈS DE VITICULTURE

des 7, 8 et 9 Juin 1927

RAPPORT GÉNÉRAL

PAR

M. L. ROOS

DIRECTEUR HONORAIRE DE LA STATION ŒNOLOGIQUE DE L'HÉRAULT

MONTPELLIER

IMPRIMERIE ROUMEGOUS ET DEHAN

Rue Vieille-Intendance, 5

1927

COMITÉ D'ORGANISATION

MM. Ravaz, Directeur de l'Ecole Nationale d'Agriculture, Montpellier.

Roos, Directeur honoraire de la Station Œnologique de l'Hérault, à Montpellier.

Hugues, Directeur de la Station Œnologique de Montpellier.

Astruc, Directeur de la Station Œnologique de Nimes.

Sémichon, Directeur de la Station Œnologique de Narbonne,

Vincens, Directeur de la Station Œnologique de Toulouse,

Cathala, Président de la C. G. V., à Narbonne.

Combenale, Président du Syndicat de la C. G. V., à Montpellier.

Burguin, Président du Syndicat de la C. G. V., à Béziers.

Carcassonne, Président du Syndicat de la C. G. V., à Perpignan.

Vitou, Président de l'Office Agricole de l'Hérault.

Tacussel, Président de l'Office Agricole de Vaucluse.

de Vulliod, Président de la Société Centrale d'Agriculture.

Jamme, Vice-président de la Société Centrale d'Agriculture.

Paul, Président de la Société Départementale d'Agriculture.

Palazy, Vice-président de la Société Départementale d'Agriculture.

Gaujal, Président du Comice Agricole de l'Arrondissement de Béziers.

Blanc, Ingénieur en Chef du Génie Rural, Montpellier.

Ventre, Professeur à l'Ecole Nationale d'Agriculture.

Cottier, Professeur à l'Ecole Nationale d'Agriculture.

Vires, Professeur à la Faculté de Médecine de Montpellier.

Roche-Agussol, Professeur à la Faculté de Droit de Montpellier.

Carrière, Professeur à la Faculté des Sciences de Montpellier.

Chaptal, Directeur de la Station Météorologique de Montpellier.

Ravel, Président de la Fédération Méridionale des Caves Coopératives de vinification.

Pomier-Layrargues, Président de la Fédération méridionale des Distilleries Coopératives.

Pastre (Gaston), Membre du Conseil d'Administration de la C. G. V.

CAYROL, Commissaire adjoint à l'Exposition de Montpellier.
SIGARD, Secrétaire général de la Société Centrale d'Agriculture.
VERGE, Chef de travaux à l'Ecole Nationale d'Agriculture.

PRÉSIDENT DU CONGRÈS

M. CATHALA, Président de la C. G. V., à Narbonne.

Bureau du Comité d'Organisation

Président

M. COMBEMALE, Président du Syndicat Régional de la C. G. V., à
Montpellier.

Vice-Présidents

MM. RAVAZ, Directeur de l'Ecole Nationale d'Agriculture de Mont-
pellier.
DE VULLIOD, Président de la Société Centrale d'Agriculture, à
Montpellier.
PAUL, Président de la Société Départementale d'encouragement
à l'Agriculture de l'Hérault.
BURGUIN, Président du Syndicat Régional de la C. G. V., à
Béziers.
GAUJAL, Président du Comice agricole de l'arrondissement de
Béziers.

Secrétaires

MM. HUGUES, Directeur de la Station Œnologique de l'Hérault, à
Montpellier.
SIGARD, Secrétaire Général de la Société Centrale d'Agriculture
à Montpellier.
ROCHE-AGUSSOL, Professeur à la Faculté de Droit à Mont-
pellier, Secrétaire général-adjoint de la C. G. V.

Rapporteur générol

M. ROOS, Directeur honoraire de la Station Œnologique à Montpellier.

PROGRAMME DU CONGRÈS

Mardi 7 Juin 1927. — *Séance du matin*

9 heures.— Séance d'ouverture. Allocution du Président.

9 h. 30. — Les raisins de table (a), culture, variétés. Rapporteur : M. TACUSSEL, Président de l'Office agricole de Vaucluse. (b) Les raisins de table en Italie et en Espagne. Rapporteur : M. LOUBET, Inspecteur Divisionnaire de la Cⁱᵉ P. L. M. à Paris. (c) Consommation et action curative des raisins. Rapporteur : M. le Dʳ VIBES, Professeur à la Faculté de Médecine de Montpellier.

11 heures.— Utilisation des marcs de vendange non fermentés. Rapporteur : M. HUGUES, Directeur de la Station Œnologique de l'Hérault.

Mardi 7 Juin. — *Séance du soir*

15 heures.— Utilisation des raisins sous toutes formes autres que le vin. Rapporteur : H. VINCENS, Directeur de la Station Œnologique de Toulouse.

16 heures.— La coopération en viticulture. Rappporteurs MM. RAVEL, Président de la Fédération des Caves Coopératives méridionales, et POMIER-LAYRARGUES, Président de la Fédération des Distilleries Coopératives.

17 heures.— Les sous-produits de la vigne pour l'alimentation du bétail. Rapporteur : M. COTTIER, Professeur à l'Ecole Nationale d'Agriculture de Montpellier.

Mercredi 8 Juin 1927.— *Séance du matin*

9 heures.— L'huile de pépins de raisins, sa production, son avenir. Rapporteur : M. VENTRE, professeur à l'Ecole Nationale d'Agriculture de Montpellier.

10 heures.— Les sous-produits de la vigne pour la fabrication des engrais. Rapporteur : M. Astruc, Directeur de la Station Œnologique du Gard, à Nimes.

11 heures.— Les tartres, leur extraction, leur analyse, leur débouché. Rapporteur : M. L. Sémichon. Directeur de la Station Œnologique de l'Aude, à Narbonne.

Mercredi 8 Juin.— *Séance du soir*

14 heures.— L'exportation des vins de consommation courante. Rapporteur : M. G. Pastre, secrétaire général adjoint de la C. G. V., Docteur ès sciences, Docteur en droit.

15 heures. — Mistelles, vins doux naturels, vins de liqueur. Rapporteur : M. Carcassonne, Président du Syndicat régional des Pyrénées-Orientales (C. G. V.).

16 heures.— Etude législative se rapportant aux différentes questions prévues au programme du congrès et étudiées pendant le Congrès. Rapporteur : M. Roche-Agussol, Professeur à la Faculté de Droit de Montpellier.

17 heures.— Résumé des travaux du Congrès. M. Roos, Directeur honoraire de la Station Œnologique de Montpellier.

Jeudi 9 Juin 1827.— *Matin*

9 heures.— Visite à l'Ecole Nationale d'Agriculture de Montpellier.

Jeudi 9 Juin.— *Soir*

13 h. 30. — Excursion facultative. Visite de la distillerie coopérative " La Grappe " à Montpellier. Visite d'une cave coopérative (Lansargues).

Les séances du Congrès se tiendront dans la Salle des Concerts du Théâtre municipal, boulevard Victor-Hugo, place Molière, à Montpellier.

RÈGLEMENT GÉNÉRAL DU CONGRÈS

ARTICLE PREMIER.— Un congrès de Viticulture organisé à l'occasion de l'Exposition Internationale de Montpellier, aura lieu à Montpellier, les 7, 8 et 9 juin 1927.

Ce Congrès est placé sous les auspices de la Confédération Générale des Vignerons et des Sociétés Agricoles et Viticoles de la région méridionale.

ARTICLE 2.— Sont membres du Congrès les personnes qui adresseront leur adhésion au Commissariat général du Congrès, 16, rue de la République à Montpellier, en y joignant une cotisation de *vingt* francs.

ARTICLE 3.— Les Congressistes régulièrement inscrits recevront une carte donnant accès aux séances du Congrès et le compte-rendu *in extenso* des travaux du Congrès.

La carte de Congressiste donnera accès également à l'Exposition Internationale pendant les journées des 7, 8 et 9 juin ainsi qu'aux fêtes de nuit.

ARTICLE 4.— Chaque question indiquée au programme sera exposée par un ou plusieurs rapporteurs désignés à cet effet par le Comité du Congrès, les Congressistes désireux de présenter un travail se rapportant à une des questions du Congrès devront en adresser un exemplaire au Secrétariat général avant le 25 mai 1927.

ARTICLE 5.— Les rapports devront être déposés au plus tard le 1er mai 1927.

ARTICLE 6.— Toute personne désirant prendre part à la discussion pourra demander au Secrétariat général un exemplaire du rapport sur lequel il désire parler et devra fournir avant le 1er juin un résumé ne dépassant pas 50 lignes de texte ordinaire, de l'étude qu'il se propose de communiquer.

ARTICLE 7.— Le Bureau du Congrès fixe l'ordre de la discussion des rapports et des communications, il a plein pouvoir pour statuer en cours de session, sur tout incident ou toute question non prévue au présent règlement.

ARTICLE 8.— Le délai d'inscription expire le 25 mai.

ARTICLE 9.— Les adhérents au Congrès feront connaître également s'ils désirent prendre part à l'excursion du jeudi 9 juin, le prix de l'excursion leur sera communiqué au moment du Congrès et vraisemblablement ce prix ne dépassera pas 15 francs.

AVANT-PROPOS

L'Exposition Internationale de Montpellier, qui s'est ouverte le 26 mai 1927, a été une manifestation grandiose, dépassant de beaucoup, ce qu'on pouvait raisonnablement attendre.

Montpellier est une grande ville de province, mais grande surtout par ses centres d'instruction, son Université complète, son Ecole Nationale d'Agriculture dont la réputation comme celle de sa Faculté de Médecine est mondiale, et c'est là ce qu'explique le succès de son Exposition.

Le Comité d'organisation, après avoir sollicité les Industriels, les Commerçants et les Agriculteurs de venir présenter sur l'Esplanade les meilleurs spécimens de leurs fabrications ou de leurs productions, et cela avec un remarquable succès, notamment en ce qui concerne le matériel agricole, viticole et vinicole, n'a pas jugé son rôle terminé.

Toutes les manifestations de l'activité humaine ne sont pas susceptibles d'être exposées matériellement. Ce n'est que par la parole que le savant travaillant dans l'ombre de son laboratoire, ou l'ingénieur dans son bureau, peuvent exposer leurs essais, expériences ou projets, où souvent se trouve l'embryon d'un gros progrès. Ce n'est que par la parole que les spécialistes des diverses questions peuvent faire connaître leurs vues, et souvent même puiser des idées nouvelles dans la discussion qui suit leur exposé.

C'est pourquoi le Comité d'Organisation de l'Exposition a pensé qu'une place devait être réservée aux œuvres intellectuelles, plus particulièrement à celles intéressant la population agricole, de beaucoup dominante dans la région.

Il a donc choisi, parmi toutes les questions qu'on peut considérer comme à l'ordre du jour, celles qui sont encore assez nouvelles, voire même encore à l'étude dans les laboratoires, les usines ou les Sociétés savantes, particulièrement intéressantes pour les agriculteurs parce qu'elles touchent à leurs intérêts.

Au point de vue « Engrais », d'où dépend la grosse production agricole, l'*azote* est une de ces questions.

L'azote est l'élément fertilisant le plus cher et aussi le plus rare.

La France ne possède pas d'azote sous les formes nécesaaires à l'agriculture indépendamment des fumiers qu'elle peut produire, et de quelques sous-produits industriels insuffisants.

Jusqu'ici elle s'est alimentée à l'étranger, et le Chili a été pendant de longues années son pourvoyeur, comme d'ailleurs celui de beaucoup d'autres nations, avec ses immenses réserves de nitrate de soude.

L'atmosphère, constitue bien une source inépuisable d'azote, dont quelques plantes peuvent bénéficier directement, mais à cette exception près, ce sont des combinaisons de l'azote, et non l'azote gazeux de l'air, qu'il faut à l'agriculture.

Le problème de la transformation de l'azote atmosphérique en combinaisons utilisables par les plantes est posé depuis longtemps. Il était résolu partiellement en Norvège quelques années avant la guerre, grâce aux immenses ressources d'énergie électrique dont dispose cette nation. Il a été très travaillé en Allemagne, dans un but hélas ! moins pacifique que l'utilisation agricole. Il s'agissait pendant la guerre, de produire les importantes quantités de combinaisons azotées indispensables à la fabrication des explosifs. L'impérieux besoin de nitrates que l'Allemagne ne pouvait plus recevoir du Chili, suscita une émulation fructueuse parmi les savants allemands et la transformation de l'azote de l'air en azote nitrique y prit un rapide développement.

En France, la même industrie existe aujourd'hui, et si son développement n'a pas été aussi rapide qu'en Allemagne, elle y tient cependant une place importante avec des procédés français, bien que tout ne soit pas encore dit sur cette question.

Voilà les raisons qui ont amené le Comité d'organisation de l'Exposition à l'idée du *Congrès des engrais azotés de synthèse*.

Le Comité s'est souvenu encore, des travaux du Comice Agricole de Béziers, et du Concours du Carburant National d'il y a quelques années. La motoculture s'étant beaucoup développée dans ces derniers temps, le Comité a pensé que depuis l'époque du Concours des Carburants de nouvelles recherches ou applications avaient pu se produire, qu'il importait de faire connaître aux agriculteurs.

De là l'idée du *Congrès des Carburants*.

Enfin le Comité ne pouvait pas oublier que la région méridionale est essentiellement viticole, que si, depuis quelques années les productions sont à peines suffisantes pour les besoins de la consommation, l'extension des plantations pourrait bien, dans l'avenir, amener une surproduction et par suite une crise.

Pour cette raison, les œnologues, les chimistes, les ingénieurs, se sont préoccupés de l'utilisation des raisins au maximum, soit pour le consacrer à d'autres produits alimentaires que le vin, soit en exploitant rationnellement tous les sous-produits de la vinification.

Le Comité a songé à demander aux divers spécialistes de ces questions, de venir exposer, à l'occasion de l'Exposition, les résultats de leurs travaux et de leurs recherches.

Voilà comment est né le *Congrès de Viticulture*, dont le programme délaisse, comme assez connus, la culture de la vigne et les procédés de vinification.

Pour la réussite de ces Congrès, il ne suffisait pas d'émettre des idées, il fallait aussi organiser et centraliser.

Le Comité ne pouvait pas prendre à sa charge tous ces travaux, mais il a demandé et obtenu pour chacun des Congrès, la collaboration des institutions scientifiques et des grands organismes agricoles de la région.

Il a demandé à l'Ecole Nationale d'Agriculture, d'organiser le Congrès des engrais azotés de synthèse ; à la Faculté des Sciences de Montpellier, à laquelle est rattaché un Institut des Carburants, de s'intéresser au Congrès des Carburants ; enfin, à la Confédération générale des Vignerons, aux Société Centrale et Départementale d'Agriculture de prendre toutes dispositions pour assurer le succès du Congrès de Viticulture.

Il faut ici mentionner tout spécialement M. **Cathala**, président de la Confédération générale des Vignerons, qui a bien voulu accepter la Présidence du Congrès de Viticulture, et M. **Combemale**, président du Comité d'organisation, qui a assumé la rude tâche de se mettre en rapport avec les conférenciers et de faire la publicité nécessaire, pour porter à la connaissance de tous, l'intérêt de cette manifestation.

PREMIÈRE JOURNÉE DU CONGRÈS

Le Mardi 7 Juin 1927. — *Séance du matin*

Dès 9 heures du matin, les congressistes se pressaient nombreux à la Salle des Concerts du Théâtre Municipal, mise gracieusement à la disposition des organisateurs.

On remarquait dans l'assistance, les principales personnalités agricoles de toute la région méridionale. Le département du Var, malgré son éloignement relatif, était brillamment représenté par les Présidents de la Chambre d'Agriculture, de l'Office Agricole du Var, de la Société d'Agriculture et d'Acclimatation, de la Coopérative intercommunale de distillation de la Crau d'Hyères, etc…, etc…

A 9 h. 30, heure fixée pour l'ouverture de la première séance. M. **Combemale**, Président, de la Chambre d'Agriculture de l'Hérault et du Comité d'organisation du Congrès, ouvre la séance par l'allocution suivante :

MONSIEUR LE DÉLÉGUÉ DU MINISTRE,
MONSIEUR LE MAIRE,
MONSIEUR LE PRÉFET,
MESDAMES, MESSIEURS,

Je suis heureux de déclarer ouverts les travaux du Congrès de Viticulture.

Dans quelques instants j'en remettrai la présidence à M. **Cathala**, dont le nom seul est synonyme à la fois d'un passé de lutte, véritablement héroïque et d'une activité toujours heureuse au service de nos justes revendications. Mais quelques mots sont nécessaires pour rappeler ici les raisons de ce Congrès.

C'est une pensée qui, je dois vous dire, est née spontanément dans l'esprit de tous ceux qui ont préparé cette exposition que celle d'y réunir l'assemblée que nous saluons aujourd'hui.

Au moment où Montpellier a voulu appeler en un ensemble aussi significatif que possible les représentants de toutes les forces actives de notre pays, de nos colonies, des pays étrangers, il a paru indispensable de mettre à profit cette circonstance pour appeler très largement tous ceux qu'intéresse le sort de la vigne, à échanger leurs vues au sujet des problèmes les plus vivants, les plus préoccupants que suscite son avenir immédiat et lointain.

Je ne veux, en aucune façon, anticiper sur les communications qui vous seront faites. Leur seule énumération, les noms des rapporteurs vous sont déjà un gage de l'intérêt qui s'attache à ce Congrès.

—Je me bornerai, après avoir souhaité la bienvenue à tous ceux qui participent à son intérêt, à son éclat, à exprimer le très ferme espoir que des résolutions utiles et vraiment fécondes en seront le résultat.

Je déclare le Congrès ouvert et m'empresse de donner la Présidence et la parole à M. Cathala.

M. **M. Cathala,** prenant alors la présidence, prononce le beau discours qu'on va lire ci-après.

Discours de M. Marius Cathala

Président de la C. G. V.

La Confédération Générale des Vignerons vous remercie du témoignage d'estime et de confiance que vous lui donnez en désignant son Président pour diriger ses travaux.

C'est un très grand honneur qui lui échoit, mais c'est aussi une charge qu'il estimerait au-dessus de ses forces s'il ne reconnaissait ici de nombreux amis qui l'ont habitué à leur indulgente bienveillance et à leur précieuse collaboration.

Messieurs, le programme du Congrès ne comporte pas de question intéressant directement le vin. Ne nous hâtons pas de le regretter : les organisateurs ont pensé, avec juste raison, qu'on ne devait pas reprendre ici les questions qui, tout dernièrement, ont fait l'objet de laborieuses études dans vos diverses Associations viticoles. Les conclusions de ces études ont d'ailleurs été soumises à la discussion et adoptées par les récents Congrès de Marmande et de Strasbourg.

On ne saurait déduire de ces éliminations que le Congrès ne traitera que des à côtés du vin, sans grand intérêt pour nos vaillantes populations viticoles.

Ces « à-côtés », puisqu'il faut les appeler ainsi, ont leur réelle importance. Ils contribuent d'une façon régulière à améliorer la situation des viticulteurs, les uns en créant des ressources nouvelles, les autres en tirant des bénéfices appréciables de produits qui n'ont pas encore une utilisation assez générale.

Les éminents rapporteurs qui ont bien voulu se charger de nous exposer ces questions vont mettre en lumière tout l'intérêt qu'il y aurait pour le viticulteur à se dégager de sa gangue ancestrale. Cette attitude a bien le précieux avantage de river le paysan à la terre, mais d'autre part elle a cette regrettable conséquence d'entraver la réalisation pratique des progrès incessants de la science agricole.

Artisans essentiels de ces progrès, ils viendront eux-mêmes vous apporter le résultat de leurs savantes études.

C'est ainsi que ce Congrès de viticulture couronnera hautement les efforts de ses vaillants organisateurs en réalisant une œuvre de vulgarisation éminemment profitable à notre région viticole.

Messieurs, nos dévoués rapporteurs sont aussi des orateurs distingués. Je comprends toute l'impatience que vous avez de les entendre et je la partage.

Cependant je ne puis me résoudre à leur donner la parole sans avoir rempli le devoir qui, à cette date, s'impose à nos cœurs de vignerons méridionaux, en ouvrant ce Congrès dans la ville de Montpellier.

Rappelez-vous, Messieurs, rappelez-vous ces inoubliables journées de juin 1907, dont vingt années nous séparent.

Par la pensée, vous les revoyez, ces gueux qui s'acheminaient par centaines de mille vers la capitale du Languedoc où devait avoir lieu leur suprême Congrès et où, selon la phrase heureuse de Marcelin Albert, ils allaient écrire « cette page sublime de notre histoire régionale dans laquelle les générations futures viendraient se retremper ».

J'évoque le souvenir de ces gueux, qui, il y a vingt ans, donnaient le spectacle d'une manifestation économique comme l'histoire n'en avait jamais connu d'aussi colossale.

Après avoir montré de quelle force et quelle maîtrise était capable notre vieille race occitane, après avoir donné la preuve la plus navrante de leur misère, cinq à six cent mille des nôtres donnèrent encore l'expression la plus haute de cet amour de la paix qui reste au fond de tous les cœurs de paysan.

Ils caressaient cette fatale illusion du bon droit qui croit devoir triompher parce qu'il est le bon droit.

Ils croyaient qu'il suffirait d'étaler leur détresse à la face de tous pour voir les Pouvoirs Publics accourir à leur aide.

Le mirage tenace de leur espoir invétéré les guidait comme il persiste à les guider encore chaque fois qu'une crise surgit.

Après vingt ans d'expérience on s'accorde à reconnaître que Ferroul avait eu bien raison de dire « Vous n'obtiendrez que ce que vous saurez prendre ».

Après vingt ans d'expérience on s'accorde aussi à reconnaître que la page la plus retentissante du *Tocsin*, ce tableau mémorable de Blanc : « Qui nous sommes ? » n'était pas seulement l'appel fiévreux d'une pensée altière, mais aussi la traduction la plus fidèle, l'expression la plus vibrante et la plus chaleureuse de l'incroyable réalité

En 1907, les vignerons étaient comparables à ces derniers arbres rabougris, survivants d'une ancienne végétation, s'éteignant sur le Causse dénudé, subissant l'injure aggravée des intempéries, ébranchés peu à peu, dépouillés de leurs feuilles et de toute vie apparente.

Tour à tour s'abattant puis luttant encore sur leur moignon de bois pourri pour conserver ce reste de vie faiblement entretenu par une racine sans cesse tiraillée et sur le point de se rompre.

Comme l'arbre déchiqueté du Causse, le vigneron de 1907, avec sa mentalité tenace, s'accrochait désespérément à son sol. Il avait devant lui, la cruelle perspective de mourir de faim s'il ne s'arrachait pas à ses terres et à sa maison pour aller ailleurs chercher du pain ; celui qui restait dans la huche était bien le dernier « croustet ».

Et c'est sous cette impression navrante que les gueux s'acheminèrent vers la vieille ville, dont les portes s'écartaient devant eux toutes grandes.

Montpellier leur ouvrit ses bras accueillants, leur tendit sa main fraternelle et offrit à leur cortège émouvant et douloureux une voix triomphale.

La manifestation de Montpellier fut à la fois la plus belle et la plus pitoyable qui se vit jamais.

Un demi-million de paysans, conscients de leurs droits et de leurs devoirs y donnèrent au monde l'exemple d'une maîtrise absolue d'eux-mêmes.

Leur calme résista aux agissements habiles de tous les fauteurs de désordre et des nombreux agents provocateurs que couvraient certaines complaisances trop significatives.

Devant ce mouvement terrien, dont l'ampleur déconcertante aveuglait tels politiciens au point de les amener à lui imputer une arrière pensée politique qui lui était totalement étrangère, l'ordre avait été donné d'étouffer jusque dans le sang si c'était nécessaire cette agitation pacifique que des années d'imprévoyance et d'incurie avaient fait naître.

Mais on avait compté sans la force des impondérables.

Au contact des réalités si émouvantes de l'heure, au spectacle imprévu des foules miséreuses dressées, pour une cause juste et sacrée, l'âme des exécuteurs se trouva ébranlée et fléchit devant l'âme terrienne.

Tout près d'ici, sur cette place de la Comédie qui lui vit, le 10 juin 1907, tenter son dernier effort, elle se laissa rompre et désarmer par l'invincible puissance de cette force morale qu'est la juste voix de tout un pays.

Messieurs, il m'aura suffi, je l'espère, d'évoquer cet épisode triomphant de l'épopée des gueux de 1907 pour que la suite non moins glorieuse mais plus navrante vous apparaisse dans sa triste réalité.

Vingt années se sont passées, vingt années d'organisation et de travail opiniâtre, vingt années de sacrifices annuels qui à l'heure actuelle sont encore inférieures aux dépenses qu'impose le développement d'une action de plus en plus exigeante.

Vingt années ont passé et la lutte se poursuit, incessante, avec la collaboration des représentants de toutes les régions viticoles groupés à la Chambre et au Sénat, sous la présidence d'hommes que la Confédération des Vignerons compte parmi ses plus actifs et ses plus fidèles soutiens.

A présent la plainte des vignerons n'est plus invariablement étouffée. Elle s'élève et s'étend même parmi les vents contraires. Ses échos portent parfois au loin.

Elle a quelques appuis, elle a des défenseurs et si elle ne peut lutter victorieusement contre les puissances d'argent qui lui barrent trop souvent la route, c'est que le combat ne peut se dérouler à armes égales.

L'industrie est l'enfant chéri des forces financières et spéculatrices, tandis que la Terre, ingrate à ceux qui la desservent, reste rebelle à leur joug d'airain. Quoiqu'il en soit les gueux de jadis peuvent et savent parler à leur heure.

Les gueux sont organisés.
Les gueux aussi sont une force.
Ne l'oublions pas.
Et maintenant au travail, Messieurs, votre Congrès est ouvert.

M. Guillon, Inspecteur général de l'Agriculture, représentant M. le Ministre de l'Agriculture, prend ensuite la parole en ces termes :

Allocution de M. Guillon
Inspecteur général de l'Agriculture, délégué du Ministre.

Monsieur le Ministre de l'Agriculture avec lequel j'ai eu l'honneur de m'entretenir du Congrès de Viticulture de Montpellier, m'a chargé de vous donner l'assurance de son entier dévouement pour la cause que vous défendez.

Si je ne puis que d'une façon bien incomplète me substituer à lui pour vous féliciter comme il le convient, je lui sais, personnellement, gré de m'avoir fourni l'occasion de venir une fois de plus dans cette belle ville de Montpellier, qui évoque en moi les plus agréables souvenirs d'une jeunesse déjà lointaine, puisque après avoir été élève, j'ai enseigné à cette École nationale d'Agriculture dont le passé est intimement lié à celui de la reconstitution du vignoble français et mondial.

On peut dire, en effet, que Montpellier, par son Ecole d'agriculture et son Université, a été le théâtre de toutes les études et de toutes les recherches scientifiques pour lutter contre les fléaux, sans exemple dans l'histoire, qui se sont abattus sur la vigne depuis le milieu du siècle dernier.

Or, chez un grand peuple intelligent, comme le nôtre, la bonne semence ne tombe jamais en vain. Aussi toutes ces recherches scientifiques ont été intelligemment suivies et adaptées à la pratique, par le vigneron méridional dont on ne saurait trop faire l'éloge.

Après avoir lutté avec succès contre l'oïdium, le phylloxéra, le mildiou, il a été parmi ceux qui ont le plus rapidement compris les bienfaits du Crédit Mutuel, de la Coopération et de la Mutualité, notamment de la Loi du 21 décembre 1906 et du 5 août 1920.

Les statistiques montrent, en effet, que les caves coopératives sont réparties surtout dans la région méditerranéenne.

Parmi les grandes Associations viticoles qui ont éclos dans le Midi, il en est une qui, les dominant toutes, s'est créée aux heures les plus graves de la vie économique de ce pays et qui, tous les jours, justifie pleinement le but pour lequel elle s'est fondée. J'ai nommé la Confédération Générale des Vignerons à laquelle revient l'honneur d'avoir si bien organisé, avec les autres Sociétés méridionales, le Congrès de Viticulture d'aujourd'hui.

La Confédération Générale des Vignerons, qui groupe dans un élément de solidarité tous les vignerons, a accompli, depuis 1907, une œuvre si considérable qu'il faudrait plusieurs ouvrages pour la retracer. D'accord avec les groupes viticoles de la Chambre et du Sénat si bien présidés par MM. Barthe et Sarraut, elle ne cesse d'apporter au Ministère de l'Agriculture une précieuse collaboration, soit en contribuant largement à poursuivre impitoyablement les fraudeurs, soit en éclairant de ses conseils toutes les mesures législatives ou économiques touchant la viticulture.

Aussi, j'adresse à son Président, à ses dirigeants et à tous ses membres, ainsi qu'aux rapporteurs et aux congressistes, l'hommage et les félicitations du Ministre de l'Agriculture.

De même que je souhaite au Congrès de Viticulture de Montpellier tout le succès qu'il mérite.

Enfin M. **Billod**, maire de Montpellier, en une courte mais aimable improvisation, souhaite la bienvenue aux congressistes.

Il fait un vif éloge du discours de M. le Président Cathala et termine en faisant appel à la solidarité des villes et des campagnes.

Ces préliminaires achevés, **M. le Président Cathala** aborde l'ordre du jour des travaux en donnant la parole à M. **Tacussel**, pour son rapport sur les Raisins de table, culture et variétés.

Les raisins de table, culture et variétés

Rapporteur : H. TACUSSEL, *président de l'Office agricole de Vaucluse*

MESDAMES,
MESSIEURS,

Avant de vous parler *des raisins de table*, permettez-moi de remercier le Comité d'organisation de ce Congrès de m'avoir fait l'honneur de me confier la tâche de traiter cette question et de vous rappeler que c'est dans le *Progrès Agricole et Viticole* de MM. DEGRULLY et RAVAZ, que nous avons commencé il y a plus d'un quart de siècle, mon excellent ami et collaborateur ZACHAREWICZ et moi, la description et la *culture du raisin* de table dans la région méditerranéenne.

Je vous parlerai aujourd'hui seulement en passant, des variétés à cultiver et ne vous retiendrai pas à des détails de descriptions ampélographiques. Vous connaissez toutes celles qui sont recherchées par le commerce d'exportation, vous savez tous quelles sont celles qui conviennent le mieux à votre région, à votre milieu, vous n'ignorez rien de l'adaptation des porte-greffes américains à votre sol ni de l'affinité de ces porte-greffes avec les variétés qu'il vous paraît avantageux de planter.

Tout le monde sait que les types les plus courants sont le chasselas doré et le servant ou plutôt la famille des servants qui comprend le servant de Vendémian (Hérault), le gros vert du Thor (Vaucluse), le Saint-Jeannet (Alpes-Maritimes), etc. Ce sont ceux-là qui fournissent au commerce d'exportation, le plus fort tonnage.

Viennent encore pour augmenter ce tonnage, Admirable de Cour-
tiller, Dattier de Beyrouth, Muscat de Hambourg, Muscat d'Alexan
drie, Olivette blanche, Olivette noire, etc.

Il convient de citer encore quelques très anciens vinifera qui depuis
quelque temps augmentent dans de très grandes proportions le commerce d'expédition et qui, de ce fait, allègent le stock des vins produits; ce sont le cinsaut, la clairette, l'aramon.

Quelques nouveaux types semblent devoir donner de bons
résultats, entre autres Impérial ou Bellino et Alphonse Lavallée, tous
deux d'un très beau noir très pruiné, le premier à grains très gros,
le second à grains plus gros encore et qu'on peut dire énormes.
Ces deux raisins présentés sur le marché anglais comme on sait
le faire aujourd'hui, semblent devoir y obtenir un grand succès.
Des essais d'étude ont été faits dans divers milieux et si, comme
il est à supposer, ces essais donnent des résultats favorables, Impérial et Alphonse Lavallée grossiront le nombre déjà important
des variétés de *raisins d'expédition*. Quant au nombre des variétés
proprement dites *Raisins de table* il est très considérable, mais leur
culture est limitée, car la grosseur insuffisante du grain, sa couleur
ou sa fragilité, les font refuser par le commerce d'expédition. Parmi
elles, il en est d'exquises, de superbes par la forme et l'ampleur de
leurs grappes, par le coloris varié de leurs grains et permettent de
présenter sur les tables les plus somptueuses les desserts les plus
délicieux et les plus décoratifs. Elles font, d'autre part, sur les plus
modestes tables, le régal familial lorsque, même dans les plus modestes jardins, on a eu soin de planter quelques souches à maturité éche-
lonnée.

Mais au point de vue général de la viticulture ces variétés que l'on
peut appeler de *luxe* n'offrent qu'un intérêt très secondaire, et je
passe.

Il me reste à vous parler de l'intérêt commun qu'ont la culture du
Raisin de table et celle du *raisin à vin*.

Dans la préface de notre ampélographie (1), nous disons :

« Il nous paraît, à une époque où les moyens de transport permet-
« tent de faire rapidement arriver sur les marchés les plus éloignés
« et les plus importants, les produits de consommation les plus divers,
« que la culture des raisins de luxe ne doit plus être l'apanage des
« banlieues des grandes villes... »

______

(1) Voir : *Progrès Agricole.*

Quels immenses progrès ont été faits depuis ; quel écart de production entre les quelques centaines de kilos de raisins d e table fournis par les jardins urbains il y a vingt ans et les milliers de tonnes produits, aujourd'hui.

Certaines régions de Provence, le Vaucluse, par exemple, se sont spécialisées dans la culture du raisin de table. La production y est intense. Chaque gare de ce département expédie, chaque année, un nombre de tonnes de raisins qui. toujours très important devient souvent invraisemblable. Il me suffira pour vous convaincre, de vous citer la modeste gare du Thor. Le Thor a expédié en 1924, 2.638 wagons de raisins. et, en 1925, 3.152 wagons, soit exactement 14.988.204 kilos, c-est-à-dire 15.000.000 de kilos. Je ne parlerai pas de 1926, la récolte ayant été détruite par la gelée.

Cette calamité ne se reproduira certainement plus, du moins, avec même intensité, car les viticulteurs, après ce cruel avertissement, se sont groupés pour se défendre mutuellement contre les gelées et ont réussi dès le printemps même de 1927 à préserver leurs vignobles très dangereusement menacés. Ils savent maintenant que leurs efforts combinés produiront les meilleurs résultats. Ils ont en mains, des moyens qui ont fait leurs preuves, et qu'ils peuvent combattre victorieusement le fléau qui pour eux était le plus à redouter, les gelées printannières.

La production française du raisin de table est déjà très importante. Elle ira rapidement en augmentant. De la Méditerranée à l'Océan, on peut dire, et surtout dans la région méditerranéenne, des vignobles importants ont été créés en vue de répandre le raisin de table sur tous les marchés de France et d'exporter ensuite un excédent énorme à l'étranger, constituant ainsi, pour la France une source de richesse qu'il importe au plus haut degré de conserver.

Je dis conserver, mais c'est défendre que je devrais dire, mais défendre avec acharnement, car vous le savez, une concurrence impitoyable nous a été faite et continue sans trève ni repos.

Dans le rapport sur les Raisins de table que j'ai eu l'honneur de présenter en mars 1906, à la Société des viticulteurs de France, il y a plus de vingt ans, je fis adopter le vœu suivant :

« Que les tarifs d'exportation des raisins frais soient diminués de
« 45 o/o afin de mettre les viticulteurs français sur le pied d'égalité
« avec les viticulteurs italiens ».

Les tarifs d'exportation pesaient donc d'un poids presque double de celui que supportaient nos voisins. Et, en 1926, vingt ans après, n'avons-nous pas vu l'Allemagne fermer ses portes aux raisins français le 15 octobre, alors que les raisins italiens continuaient d'entrer librement en Germanie ?

C'est donc l'exportation des raisins de table qu'il faut favoriser, qu'il faut sauver. C'est l'intérêt de tous les viticulteurs de France, qu'ils fassent du vin ou du raisin de table.

La situation du marché des vins, il y a vingt ans et celle d'aujourd'hui, ne sont pas comparables, mais l'avenir de la viticulture est le même, le danger n'a pas changé.

En effet (permettez-moi de me citer encore), dans mon rapport du 6-9 juillet 1907 à Angers, il y a vingt ans, je disais qu'il fallait faciliter, autant que possible, la transformation des vignes à *raisins de cuve pour l'expédition*, en vignes *à raisins de table*, transformation qui aurait l'avantage d'apporter une amélioration dans la crise viticole, puisqu'il y aurait moins de vin.

La crise viticole par excès de production pourrait bien se produire de nouveau et à brève échéance, si l'exportation des raisins de table cessait pour une raison quelconque, car alors, l'inverse de ce que je conseillais en 1907 se produirait. Les viticulteurs s'empresseraient de vinifier les raisins de table se comportant bien à la cuve, et ne manqueraient pas de regreffer par des variétés à grand rendement, celles qui rendraient le moins.

Et c'est pour cela que je suis heureux, de parler aujourd'hui à Montpellier, devant l'élite des producteurs de vin du Midi et de leur demander, dans leur intérêt même, de prendre part à la défense du raisin de table, de faire peser de tout leur poids, auprès des pouvoirs publics, les Chambres d'Agriculture que nous désirons voir être consultées toutes les fois que les intérêts agricoles seront en jeu.

Je me permets donc de vous proposer de renouveler encore le vœu que j'ai si souvent présenté notamment tout dernièrement aux divers Congrès d'Agen, de Moissac, de Carpentras, d'Avignon, de Strasbourg.

1° Que le Gouvernement fasse toujours toute diligence pour établir entre la France et les nations voisines des traités de commerce permettant à tous les produits agricoles français de jouir du tarif de la Nation la plus favorisée ;

2° Que les commissions chargées de préparer et de discuter les traités de commerce, comprennent au moins autant de membres représentant l'agriculture que de représentants du commerce et de l'industrie ;

3° Que ces membres soient désignés exclusivement par les Chambres d'Agriculture et les Associations agricoles.

M. le Président remercie M. **Tacussel** du rapport si intéressant et si documenté qu'il vient de lire et qui se termine par un vœu, tendant à ce qu'une protection soit accordée par les traités de commerce à tous les produits agricoles français.

Ce vœu, mis aux voix, est adopté à l'unanimité.

M. **Loubet**, Inspecteur divisionnaire de la Compagnie P.-L.-M. devant présenter une étude comme celle de M. **Taussel**, sur l'état de la culture et du commerce des raisins de table en Italie et en Espagne, **M. le Président** lui donne la parole.

La Situation actuelle de la culture et du commerce des raisins de table en Italie et en Espagne

Rapporteur : M. LOUBET, *Inspecteur divisionnaire de la C*ie *P.-L.-M.,*
Ingénieur agronome.

La Compagnie des Chemins de fer P. L. M. a conduit en Italie, du 10 au 26 octobre 1925, en vue d'y étudier la culture des raisins de table, une importante mission à laquelle MM. le Député Barthe, l'Inspecteur Général Guillon, le Colonel Mirepoix ont bien voulu prendre part.

Un compte rendu très intéressant, publié par la Compagnie P. L. M., en a étàit fait par M. Guillon.

J'ai cru devoir reproduire ici l'essentiel des renseignements techniques recueillis au cours de ce voyage et y ajouter un certain nombre de documents qui m'ont été fournis, depuis l'année 1925, par diverses Personnalités du Monde Viticole Italien qui avaient bien voulu me prêter leur concours pour la mise au point de la mission.

D'autre part, la Compagnie P. L. M. m'ayant chargé, en 1926, d'aller étudier la culture des raisins de table en Espagne, j'ai résumé, dans la 2e partie de mon rapport, les résultats de mon enquête.

A. — EN ITALIE

I. — CONSIDÉRATIONS GÉNÉRALES SUR LA VITICULTURE ITALIENNE

La culture de la vigne existe, en Italie, depuis les temps les plus reculés. Au dernier siècle avant Jésus-Christ, les vins italiens jouissaient déjà d'une réputation qui leur permettait de lutter contre la concurrence des vins grecs. Au début de notre ère, non seulement Rome n'avait plus besoin de recourir aux vins étrangers, mais elle devait même limiter la culture de la vigne pour éviter la surproduction. Le célèbre édit de Domitien (81 ans ap. Jésus-Christ) en est une preuve. D'après M. le Professeur Dalmasso, le savant Directeur de l'Ecole Supérieure de Viticulture de Conegliano, la superfie du vignoble italien était évaluée à 1.870.000 *hectares* en 1875. Elle atteignait 3.445.200 *hectares vingt ans après*, 4.074.000 hectares au début du xxᵉ siècle, et, de cette époque à nos jours, elle n'a subi qu'une légère augmentation, puisqu'on l'évalue à 4.276.700 *hectares* y compris les provinces recouvrées pendant la guerre, ces provinces représentant environ 84.000 hectares.

En Italie, la vigne est cultivée seule ou associée avec d'autres plantes. Les cultures du premier mode, dites *spécialisées*, occupent environ 832.100 hectares. Les autres dites *intercalaires*, de beaucoup les plus importantes, sont évaluées à 3.444.600 hectares.

La plus grande partie du vignoble spécialisé se trouve dans le Piémont, la Pouille et la Sicile.

Par contre, les cultures intercalaires existent, d'une façon presque exclusive, dans la Vénétie, l'Emilie, la Marche, l'Ombrie et la Campanie.

De 1875 à 1924, sous l'influence de l'invasion phylloxérique, la superficie du vignoble *spécialisé* a diminuée dans la Sicile, la Calabre, le Basilicate, et les Abruzzes, mais elle s'est accrue dans les provinces à cultures intercalaires ; Marche, Ombrie, Vénétie, Campagnie, et surtout dans l'Emilie, passant de 168.000 à 870.000 hectares.

Les renseignements qui précèdent s'appliquent au vignoble italien pris dans son ensemble.

Si l'on n'envisage que les seuls *raisins de table*, il n'existe pas de statistique capable de chiffrer l'étendue de leur culture. Cela tiendrait, dit-on, à deux causes :

— Défaut de centres très importants de production ;

— Cultures souvent peu définies, par suite de l'envoi, sur les marchés, pour les besoins de la table, de certaines variétés de cuve soigneusement triées.

Mais il est un fait qui doit surtout retenir l'attention : c'est l'importance croissante que la culture rationnelle des variétés de raisins de table prend en Italie, à l'heure actuelle. Après avoir été renfermée dans des limites étroites, au point de représenter à peine 2 p. 100 de la production totale, elle accuse un sensible réveil. Nombreux, en effet, sont les viticulteurs qui, en prévision d'une crise viticole, toujours à craindre dans la Péninsule remplacent, par de bonnes variétés de table, les vignes à vins détruites par le phylloxéra, se conformant ainsi au vœu suivant, voté par le *Congrès de l'Arboriculture*, tenu à Naples, en 1921, sur l'initiative de l'Institut National d'Agriculture :

« Le Congrès déclare qu'on doit substituer, partout où cela est possible, la culture du raisin de table à celle du raisin de cuve et encourager la conservation des produits en frigorifiques, etc.. »

Les Italiens estiment, en effet, que les raisins de table, dont la production annuelle est d'environ 500.000 *quintaux*, peuvent trouver, sur les marchés extérieurs et étrangers, un écoulement assuré et rémunérateur.

II. — PRINCIPALES RÉGIONS PRODUCTRICES DE RAISINS DE TABLE

Les régions d'Italie qui cultivent les raisins de table, depuis un certain temps et sur une assez grande échelle, sont les suivantes :

L'Emilie ;
La Toscane ;
Le Latium ;
Les Abruzzes ;
Les Pouilles ;
La Campanie ;
La Calabre ;
La Sicile ;
La Sardaigne ;
Le Piémont ;
Le Trentin ;
La Venetie, etc...

1. **Emilie.** — a) *Province de Plaisance*

Les cultures de raisins de table ont pris un grand développement dans l'Emilie et plus spécialement dans la *Province de Plaisance* où l'on trouve, à côté du *Chasselas*, d'assez nombreuses variétés dont les plus intéressantes sont la *Verdea* et le *Besgano* (ou Bazzegano).

La *Verdea* peut être considérée comme une spécialité de la Province.

C'est une variété de 3e époque, à grappes assez grosses, coniques ; à grains moyens, ovales, blancs-jaunâtres, prenant une teinte bronzée au soleil ; à pulpe douce et ferme et à peau assez dure, ce qui facilite beaucoup sa conservation au fruitier et son transport. Sa cueillette s'échelonne de la 2e quinzaine de septembre à fin octobre. Elle donne lieu à un fort commerce d'exportation sur la Suisse et les Empires centraux.

Le *Besgano* (ou Bazzegano, Grignolo, Persegone, Brugnolena) est un *raisin noir* de 3e époque, à grains assez gros, sphériques, à peau dure et pruinée, à pulpe croquante et douce. Cueilli fin septembre et courant octobre, il peut se conserver longtemps au fruitier. On le retrouve dans le Tyrol sous le nom de *Maraner* (Kurtraube des Allemands). Surtout consommé sur les marchés locaux, il semble qu'il pourrait convenir aux Anglais.

La *Bianchetta* se récolte en septembre-octobre.

Les cultures les plus belles de *Verdea* et de *Besgano* se trouvent à *Ziano*, près de *Castelsangiovanni*, dans le grand domaine de M. Zerioli, le principal exportateur des raisins italiens.

Propriétaire de très importants vignobles, non seulement dans la Province de Plaisance, mais à Bologne, dans les Abruzzes et dans les Pouilles, M. Zérioli occupe, en saison, jusqu'à 1.300 à 1.500 ouvriers pour la cueillette et l'emballage de ses raisins.

La production moyenne de la Province de Plaisance est de 30.000 quintaux de raisins, dont 12 à 15.000 quintaux de *Verdea*.

b) *Provinces de Modène, de Bologne et de Ravenne*

Ces provinces, en particulier celle de Bologne, sont riches en cultures de *Chasselas*. On trouve aussi de belles cultures de cette variété sur les collines d'*Imola*, près de Ravenne. La maturité a lieu dans la 2e dizaine d'août.

Deux autres variétés sont intéressantes à signaler dans la Province de Bologne, ce sont la *Regina* et l'*Angiola*.

L'*Uva Regina*, variété blanche, à grains moyens, à chair ferme et à peau dure, mûrit dans la 2e dizaine de septembre. Elle s'écoule sur les marchés locaux.

L'*Uva Angiola*, très belle variété blanche tardive, à grains ronds, à pulpe douce et charnue, se conserve longtemps au fruitier.

2. Toscane

La Toscane a une importante production d'un très beau *raisin blanc* de table, appelé *La Colombana di Peccioli*, surtout cultivée dans la Province de Pise. C'est une variété à grains ronds et à peau tendre qui se récolte de la 2ᵉ décade de septembre au 15 octobre et qui s'expédie surtout en Allemagne et en Suisse.

La Toscane produit aussi du *Chasselas* pour l'exportation.

3. Le Latium

Les variétés les plus cultivées dans le Latium sont : le *Pergolese*, les divers *Pizzutelli* (blancs, noirs et roses, ces derniers appelés pis de chèvre violets, le *Muscat de Terracina*, l'*Uva Regina*, la *Sciamblese*.

Le *Pizzutello* blanc (Dito di Dama, Uva galleta, raisin de Tivoli, Uovo di gallo), que l'on trouve surtout à Tivoli, est un raisin de 2ᵉ époque, à grappes petites, coniques, à grains très allongés, un peu tordus à leur extrémité, à chair ferme et douce ; se transporte et se conserve difficilement. Récolté en août-septembre, il se consomme sur les marchés locaux.

Le *Muscat de Terracina* fait l'objet d'une culture très importante dans les terrains sablonneux frais et assez fertiles voisins de la mer. Cette variété intermédiaire, semble-t-il, entre le muscat d'Alexandrie et le muscat de Canelli, est blanche, à grains ronds moyens, à pulpe croquante très parfumée. Elle se récolte du 15 août à fin septembre, et s'écoule non seulement sur les marchés italiens, mais sur l'Amérique, l'Egypte, la Tchécoslovaquie. On l'expédie dans la poudre de liège.

Le vignoble de Terracina, uniquement consacré à la culture de ce muscat, occupe, de Terracine à Badina et à la « Colonia Elena », une superficie d'environ 8.000 hectares.

Les viticulteurs ont constitué une coopérative de vente très importante dont je parlerai dans la 2ᵉ partie de ce rapport.

Raisin Sainte Anne (raisin de juillet, Ullatica Pavese). — Dans le Latium, cette belle variété italienne mûrit le 15 juillet, avant le Chasselas. C'est une des meilleures formes de Luglienga.

NOTA. — Il existe, dans le Latium, une Station viticole très intéressante, appelée *R. Cantina Sperimentale et Laboratorio Chimico de Velletri*, sur laquelle il est nécessaire de donner quelques précisions, en raison du rôle de premier plan qu'elle joue dans la viticulture italienne.

Cette Station, transformée, le 19 juin 1924, en un Etablissement autonome, est placée sous la surveillance du Ministère de l'Economie Nationale. La Province de Rome, la Commune de Velletri et les Associations diverses ayant versé une contribution annuelle d'au moins 1.000 lires, participent à son administration.

Le premier Directeur technique fut le Professeur Del Voce Giovanni, auquel succédèrent, en 1896, M. le Professeur Longo Angelo et, en 1924, le Directeur actuel, M. le Professeur Vincenzo Prosperi.

L'Etablissement comporte :

1° Un édifice destiné aux bureaux, aux divers laboratoires et à la cave ;

2° Un champ d'expériences de 14 hectares où sont étudiés tous les problèmes relatifs à la reconstitution du vignoble ;

3° Une collection de 850 variétés de vignes italiennes et étrangères avec plus de 300 variétés de raisins de table ;

4° Une pépinière de jeunes plants greffés ou francs de pied ;

5° Un fruitier.

Les buts poursuivis par la Station sont nombreux. En voici les principaux :

1° Préparation de contre-maîtres pour la taille, le greffage de la vigne, la vinification, etc. L'Ecole envoie des experts aux viticulteurs qui en font la demande ;

2° Distribution de porte-greffes américains ou de plants greffés ;

3° Distribution des meilleures variétés de vignes (pour la cuve et la table) dont la valeur a été bien reconnue ;

4° Création de nouvelles variétés ;

5° Perfectionnement des méthodes de vinification, etc.

La station de Velletri, admirablement organisée, rend les plus grands services à la viticulture de l'Italie en général et à celle du Latium en particulier.

Dans les environs de Rome, M. le Professeur Longo, ancien directeur de la R. Cantina Sperimentale ci-dessus décrite, a créé, pour la culture des raisins de table, un beau vignoble de 100 hectares, où la cueillette s'échelonne de juillet à février.

4. Région des Abruzzes. — *Province de Teramo*

La Province de Teramo, dans les Abruzzes, vient immédiatement après celle de Plaisance au point de vue de l'exportation des raisins de table.

Les variétés que l'on y cultive sont assez nombreuses : Montonico, Trebbiano, muscats divers, Mennavacca, Uva duraca, Uva pane, Pergolese, San Francesco Bianco, Montepulciano, Pergolone ou Pergolone blanc, Malvasia, Sanginella, etc.

Mais il en est deux qui doivent surtout retenir l'attention, ce sont :

— Le *Trebbiano doré* ou Uva d'oro, que les Allemands appellent Golden Traube ;

— Le *Montonico*, avec sa sous-variété dite raisin de *Poggio delle Rose*, « Goldweintrauben » des Allemands.

1° Le *Trebbiano doré* est cultivé dans la zone côtière jalonnée par les localités de Monte Silvano, Silvi Marina, Monte Pagano, Castellamare, Citta San-Angelo, etc.

Les caractéristiques de cette variété sont les suivantes : grappes grosses, longues, ailées, serrées ; rafles vert-blanchâtres ; pédoncules longs et robustes ; grains plutôt gros, ronds ; peau pruinée, épaisse, vert-jaunâtre ; pulpe charnue à saveur douce spéciale.

Récolté depuis la 1re dizaine de septembre jusqu'au 15 octobre, le Trebbiano s'expédie en quantités importantes sur Milan, Turin, Gênes et l'Allemagne. Il supporte, sans inconvénient paraît-il, 10 jours de transport ;

2° Le *Montonico* ou *Mondonico* est une variété à grappes pyramidales, allongées, ailées, serrées, de couleur jaune-verdâtre ; à pédoncule, court, vert-jaunâtre ; à grains moyens et ronds ; à peau *très épaisse*, pruinée ; à pulpe un peu croquante, de saveur simple et douce.

A Poggio delle Rose, commune de Cermignano, on cultive, dans des terrains argileux et secs, sous un climat froid, à l'altitude de 500 à 700 mètres, une variété dite « *Raisin de Poggio delle Rose* », qui paraît être une sous-variété du Montonico et qui, *se recoltant la dernière en Italie du 15 octobre à décembre, peut supporter, sans inconvénients, 15 jours de transport*. Elle jouit d'une faveur très marquée sur les marchés allemands.

Les principaux centres producteurs de la Province de Teramo sont : Atri, Citta San-Angelo, Loreto Aprutino, Pianella, Torre dei Passeri, Penne, Bisente, etc.

5. — Région des Pouilles. — *Provinces de Bari et de Lecce*

1° La Province de Bari est celle qui, dans l'Italie Méridionale, donne le plus fort contingent de raisins de table précoces. Avant la guerre, elle exportait sur l'Allemagne 30 à 35.000 quintaux de raisins. Elle en exporte à peu près autant à l'heure actuelle.

La variété la plus répandue est la *Beresana* ou *Varesana*, très rustique et très productive, à raisins blancs, à grains moyens ou gros, ronds, à peau mince et résistante, à pulpe très charnue, de saveur agréable, moyennement sucrée. Mûrit dans les premiers jours d'août. Très estimée en Allemagne et particulièrement en Saxe.

Viennent ensuite :

Le *Sommarello rouge* (Barbarossa di Piemonte, Uvarina, Uva signora), à grappes longues, un peu compactes, à grains moyens, ronds, à pulpe charnue, excellente, de bonne conservation. Mûrit fin août, premiers jours de septembre.

La *Mennavaca*, variété blanche, à grappes grosses, serrées, à grains ovales, à peau épaisse et à pulpe charnue. Peut servir à la préparation du raisin sec.

La *Primesta di Ruva*, variété tardive, mûrissant fin octobre. Intéressante au point de vue commercial.

Le *Chasselas*, maturité fin juillet.

Le plus gros de la production de la Province de Bari *est dans la région de Bisceglie*.

2° La Province de Lecce produit l'*Uva rosa*, à grappes lâches, à grains gros et ronds et à pulpe charnue. Se récolte dans les premiers jours d'août

6. Région de Campanie ou de Naples

Les raisins de table de la Province de Naples ne donnent pas lieu à un gros commerce d'exportation, mais ils se consomment en assez grande quantité sur place, et spécialement à Naples, de juillet à fin novembre. Les cultures sont répandues dans toute la Province, principalement à *Pouzolles*, à *Gragnano* et dans la *zone du Vésuve*.

Parmi les variétés les plus intéressantes de cette régions, nous citerons :

a) *Très précoce:* La *Luglienga* (blanche). — Variété très vigoureuse : Grappes cylindriques, grosses. Grains légèrement ovales, verdâtres, à peine jaunâtres au soleil ; pulpe moyennement sucrée; maturité précoce. Se conserve sur pied. Coularde au cours des années pluvieuses et dans les terrains abondamment fumés.

Le *Muscat blanc*.

b) *De précocité moyenne :*

L'*Uva Rosa ;*

La *Duraca ;*

La *Lugliese* (nov.). ;

Le *Muscat de Hambourg*.

c) *Tardives* : La *Catalanesca*. — Variété blanche, très répandue, notamment sur le versant occidental du Vésuve, à Somma Vesuviana, à 200 à 300 mètres d'altitude. Les grappes sont conservées sur pied jusqu'à fin décembre si l'automne est sec. Vers le 15 octobre, cette excellente variété s'expédie quelque peu sur Gênes et Milan.

A citer encore quelques variétés locales de moindre importance, comme l'*Uva Fragola* (noire), qui peut se conserver sur la paille jusqu'en décembre ; l'*Uva di Madona* (blanche), qui se consomme à Piedigroto ; le *Sanganelo* (blanche), qui se récolte vers le 15 août ; la *Folanghina* (blanche), la *Coda di Volpe*, l'*Uva Signora* (blanche), l'*Aglianico* (noire), le *Pugliese* (noire), la *Castagnara* (noire), etc.

7. Région de la Calabre

La Calabre donne l'*Uva Ruggia* et, surtout, le *Zibibbo*. Le *Zibibbo* (ou Muscat d'Espagne; Salamanna, Uva di Pantellaria) est le Muscat d'Alexandrie qui acquiert là-bas, des qualités exceptionnelles de parfum et de coloris.

8. La Sicile

Les cultures de raisins de table se sont développées en Sicile à partir de l'année 1881, avec les variétés *Lugliese* ou *Luglienga*, *Porteghese* (ou Portugais bleu), *Damaschina*, *Inzolia Imperiale*, *Lagrima di Maria*, *Regina*, *Varesana* et *Chasselas*, etc. Les plus intétessants au point de vue commercial sont la *Luglienga*, la *Portoghese* et les *Chasselas*,

Les *Chasselas*, récoltés à partir du 20 juillet, font une sérieuse concurrence à ceux de l'Algérie sur les marchés de Suisse et en Allemagne. Ils s'expédient surtout par le port de Milazzo.

9° La Sardaigne

Les variétés qui dominent en Sardaigne sont l'*Appesorgia* et la *Bermestia blanche*. La *Bermestia* est un raisin à grappes volumineuses, à grains gros, ovales, à pulpe croquante peu parfumée ; maturité 3ᵉ époque.

10. Région du Piémont

Le Piémont cultive avec divers *muscats*, la *Favorita*, la *Luglienga*, la *Balsamina*, le *Barbarossa* (couleur rouge vif), la *Cari* (rouge), l'*Erbalusa di Caluso* (blanche) et, surtout, l'*Uva Angela*, variété blanche qui mûrit dans les premiers jours d'octobre et qui alimente les marchés italiens.

11. Région du Trentin

La région du Trentin produit des quantités assez importantes de *Bazzegano* (de la province de Plaisance) et de *Frankenthal* ou Schiavone.

12. Région de Venise ou de Trévise

Dans la province de Venise, la vigne est surtout cultivée en vue de la production du vin. On y trouve néanmoins quelques variétés de raisins de table dont les plus intéressantes sont :

— La *Garganega*, jaune dorée, excellente, pouvant être vinifiée. Se cultive spécialement dans la province de Vicence et un peu dans celles de Vérone et de Padoue.

— La *Dorona de Venise*, variété blanche, produite en quantités notables dans la zone littorale voisine de Venise.

Nota. — *Ecole supérieure de Viticulture de Conegliano.*
L'Ecole de Viticulture de Conegliano, « Etablissement supérieur d'enseignement viticole et œnologique le mieux organisé de l'Italie et l'un des plus remarquables de l'Europe » possède, dans ses vastes champs d'expériences, à côté de collections très complètes de vignes à vins et d'espèces américaines, de nombreuses variétés de raisins de table de provenances diverses dont elle poursuit l'étude.

A. — PRINCIPAUX RAISINS DE TABLE ITALIENS (Calendrier de la Production. Année moyenne).

Régions	Provinces	VARIÉTÉS	Couleur	Juillet	Août	Septemb.	Octobre	Novemb.	Décemb.	Production avant-guerre ; nombre total des wagons par campagne	MARCHÉS de Consommation d'avant-guerre
Sicile....	Sicile....	Luglienga	B							15 à 20...	Suisse
		Porthoghèse ...	N								Suisse
		Chasselas......	B								Suisse
Pouilles..	Bari....	Baresana......	B							250 à 300...	Germanie (Saxe)
		Somarello ...	N							30 à 40...	Sur t. marchés
		Chasselas......	B							10 à 12...	Suisse
	Lecce ...	Uva Rosa.......	N							0 à 50.	Allemagne
Emilie....	Bologne..	Chasselas	B							200 à 300 .	Suisse et Rhénanie
		Uva Regina....	B							2 à 3...	Consommation locale
Latium..	Latium..	Muscat Terracina.	B							450 à 500...	Milan-Turin Rome-Gênes
Abruzzes.	Teramo .	Trebbiano	B							450 à 500...	Milan-Turin Gênes Allemagne
Toscane..	Pise.....	Colombana	B							150 à 200...	Suisse Allemagne
Emilie...	Plaisance	Verdea........	B							350 à 400...	Suisse Allemagne Italie
Piémont..	Piémont.	Besgano	N							70 à 80...	Italie
		Angolo ....,..	B							15 à 20...	Marchés locaux
Campanie	Naples...	Catalanesca....	B								(Consommation locale surtout)
Abruzzes.	Teramo..	Montonico.....	B							80 à 90...	Suisse Allemagne

— À côté des raisins spéciaux à leurs pays, les Italiens cultivent, depuis plusieurs années, de nombreuses variétés d'origine française.

Je crois devoir signaler ici qu'un habile viticulteur de Vaprio d'Adda (province de Milan), M. *Luigi Alberto Pirovano*, a obtenu, par hybridation, de très nombreuses et, paraît-il, intéressantes variétés de raisins de table. Ces variétés, provenant de croisements entre vini-feras, portent le nom de l'obtenteur, suivi d'un numéro. Ex. : *Pirovano N° 1* : *Chasselas rose et Muscat de Hambourg*. Dans son ouvrage intitulé « *Uve da Tavola* », uniquement consacré aux raisins de table en général, M. Pirovano a décrit 101 hybrides obtenus par ses soins.

En résumé, l'Italie possède, à l'heure actuelle, une gamme très étendue de raisins de table précoces et tardifs dont quelques-uns présentent un réel intérêt commercial.

Le tableau A ci-joint (page 30), dans lequel les régions productrices italiennes sont rangées dans l'ordre de précocité de leurs produits les plus intéressants pour le commerce, montre que la récolte des raisins s'échelonne, sans interruption, de juillet (Sicile) à octobre-novembre (Abruzzes). La variété cueillie la dernière est le *Montonico de Poggio delle Rose*.

III. — CONSIDÉRATIONS GÉNÉRALES
SUR LE COMMERCE DES RAISINS DE TABLE ITALIENS

Dans un rapport qu'il a adressé, après la guerre, au Ministère de l'Economie Nationale, M. le Chevalier Filippo Zerioli a fait un historique très documenté de la culture et du commerce des raisins de table dans la Péninsule Italienne. Il me paraît intéressant d'en résumer les grandes lignes :

Il faut remonter à l'année 1860 pour trouver les premières cultures spécialisées des raisins de table. Avant cette époque, les productions, très restreintes, servaient uniquement aux besoins locaux.

Seules, de faibles quantités de raisins de la province de Plaisance étaient envoyées en Lombardie, à dos d'homme d'abord, en voiture vers 1860-1865. Devant les exigences croissantes des grandes villes comme Milan, Como, Lecco, etc., les viticulteurs, encouragés par les hauts prix de vente des raisins, commencèrent à étendre leurs plantations.

Mais l'exportation des raisins de table d'Italie, de ceux de Plaisance en particulier, ne se développa que vers 1877, lorsque la France, envahie par le phylloxéra, se vit obligée de faire appel aux produits étrangers. En 1877, le commandeur Cerio, uni à la maison Oggioni, de Milan, se rendit à Ziano, près de Castelsangiovanni, et fit l'acquisition des premiers raisin de table destinés au *Marché de Paris*.

Sous l'impulsion des Etablissements Omer-Decugis et fils, l'exportation des raisins sur la France se développa et se continua, sans interruption, pendant une dizaine d'années, avec environ 40 wagons par an (dont 25 de Verdea).

Ne trouvant plus, à Plaisance, les quantités de raisins nécessaires à leurs besoins, les commerçants s'adressèrent aux *Abruzzes*, dont le *Trebbiano* servit à alimenter le marché de Milan. Cette variété y est très appréciée encore sous le nom de « Filossera ».

En 1889, grâce au Commandeur Circo, les raisins de Plaisance firent leur première apparition en *Suisse*.

En 1890, on les vit en Monaco-de-Bavière. Ils ne tardèrent pas à être répartis, de là, sur les grandes places allemandes.

Le vaste marché allemand s'ouvrait aux Italiens au moment où la France, ayant reconstitué son vignoble, leur fermait le sien.

En 1891, le premier wagon du Piacentino était expédié, dans d'excellentes conditions, sur Hambourg.

En 1892, les produits de Plaisance ne pouvant suffire aux besoins, toujours croissants, de la Suisse et de l'Allemagne, les exportateurs s'adressèrent aux Provinces Méridionales. C'est ainsi que la *Varesana* des Pouilles trouva un excellent débouché dans ces pays.

En 1893, l'exportation s'étendit à la Province de Lecce, plus spécialement au raisin rouge d'Alézio. A la même époque, le Trebbiano des Abruzzes était accueilli avec une grande faveur par les Allemands en raison de la grosseur de son grain et de sa couleur dorée.

Un peu plus tard vint le tour du *chasselas* de la Province de Bologne, qui fut très demandé par la Suisse et les Pays Rhénans.

La consommation du raisin s'intensifiant, tant à l'intérieur qu'à l'extérieur, on dut faire appel en 1900, à certaines variétés de raisins de cuve.

L'exportation des raisins de table a *atteint son maximum en 1913, avec 377.880 quintaux*, dont 300.880 quintaux pour l'Allemagne et 77.000 pour la Suisse. Elle fut presque nulle pendant la guerre. Après les hostilités, par suite de la dépréciation du mark, les envois sur l'Allemagne allèrent en diminuant, pour tomber, en 1922, à 8.900 quintaux, dont la plus grande partie fut réexpédiée, de Monaco-de-Bavière, sur la Pologne et la Tchéco-Slovaquie. Ils s'élevèrent, par contre, à 61.000 quintaux sur la Suisse en 1921.

Situation actuelle du commerce italien

1° *Marchés intérieurs*. — La consommation des raisins de table est importante en Italie, mais elle le serait davantage, paraît-il, si les marchés étaient mieux organisés et si le prix des raisins était moins élevé.

D'après M. Bonnefon-Craponne, Attaché Commercial près l'Ambassade de France en Italie, il entrerait, en moyenne, du 15 août à fin octobre :

10 à 12 wagons de raisins par jour à		Milan
7 à 8 — —		Gênes
2 ou 3 — —		Turin
2 ou 3 — —		Trieste et à Rome
1 ou 2 — —		Padoue et à Udine, etc...

Milan est le plus grand marché de consommation nationale pour le raisin de table ; il en reçoit de toutes les Provinces italiennes.

2° *Marchés extérieurs*. — L'Italie a fait de grands efforts pour développer ses exportations.

Le tableau suivant montre qu'elle a repris ses positions d'avant guerre et qu'elle les a même dépassés en 1924.

Exportations

1911	185.400	quintaux		
1912	174.800	—		
1913	304.400	—		
1918	9.500	—		
1919	25.900	—		
1920	55.500	—		
1922	50.400	—		
1923	124.366	—		
1924	387.600	—	valeur : 50.939.000 lires	
1925	369.482	—	— 84.822.000	—
1926	247.170	—	— 61.700.000	—

Le trafic bat son plein en septembre pour toutes provenances. En octobre, le ralentissement provient surtout de la fin des envois de l'Italie Méridionale. Le Nord et les Abruzzes donnent encore très fort.

La presque totalité des exportations italiennes est absorbée par l'Europe centrale et septentrionale, Suisse et Allemagne. En 1926, on ne comptait qu'une dizaine de wagons sur l'Angleterre, la Belgique et la Hollande.

Les principales destinations sont Zurich, Francfort, Cologne, Munich ; accessoirement, Leipzig, Berlin, Prague, Vienne. Une certaine quantité va directement en Pologne et en Suède.

Marché suisse

L'Italie expédie un assez fort tonnage de raisins en Suisse, mais les statistiques suivantes montrent qu'en 1924 elle a perdu beaucoup de terrain dans ce pays à l'avantage de l'Espagne et surtout de la France.

	d'Italie		de France		d'Espagne	
1913....	77.000 quintaux	»	quintaux	»	quintaux	
1922....	41.980	—	13.390	—	4.103	—
1923....	51.000	—	17.087	—	5.629	—
1924....	34.950	—	36.940	—	8.668	—

Marché allemand

L'Italie, malgré la concurrence toujours croissante que lui font les produits français et espagnols, tient toujours la première place sur les marchés allemands, qui sont de toute première importance pour elle. Depuis 1912, l'Allemagne a reçu, en effet, les quantités de raisins suivantes :

	d'Italie	de France	d'Espagne	de Portugal	de Hollande	de Belgique
1912	133.870 qx	107.880 qx	69.970 qx	18.600 qx	»	»
1913	221.280	69.940	64.060	11.150	»	»
1925	292.050	207.600	94.330	»	12.410 qx	»
1926	201.240	115.140	63.880	1.664	8.230	2.939 qx

Les Exportateurs de la Péninsule, ceci mérite d'être signalé, trouvent, en Allemagne, des facilités commerciales que les nôtres n'ont pas encore. Dans tous les grands centres de consommation, en effet, le commerce des fruits et primeurs est presque entièrement entre les mains des Italiens, qui sont aussi nombreux, là-bas, que les Espagnols le sont en France. Ces commerçants leur servent, en quelque sorte, de correspondants et surveillent la vente de leurs produits, lorsqu'ils ne se chargent pas eux-mêmes de cette opération. Il existe, d'autre part, à la gare de Munich, qui reçoit la majorité des exporta-

tions de la Péninsule, une organisation italienne qui a pour mission de
vérifier les produits à l'arrivée et de les réexpédier, après avoir
retenu, pour le marché local, ceux qui ne sont plus en état de voya-
ger (1).

MESURES ENVISAGÉES PAR LES ITALIENS
POUR DÉVELOPPER LEUR COMMERCE DE RAISINS DE TABLE

En prévision de la crise viticole qui les menace, les Italiens, comme
je l'ai déjà signalé, s'efforcent d'intensifier leurs cultures de raisins de
table et d'élargir les débouchés offerts à leurs produits. Très sérieusement concurrencés par la France et l'Espagne en Suisse et en Allemagne, ils cherchent de nouveaux débouchés en Tchéco-Slovaquie, en
Autriche, en Pologne, *et surtout en Angleterre*, estimant que de nombreuses variétés, en particulier les *raisins des Abbruzes*, le *Zizibbo de
la Calabre*, la *Baresana di Bisceglie*, etc., pourraient être utilement
exportés sur ces marchés, en particulier sur ceux du Royaume-Uni.
Mais, en même temps, ils s'efforcent d'améliorer leurs méthodes culturales, d'expérimenter de nouvelles variétés, de perfectionner les
emballages et *de constituer des coopératives de vente*.

COOPÉRATIVE DE TERRACINA

L'une des coopératives les mieux organisées est celle de Terracine,
qui s'est constituée dans le Latium, pour la vente du muscat. Il est
intéressant de reproduire ici les renseignements que notre Office
National du Commerce Extérieur a donné à son égard.

« Sur 900 familles de viticulteurs de la région, 850 font partie de la
coopérative qui fait, à ses membres, des avances sous forme d'engrais,
d'insecticides, etc., qui leur assure, presque gratuitement, l'assistance
sanitaire et leur facilite les provisions de farine.

« Contre ces avantages, les producteurs se sont engagés à livrer à
la coopérative tout leur raisin d'exportation.

---

(1) Je crois devoir rappeler ici, qu'à l'heure actuelle, les raisins de table d'Italie et de
France sont passible des droits de douane suivant leur entrée en Allemagne :
   En postaux de 5 k. maximum, du 1er janvier au 31 juillet: 15 mark par 100 k.
   En postaux de 5 k. maximum, du 1er août au 31 décembre. 5   id.
   En récipients de 15 k. maximum, du 1er septembre au
      31 décembre : envoyés en récipients de 20 k. maximum,
      du 1er août au 30 novembre........................... 7   id.
   En autres récipients............................... 45   id.

« La société se charge de l'emballage, du transport et de la vente des produits.

« Chaque année, fin novembre, la coopérative établit les prix nets à payer aux producteurs ; des acomptes leur ont, du reste, été distribués au cours des vendanges.

« Les opérations occupent, à la coopérative, 700 femmes et une cinquantaine d'hommes, de la fin de juillet à la -mi-octobre. L'Administration des Chemins de fer lui fournit, du 10 août au 10 octobre, un train journalier appelé « Train du raisin ».

« Il est parti, cette année, de la gare de Terracina, 988 wagons contenant 75.000 quintaux de raisins. Sur ce total, la coopérative a utilisé pour son compte, 805 wagons contenant 63.000 quintaux de raisins ; le reste a été divisé entre l'Association des Exportateurs (122 wagons et 8.500 quintaux) et la Coopérative Uva Moscato de S. Felice Circeo (61 wagons et 8.500 quintaux).

« Sur les 805 wagons de la Cooperativa de Terrecina, 561 ont été dirigés sur les marchés italiens (Milan, Gênes, Rome, Florence, Venise, Pise, Livourne, Viareggio, Udine, Trévise, Naples, Montecatini, Prato, etc.) ; 244 wagons ont été acheminés directement sur l'étranger (Vienne, Munich, Cologne, Londres, etc.). La presque totalité des wagons expédiés par l'« Associatione Esportatori Uva » a été dirigée sur l'étranger (6.500 quintaux sur 8.500).

« Sur les 63.000 quintaux expédiés par la Coopérative, il y avait 7.000 quintaux de raisins de table mélangés et 56.000 quintaux de muscats.

« La Coopérative a encaissé 13.500.000 lires, soit 214 lires 80 en moyenne par quintal. En 1924, elle n'avait que 40.000 quintaux, pour une valeur totale de 6.000.000 de lires. Cette organisation a été fondée en 1917 ; au cours de la première année de son fonctionnement, elle n'avait réussi qu'à placer péniblement 10.000 quintaux de raisins. »

Telle est, dans ses grandes lignes, la situation actuelle de la culture et du commerce de raisins de table en Italie.

B. — EN ESPAGNE

Importance du Vignoble Espagnol

D'après les statistiques établies par le Service Agronomique Provincial, le vignoble espagnol (vignes à vins et à raisins de table) occupait, en 1925, une superficie totale (y compris les Baléares et les Canaries) d'environ 1.353.000 hectares répartis, comme suit, entre les diverses provinces (par ordre d'importance) :

	PROVINCES	SUPERFICIE (hectares)		PROVINCES	SUPERFICIE (hectares)
1ʳᵉ Groupe plus de (80.000 hectares)	Barcelone	116.090		Léon	9.847
	Valence	83.468		Caceres	8.710
	Tarragone	81.830		Segovie	8.491
			5ᵉ Groupe 5.000 à 10.000 hectares)	Cordoue	8.701
2ᵉ Groupe (50.000 à 80.000 hectares)	Tolède	79.139		Palma	8.745
	Albâcete	73 305		Pontevedra	8.200
	Cuenca	61.816		Palancia	7.600
	Murcie	61.578		Huelva	7.315
	Ciutad Réal	58.455		Almeria	6 035
	Alicante	53.400		Canaries	5.895
	Madrid	50 000			
3ᵉ Groupe (20.000 à 50.000 hectares)	Saragosse	44.651	6ᵉ Groupe (1.000 à 5.000 hectares)	Jaen	4.910
	Zamora	41.240		Lugo	4.800
	Valladolid	34.007		Alava	4.605
	Malaga	29.370		Soria	1.946
	Lerida	29.340		Oviedo	1.917
	Logrono	27.780			
	Badajoz	26.565	7ᵉ Groupe Moins de 1000 hectares	Corogne	865
	Navarre	25.747		Viscaye	610
	Burgos	23.500		Santander	119
4ᵉ Groupe (10.000 à 20.000 hectares)	Huesca	19.687		Guipuzcoa	35
	Castellon	17.157			
	Orense	17.010			
	Avila	15.236			
	Gerona	15.233		Dans cette statistique figurent	
	Teruel	12 570		5.327 hectares de Parrales ou treilles.	
	Seville	11.540			
	Guadalajara	11.372			
	Grenade	11.147			
	Salamanque	10.852			
	Cadix	10.570			

I — PRODUCTION DES RAISINS DE TABLE

A — RAISINS FRAIS

Les cultures les plus intéressantes de raisins de table sont localisées, en Espagne, dans les provinces de *Barcelone*, de *Castellon*, de *Valence*, d'*Alicante*, de *Murcie*, d'*Almeria* et de *Malaga*. Les statistiques officielles ne précisent pas la place qu'elles occupent dans l'ensemble du vignoble. Mais il n'est pas douteux qu'elles tendent à s'accroître.

Nous allons les passer brièvement en revue en ne signalant, dans chaque région, que les variétés caractéristiques donnant lieu à un commerce assez important. L'industrie des raisins secs sera étudiée à part.

Région de Barcelone

Les variétés de raisins de table sont assez nombreuses dans cette Province. Mais la plus intéressante au point de vue commercial est le *Muscat d'Alexandrie* dont la récolte a lieu en septembre-octobre. On la trouve surtout à *Sitgès* et à *Villanueva*, dans la zone côtière au sud de Barcelone, où elle acquiert un coloris et un parfum remarquables.

Région de Castellon

Benicasim, localité située sur la côte, à quelques kilomètres au nord de Castellon-de-La-Plana, donne aussi un excellent *muscat* précoce, dit *Muscat de Benicasim*, très apprécié à Barcelone et en France.

Région de Valence

Les cultures de raisins de table n'ont encore qu'une importance secondaire dans la Province de Valence. Mais de grands efforts sont tentés, à l'heure actuelle, surtout par les Services Agronomiques, pour leur donner une plus grande extension, car le climat et la grande diversité des terrains et des expositions rendraient possible la production des raisins les plus précoces et les plus tardifs.

— De nombreuses variétés espagnoles et étrangères sont en expérience.

— Pour le moment, deux centres producteurs sont à signaler, ce sont *Jativa* et *Sagunto*.

1° On cultive à Jativa, avec succès, le *Chasselas* (ou Francesel) et le *Rosaki*. Le Chasselas, introduit en 1908, arrive à maturité 8 jours avant celui d'Algérie. A signaler, à côté de muscats, quelques variétés locales de peu de valeur. (*Teta de Vaca*, *Boton de Gallo*, etc) et divers hybrides de *Pirovano* qui sont à l'étude.

2° *Sagunto* donne une forte production d'un excellent *muscat*, sélectionné, à gros grains, qui s'exporte à partir du 15 août.

Région d'Alicante

Favorisées par un excellent climat, chaud et sec, les cultures de raisins de table occupent une assez large place dans la Province d'Alicante. On y trouve du *muscat* et des *raisins divers*. Mais la variété dominante et de beaucoup la plus intéressante, est le *Valensi réal* (Zarumi, Panse de Roquevaire). Ce raisin blanc, doré, à peau épaisse, pouvant se conserver sur pied parfois jusqu'en mars-avril, donne lieu à un commerce intense. La culture a pris surtout de l'extension à *Jigona* et à *Novelda*.

a). — Vignoble de Jigona. — Le vignoble consacré au Valensi-Réal occupe, à Jigona, à une altitude moyenne de 700 mètres et à 20 kilom. de la mer, une superficie d'environ 80 hectares. Sa production qui, en 1900, avant le phylloxéra, atteignait 1.150.000 kg est tombée, aujourd'hui, à 50.000 kg. Elle est presque uniquement consacrée à la consommation nationale, le Valensi supportant assez mal le transport.

Les cultures sont établies en terrasses. Les ceps sont plantés en bordure de ces dernières et les pampres, qui retombent le long des murs comme des branches de saules pleureurs, mettent les grappes à l'abri du soleil. On les relève en octobre, et, au moyen de nattes, de tiges de maïs, etc..., on constitue, en leur donnant une inclinaison d'environ 45° vers la crête des murs, des sortes d'auvents qui protègent les fruits de la pluie et des gelées.

Les raisins, surveillés et nettoyés avec soin, sont cueillis au fur et à mesure des commandes. Ils peuvent rester sur pied jusqu'au milieu de mars.

b). — Vignoble de Novelda. — *A Novelda*, les cultures de *Valensi*, établies en terrasses beaucoup plus larges, sur des terrains plus fertiles et bien nivelés, occupent une superficie d'environ 500 hectares.

Les ceps, conduits en formes basses (gobelets ou cordons d'environ 0,60 de tiges), reçoivent deux arrosages, l'un au printemps, l'autre en automne, et les grappes sont ensachées. Les sacs, en papier parcheminé, protègent ces dernières de la cochylis et leur donnent un coloris remarquable.

La production est d'environ 5.500.000 kg. Les envois faits à titre d'essais sur l'Allemagne (en cagettes de 3 k. 5) et sur l'Angleterre en paniers à anses de 3 à 6 k. ont donné de très bons résultats.

A signaler quelques cultures de *muscat* sur les coteaux et quelques vignes conduites en treilles hautes comme à Almeria.

Région de Murcie

Les raisins de table cultivés à Murcie en vue de l'exportation sont l'*Ohanès* et le *Valensi-Réal* ou *Aledo*.

— L'*Ohanès* se conduit *en treilles* dans les zones de *Totana*, de *Lorca* et en particulier dans celle d'*Alhama de Murcie*. La récolte totale atteint 25.000 quintaux métriques.

— Le *Valensi-Réal* se cultive *en souches basses* dans presque toute la Province et plus spécialement à *Alhama*, à *Carthagène*, à *Totana* et à *Cieza* avec une production voisine de 12.000 quintaux métriques.

L'*Ohanès* se récolte d'octobre à février et s'exporte en barils dans la poudre de liège. La cueillette du *Valensi* a lieu plus tôt, en septembre-octobre. On l'emballe en billots.

Région d'Almeria

Almeria est la région par excellence de l'*Ohanès*, raisin blanc.à peau épaisse, qui se cultive surtout en terrains pierreux et secs, dans une zone jalonnée par *Almeria*, *Adra*, *Barja* et *Tabernas*, sur les pentes méridionales de la Sierra Nevada. Les ceps, plantés à 5 mètres en tous sens (400 pieds à l'hectare), sont conduits en treilles de 2 m. de haut, les pampres formant un couvert complet sous lequel les grappes, abritées du soleil, mûrissent lentement et acquièrent ainsi toutes leurs qualités. La richesse du sol en calcaire, l'extrême sécheresse du climat et une culture judicieusement conduite sont les facteurs principaux de la belle venue et de la conservation de l'Ohanès. Emballé dans la sciure de liège, ce raisin peut supporter de longs mois de voyage. Il peut être consommé, à l'état frais, en mars-avril. Mais les pluies anormales d'arrière-saison lui sont funestes.

Cette variété doit être fécondée artificiellement. L'opération est appelée « *engarpe* ».

La rareté des pluies oblige les viticulteurs à recourir aux arrosages qui sont donnés, d'une façon méthodique, à raison de *trois* par an : au printemps (après la fécondation), en été (juillet-août) et en automne (après la récolte). Tous trois sont suivis d'un labour.

Les fumures sont à base de superphosphates de chaux et de sels potassiques et, tous les trois ans, on a recours aux engrais verts constitués, le plus souvent, par des fèves qui, semées en octobre, après la récolte, sont enfouies au moment de leur floraison.

Les ceps commencent à fructifier la troisième année et donnent, en moyenne, 1/2 arrobe de raisins ; (l'arrobe = 16 litres = 11 k. 5). En plein rapport, à 5 ou 6 ans, leur production peut atteindre 46 kg.

La cueillette a lieu généralement de fin août à novembre.

L'Ohanès donne lieu à un énorme commerce d'exportation dont je parlerai plus loin.

On cultive, en outre, à Almeria, un raisin de. qualité moindre, appelé *Uva de Casta*, qui se récolte demi-mûr, du 15 juillet aux premiers jours d'août, et se consomme, en grande partie, dans la région. On en exporte néanmoins près de 150.000 barils en Angleterre.

Région de Malaga

La région de Malaga produit surtout du *Muscat d'Alexandrie* et du *Muscat Rosé*, qui servent à la fabrication des raisins secs.

Régions diverses

A signaler encore l'*Albillo*, le *Malvar*, le *Muscat* cultivés, dans la région de Madrid ; le *Myul de Arcos* spécial à la province de Saragosse, etc.

B. — RAISINS SECS

L'industrie des raisins, très développée en Espagne, est localisée dans les provinces de *Malaga*, d'*Alicante*, de *Valence* et de *Grenade*. La production a été la suivante en 1925 (d'après les statistiques officielles).

Malaga................	599.654	quintaux métriques
Alicante............	180.000	— —
Valence............	55.598	— —
Grenade............	374	— —
Total :	835.626	quintaux métriques

Les deux grands centres de fabrication sont *Malaga* et *Denia*.

Le *raisin de Malaga*, appelé « *pasa de sol* » (raisin séché au soleil), est très fin et se vend en grappes pour la table.

Celui de *Denia*, vendu en grains, s'emploi surtout pour les puddings. Il est de couleur plus foncée due à son passage dans une lessive alcaline, d'où son nom de *pasa de lejia*. Toutefois le village de *Gata*, voisin de Denia, produit un raisin comme celui de Malaga.

Voici très brièvement exposées, car elles sont bien connues, les caractéristiques de la préparation des raisins dans les deux cas.

A. — *Raisins secs de Malaga*. — Les grappes de muscat, cueillies à maturité, sont exposées au soleil sur des sortes de plans inclinés appelés « paseros ». La nuit elles sont mises à l'abri de l'humidité au moyen de toiles.

La dessiccation est complète au bout de 8 à 10 jours.

Les produits ainsi obtenus sont triés en plusieurs qualités :

Les raisins, en grappes 1er choix, sont classés depuis « Surchouche » jusqu'à « Impériaux » et les raisins égrenés de 1 à 5 couronnes.

B. — *Raisins secs de Denia*. Dans la région de Denia, les raisins muscats, cueillis en août-septembre, à parfaite maturité, sont plongés dans l'eau bouillante additionnée d'environ 5 o/o d'une lessive alcaline obtenue avec des cendres végétales et de la chaux vive. Cette opération a pour but, comme on le sait, de ramollir la peau des fruits et de faciliter leur dessiccation.

Les grappes sont exposées ensuite au soleil, sur des claies, et leur dessiccation est complète au bout d'environ 5 jours.

100 kgr. de raisins frais donnent environ 28 kgr. de raisins secs.

A) COMMERCE DES RAISINS FRAIS.

Le commerce des raisins de table espagnols prend une importance toujours croissante sur les marchés intérieurs et étrangers.

Les *villes de la péninsule*, en particulier Barcelone et Madrid, absorbent une part assez élevée de la production. Mais les *Marchés étrangers* reçoivent d'Espagne des quantités importantes de raisins frais dont la valeur pouvait être estimée, comme suit, en 1924 :

Grande Bretagne........	16.907.000	pesetas.
Allemagne.............	3.819.000	d°
France	1.732.000	d°
Danemark	742.000	d°
Norwège.............	710.000	d°
Mexique............	700.000	d°

Exportations
—

a) *En Angleterre :* 1913 247.700 qx
                  1914 257.800 qx

L'Espagne assure les 2/3 des importations anglaises. Elle fournit des muscats de Castellan et surtout des raisins d'Alméria, produits de consommation courants qui répondent bien au goût de la clientèle.

Exportations
—

b) *En Allemagne :* 1912 69.400 qx } surtout Ohanès d'Alméria.
                   1925 94.300 qx

c) *En France :* 1925 18.400 qx } Muscat, Valensi.
               1926 10.700 qx

d) *En Autriche :* 1925 2.600 qx

e) *Au Brésil :* 1924 5.600 qx Muscat et Ohanès d'Alméria.

COMMERCE DES RAISINS DE LA PROVINCE D'ALMÉRIA

De toutes les variétés espagnoles de raisins de table, l'*Ohanès* ou *Uve d'embarque*, cultivée à Alméria, est celle qui donne lieu au commerce à la fois le plus intense et le mieux organisé. Aussi est-il intéressant de donner quelques précisions à son égard.

Les raisins d'Alméria ne subissent aucun traitement spécial en vue de leur conservation et de leur expédition.

Immédiatement après leur cueillette, on les expose, en magasin, à une aération de 24 à 48 heures, et lorsqu'ils sont dépourvus de toute trace d'humidité, des ouvrières expertes les débarrassent, par deux ciselages sévères, des grains mal venus ou avariés. On les emballe ensuite en barils, dans la sciure de liège granulé de 1ᵉʳ choix, ni trop fine ni trop grossière. L'opération est dite « emporrouar ».

Les barils et 1/2 barils utilisés en la circonstance sont généralement en bois de pin.

Les barils (de 0,50 de haut sur 0,45 de diamètre) renferment 22 kg de raisins pour un poids brut total de 30 kg.

Les 1/2 barils contiennent 10 kg de raisins pour un poids brut de 15 kg.

Du 27 juillet 1925 au 20 janvier 1926 les exportations des *ports d'Alméria*, de *Garrucha* et d'*Adra* ont été les suivantes :

PORTS	NOMBRE de vapeurs	BARILS de 22 kg net	1/2 barils	CAISSES	VALEUR en pesetas
Alméria...........	248	2.179.050	14.943	34.342	36.768.079
Garrucha.........	12	26.173	2		484.964
Adra.............	8	57.201	123		793.825
Totaux......	268	2.262.424	15.068	34.342	38.046.868

Etant donné l'extension que prennent les cultures et les soins dont elles sont l'objet, tout porte à croire que le nombre de barils exportés atteindra, sous peu, 3 millions et plus.

Voici, d'après les statistiques établies par la « Chambre des Raisins d'Alméria », le total des exportations, sur divers pays, en 1925.

Comme on le voit l'**Angleterre** reçoit la plus grosse part des récoltes de la Province. Cela tient surtout à 3 causes :

1° — Grâce à une habile propagande, la consommation de l'Ohanès, qui répond au goût de la clientèle anglaise, a été intensifiée.

2° — L'Angleterre est, en même temps, un marché de réexportation qui alimente de nombreux pays : Suède, Norwège, Danemark, Colonies, régions diverses allant de Gibraltar à l'Extrême-Orient.

3° Les envois ont été proportionnés aux besoins des centres de consommation par la « Chambre des raisins », organisme dont je parlerai plus loin.

— **Le Marché allemand** est aussi d'une très grande importance pour Alméria, non seulement à cause de ses propres besoins, mais parce que Hambourg effectue des réexpéditions sur l'Autriche, la Hongrie, la Tchéco-Slovaquie, la Lithuanie, la Lettonie et la Russie. Les Espagnols assurent même que :

« le marché allemand est d'un intérêt si capital pour la production « du raisin d'Almeria que toute oscillation dans ses conditions doit « se refléter sur la prospérité ou la décadence de la Province ».

PUISSANCES	MARCHÉS	BARILS	1/2 BARILS	CAISSES
Angleterre.........	Liverpool	468.159	615	2.530
	Londres...........	430.486	1.310	9.039
	Glasgow.........	203.457	274	2 845
	Hull.............	116 337	412	1.270
	Southampton.....	78.386	45	975
	Manchester	74.999	»	1.600
	Bristol	58.697	10	1.070
	Cardiff	46.555	»	1.169
	Newcastle........	32.271	»	300
	Belfast..........	17.394	»	190
	Dublin	11.175	»	»
	TOTAUX.....	1.537.916	2.671	21.008
Allemagne	Hambourg........	298.230	1.610	3.095
	Brême	67 581	120	1.173
	TOTAUX......	365.811	1 730	4.268
Hollande..........	Amsterdam	236	»	»
	Rotterdam	23.372	100	1.171
	TOTAUX.....	23.608	100	1.171
Belgique..........	Anvers...........	4.469	»	720
Suède.............	Divers	62.818	2.872	2.105
Norwège..........	Divers...........	71.884	212	830
Danemark........	Copenhague......	73.080	1.693	681
Brésil............	Divers	63.429	1.046	2.089
Italie............	Trieste...........	2.350	50	»
Canada	Montréal.........	8.774	59	648
Finlande.........	Divers	9.306	20	»
Bologne..........	Dantzig	7.679	23	822
Cabotage.........	Divers	14.637	4.493	»
	TOTAUX GÉNÉRAUX.	2.262 424	15.068	34.342

— **La Suède** ayant ramené ses droits de douane de 1 couronne à 0.35 par kg. net de raisin, l'exportation espagnole sur ce pays est passée de 19.172 barils en 1924 à 62.818 barils en 1925, soit une augmentation de 227 o/o.

— La consommation est à peu près stationnaire en **Norvège**, mais on espère l'augmenter.

— **Le Danemark** a une capacité à peu près fixe d'absorption de 40.000 barils. Le reste s'exporte.

— **Le Brésil**, seul pays ouvert, en Amérique, aux raisins espagnols, est un marché de grand avenir. La consommation est passée de 32.075 barils en 1924 à 63.429 en 1925.

— **Dantzig** est la porte d'entrée de la Pologne, et de la Russie. Les Espagnols croient pouvoir affirmer que :

« *l'avenir pour tous les fruits méridionaux et en particulier pour les*
« *raisins, est dans ces deux pays et dans le centre de l'Europe, et la*
« *politique économique prévoyante sera celle qui acheminera vers eux*
« *l'action commerciale de l'Espagne* ».

Les Etats-Unis d'Amérique consommaient près d'un tiers des raisins d'Almeria. Mais ils ont fermé leurs marchés à ces produits, en 1923, pour éviter l'introduction, sur leur territoire, de la «*Mouche Méditerranéenne* ou *Ceratitis capitata*, parasite constaté sur quelques lots de fruits. La *République Argentine* ayant agi de même, il en est résulté des pertes considérables pour le commerce espagnol.

On espère toutefois que les exportations pourront être reprises sous peu, grâce aux mesures envisagées par les intéressés, mesures basées, comme on le verra plus loin, sur la destruction de l'insecte dans les cultures et sur la réfrigération des raisins.

La Chambre officielle des raisins d'Almeria. — La Chambre officielle des raisins d'Almeria (*Camera Oficiel Uvera*), mérite, à tous égards, de retenir notre attention.

En la créant, par décret royal du 19 juin 1924, le Gouvernement du Directoire a donné une impulsion remarquable à la production et au Commerce des raisins de la Province.

Le rôle essentiel de cette Chambre consiste, en effet :

1° A déterminer, au début de chaque campagne, l'importance probable de la récolte de la région ;

2° A se procurer des informations, aussi exactes que possible, sur la production étrangère et sur la situation des marchés mondiaux ;

3° *A contingenter, grâce à ces renseignements, l'exportation des raisins* afin de proportionner les envois aux besoins des centres de consommation pour maintenir les cours à un taux rémunérateur.

4° A prohiber, d'une manière absolue, l'exportation des produits avariés;

5° A organiser une propagande active et permanente par réclames dans les journaux, affiches illustrées, monographies, etc..., afin de créer de nouveaux débouchés ;

6° A donner des conseils aux producteurs sur les soins culturaux de la vigne (labours, arrosages, fumures, lutte contre les maladies, etc.) ;

7° A obtenir, avec le concours des Pouvoirs Publics, la reprise des relations avec l'Amérique, la conclusion de traités de commerce avec divers pays (Allemagne, Pologne, Russie, etc..) ;

8° A créer des laboratoires pour l'étude de toutes les questions relatives à la culture de la vigne, à l'emploi des engrais, à la lutte contre les parasites, etc...

Je n'entrerai pas dans les détails de cette organisation. Cela m'entraînerait trop loin. En voici toutefois quelques points intéressants :

— La Chambre est un organisme officiel placé sous la juridiction du Ministère de Fomento.

— Son action s'étend sur tout le territoire de la Province et sur tous les raisins des autres régions embarqués à Almeria.

— Le Comité Directeur comporte des membres nés, honorifiques, de droit propre et élus. Sont membres nés l'Administrateur principal des Douanes et le chef du Service Agronomique de la Province.

— La Commission exécutive a le droit d'ouvrir les barils suspects, en quelque lieu qu'ils se trouvent, pour constater s'ils ne renferment pas des produits impropres à la vente.

— La Chambre réglemente et surveille l'embarquement des colis ; tient la statistique précise des expéditions par bateaux et par destinations ; reste en relations constantes avec les consulats, les courtiers des principaux marchés, les Chambres de Commerce Espagnoles à l'étranger et autres personnes ou organismes capables de lui donner toutes précisions sur les besoins des centres de consommation, sur l'état des cultures des divers pays, etc. Ces renseignements lui permettent de contingenter les envois, etc...

Les revenus de la Chambre sont constitués par :

— Les produits et rentes de ses biens propres.

— Les subventions diverses de l'Etat, des Corporations, des particuliers.

— Les redevances perçues par barils destinés à l'exportation, etc..

Comme on le voit, ce plan est vaste. La Chambre devra surmonter bien des difficultés. Elle aura surtout à lutter contre la routine. Mais elle est dirigée par des hommes actifs et tout porte à croire qu'elle atteindra pleinement son but.

B. — COMMERCE DES RAISINS SECS

Les raisins secs donnent lieu à un commerce d'exportation assez intense, plus particulièrement dirigé sur l'Angleterre, la France, le Danemark et l'Allemagne. En 1924, en effet, la valeur totale de ces exportations pouvait être évaluée à 20.257.400 pesetas réparties comme suit :

Angleterre	12.148.100	pesetas
France	2.047.100	—
Danemark	1.376.800	—
Allemagne	1.185.900	—
Etats-Unis	1.085.900	—
Norwège	503.300	—
Italie	422.800	—
Cuba	417.400	
Argentine	338.900	—
Hollande	372.900	—
Belgique	213.700	—
Brésil et divers	144.600	—

— Les statistiques des douanes donnent les chiffres suivants pour les *importations françaises* :

	Provenances d'Espagne	Importations totales
1913	21.192 quintaux	60.991
1925	25.434 —	44.867
1926	18.424 —	37.174

La France reçoit surtout les produits de Malaga. Ceux de Denia (Uva de lejia) vont plus particulièrement en Grande Bretagne.

Les qualités demandées par le marché anglais sont désignées comme suit en commençant par les premiers choix : Extra choice, Finest extra « Selected », Fine extra « Selected », Finest « Selected », Goud average, Fine « Selected », Fair Average Selected, etc.

APPENDICE

La mouche méditerranéenne (*Ceratitis capitata*)

La *Mouche méditerranéenne* ou *Ceratitis Capitata*, très répandue dans le monde sauf dans les régions septentrionales (Angleterre, Allemagne, Canada), attaque les fruits les plus divers (oranges, abricots, pêches, poires, prunes). Dans la province d'Almeria, elle contamine les raisins lorsqu'elle ne trouve plus d'autres fruits. C'est elle qui occasionne la maladie de la « gangrène». Mais cette affection ne présente jamais le caractère d'un fléau, puisque les dégâts sont limités, au maximum, à 1 ou 2 des fruits dans les treilles les plus atteintes.

On l'aurait donc négligée sans les mesures prises par les Etats-Unis à son égard,

Force a été de s'occuper d'elle pour donner toutes garanties aux américains. Un savant, *M. Fausto La Gasca*, docteur ès sciences physico-chimiques, Directeur du Laboratoire municipal d'Almeria, lui a consacré une série d'études remarquables dont je crois intéressant de donner les grandes lignes ;

— La Ceratitis apparait au printemps et dépose, en août, 1 à 3 œufs dans les grains de raisin. Ces œufs ne tardent pas à donner autant de larves qui se nourrissent de la pulpe du fruit.

Les expériences de M. la Gasca ont visé la destruction du parasite : *dans les cultures*, au moyen d'appâts empoisonnés, et sur les *fruits*, au moyen du froid.

a) DESTRUCTION DU PARASITE DANS LES CULTURES

La méthode est, à peu de choses près, celle qu'on emploie contre la mouche de l'olive. Elle consiste à placer sur les treilles, à partir du 15 juillet, des appâts empoisonnés et des boîtes de Newmann.

a. *Appâts empoisonnés*. — On utilise à cet effet des petits fagots enduits du mélange suivant :

Eau	100 litres
Glucose ou mélasse	15 kil.
Arseniate de soude	2 kil.
Borax	2 kil.
Acide borique	2 kil.

b. *Boîtes de Newmann*. — Ces boîtes, en fer blanc, de 2 litres de capacité, sont à moitié pleines d'un mélange ainsi constitué :

Eau .... 15 litres
Borax .... 250 grammes
Son .... 2 kil.

Les mouches viennent s'y noyer.

c. *Destruction des larves*. — C'est la partie la plus difficile du traitement. Elle consiste à nettoyer soigneusement les grappes ; à détruire les grains contaminés et à traiter le sol, pour atteindre les larves, au moyen du sulfure de carbone ou mieux du sulfocarbonate de potasse dilué dans les eaux d'arrosage à raison de 60 grammes par mètre carré.

La « Chambre des raisins » a l'intention de rendre ces traitements obligatoires.

b) ACTION DU FROID SUR LES ŒUFS, LES LARVES ET SUR LE FRUIT LUI-MÊME.

M. La Gasca a cherché à connaître l'action du froid sur les larves et sur le fruit lui-même.

Ses expériences, entreprises à partir d'août 1925, ont porté d'abord sur les échantillons de laboratoire, ensuite sur un lot de 215 barils. En voici les conclusions, telles qu'il les a formulées lui-même:

« 1° Aucun œuf ni larve de *Ceratitis capitata* contenus dans le raisin d'Almeria, ne survivent après avoir subi des températures de 0° à 0°5 pendant 14 jours et de 3°5 à 4°5 pendant 21 jours ;

« 2° Le raisin d'Almeria, quels que soient le terrain, l'exposition où il se cultive, l'état de maturité et le temps écoulé depuis sa récolte jusqu'à sa mise au régime du froid industriel supporte, sans altération, des températures pouvant descendre à — 2° ;

« 3° Le raisin d'Almeria se conserve d'une façon parfaite de — 2° à + 4°5 sans qu'en aucun cas le fruit, entré sain au frigorifique, ait présenté un grain avarié à la sortie ;

« 4° Le degré de conservation est sensiblement plus parfait avec les fruits mûrs qu'avec les autres ;

« 5° Les résultats sont d'autant plus satisfaisants que le temps écoulé entre la cueillette et la mise en frigorifique a été moindre ;

« 6° Les fruits récoltés dans les bas-fonds se prêtent moins que les autres à la conservation en frigorifique ;

« 7° Aucune qualité spécifique du fruit : couleur, saveur, dureté, pruiné, etc..., ne s'altère sous le régime de l'exposition au froid industriel dans les limites signalées ci-dessus ;

« 8° La fraîcheur du fruit et celle de la râfle s'améliorent, d'une façon très notable, pendant le refroidissement, tandis que les échantillons témoins soumis à la température ordinaire de 16° à 22°, ont le pédoncule noir, sec et présentent quelques grains ridés ;

« 9° La conservation du raisin après sa sortie du frigorifique est plus durable que celle des fruits maintenus à la température ordinaire ».

Il résulterait de toutes ces expériences que les raisins, s'ils étaient transportés en cales frigorifiques, aux températures ci-dessus indiquées, arriveraient en Amérique sans traces de parasites.

Ces observations méritaient d'être signalées.

CONCLUSION

L'Italie et l'Espagne cherchent à intensifier leurs cultures de raisins de table et à développer l'exportation de leurs produits.

— Comme leurs raisins concurrencent sérieusement les nôtres sur les grands Marchés Européens, nous devons mettre tout en œuvre pour assurer à nos excellents produits, dont la qualité est justement appréciée dans tous les centres de consommation, un débouché toujours plus large.

Nous aurions intérêt, d'autre part, à suivre de très près ce que font nos voisins au double point de vue technique et commercial et à nous rendre compte de ce que pourraient donner, chez nous, certaines variétés étrangères, en particulier, la *Verdea* et le *Besgano de Plaisance*, la *Catalanesca* de Naples, le *Montonico* des Abruzzes, etc...

M. le Président remercie vivement M. **Loubet** de son brillant exposé et des observations qu'il a recueillies au cours de la mission de MM. **Barthe**, **Guillon** et **Mirepoix**, à laquelle il s'etait joint, et ajoute que les applaudissements de l'auditoire lui avaient longuement marqué l'intérêt pris à son rapport.

M. Guillon, représentant M. le Ministre de l'Agriculture, tient, au nom du Congrès, à féliciter tout particulièrement M. **Loubet**.

Mais ce rapport si documenté comporte une conclusion, que M. **Loubet** formule de la manière suivante, dans une note additionnelle :

« En résumé, l'Italie et l'Espagne intensifient leurs cultures de raisins de table, et s'attachent à développer l'exportation de leurs produits.

« Ces derniers, cela n'est pas douteux, concurrencent sérieusement les
« nôtres, sur les grands marchés mondiaux, Angleterre, Empires Cen-
« traux, etc.

« Pour assurer à nos excellents raisins, dont la qualité est justement
« appréciée dans tous les centres de consommation, un débouché toujours
« plus large, nous devons :

« 1° Suivre de très près ce que font nos voisins, au double point de vue
« technique et commercial ;

« 2° Organiser notre commerce d'exportation sur des bases rationnelles ;

« 3° Développer dans la mesure du possible, la culture des raisins tardifs ;

« 4° Entreprendre la culture de certaines variétés étrangères, en particu-
« lier la *Verdea* et *le Bescano*, de l'Emilie ; la *Catelanesco*, de Naples, et sur-
« tout le *Moritenico* des Abruzzes ».

Personne n'ayant demandé la parole sur les rapports de MM. **Tacussel**
et **Loubet, M. le Président** est heureux, dit-il, de donner la parole à son
excellent ami le **Dr Vires**, professeur à la Faculté de Médecine de Montpellier, pour sa conférence sur l'action curative et hygiénique du raisin, dont
voici la reproduction :

Les raisins
au point de vue de leur action hygiénique et curative

Rapporteur : M. le Dr Vires,

Professeur à la Faculté de Médecine de Montpellier

Nous écartons tout de suite le côté industriel, technique cultural,
commercial de cet immense sujet. Il sera traité par mes co-rapporteurs.

Nous restons sur le terrain, très limité et très précis, de l'hygiène
et de la theurapeutique. Or, de ce plan strictement médical, une première division se présente tout de suite à l'esprit.

1°) les raisins, un de nos meilleurs fruits, qui se recommandent
par leur goût, par leur bonté, leur digestion facile, leurs qualités
nourrissantes, sont utilisés dans l'état sain, normal, physiologique,
que nous appelons *la santé*.

2°) Ils sont indiqués aussi dans les *états anormaux* et *patholo-
giques* ; chez l'homme en apparence sain, mais porteur *de diathèses*,
celles-ci constituant presque toujours dès prédispositions à la maladie
et, dans certaines conditions, réalisant ces *mêmes maladies, et chez
l'homme nettement malade*.

Voilà donc une division de mon sujet, qui le scinde en deux
groupes :

1° *Les raisins chez l'homme sain*.
2° *Les raisins chez l'homme malade*.

Mais, chez l'homme sain, comme chez l'homme malade, qu'il soit pris comme boisson ou comme aliment, le raisin agit surtout comme *agent de la nutrition*. Or, en quoi consiste cette nutrition ? Comment la comprenons-nous ?

Et ainsi, ce thème précisé, soulève une question préalable, complexe étendue et ardue, celle de la nutrition.

En conséquence, le plan qui sera suivi, en allant par gradations successives du simple au composé sera le suivant :

1° D'abord, quelques principes généraux sur *la nutrition normale*, principes que nous demanderons à l'analyse chimique et à la physiologie, principes qui nous serviront de guide et de fil conducteur.

2° Résultats donnés par l'analyse chimique des raisins frais, des moûts, des raisins secs, et valeur physiologique et énergétique de ces produits.

3° Justification de l'emploi des raisins frais, des moûts et des raisins secs, *chez l'homme sain*, comme boisson et comme aliment.

4° Raisons qui militent en faveur d'une utilisation plus étendue encore des raisins frais, du moût, et des raisins secs, *chez l'homme malade*, comme boisson, comme aliment et comme *agent thérapeutique*.

a) La place des raisins dans les régimes des malades.

b) Les indications et les contre-ndications dans les maladies et chez les malades.

c) Techniques générales et particulières. Modes d'emploi. Les cures de raisins.

Notions générales sur la nutrition alimentaire

L'aliment nous apporte d'abord de la *matière*. La matière, c'est ce que nous voyons, ce que nous touchons, ce que nous pesons. La matière provoque des réactions du goût, de l'odorat, des sécrétions. La matière c'est ce que nous mettons sous la dent, ce que nous déglutissons ; c'est ce qui peut calmer la faim ou la soif, ou, au contraire, se montrer lourd, indigeste, douloureux. La matière, *c'est ce qui nourrit*. Ce qui nourrit *est l'aliment*. L'aliment devient donc, pour parler scientifiquement, une *source d'énergie*. Cette énergie est impondérable et intangible. Elle existe dans la matière à l'état caché, latent, potentiel. Mais l'aliment est appréhendé, mâché, disloqué, ingéré dans l'appareil digestif. Voici que cette énergie va alors devenir active, se développer, se manifester, sous des formes pondérables, mesurables, d'énergie thermique, calorique etc....

L'aliment sera donc un mélange de *matière* et d'une certaine quantité de travail, travail, non réalisé mais réalisable, sous forme de chaleur, d'électricité.... *d'énergie*, non encore développée, mais prête à s'extérioriser.

La chimie a déterminé, par l'analyse, la quantité et la qualité des des aliments, des matériaux qui servent ou qui peuvent servir aux besoins des tissus vivants pour se maintenir en équilibre avec le monde extérieur. Les tissus vivants, vivent, s'accroissent, se renouvellent, reçoivent et rejettent et ces actions, essentiellement vitales, sont spécifiques et fonction de l'organisme qui les accomplit. Elles sont donc variables, suivant chacun d'eux, et même pour chaque organisme, variable, suivant le cycle, le rythme et la cadence de l'évolution qui mène du berceau à la tombe. Le nouveau-né a des besoins qui lui sont personnels ; ceux-ci changent et se modifient dans le temps et ceux de l'adulte ne sont pas ceux du vieillard.

Il convient, en conséquence, d'envisager les aliments sur les deux plans parallèles *de l'analyse chimique* et *de la fonction physiologique*. Ainsi, si nous disons des aliments, tels que nous les consommons pour entretenir la vie, qu'ils sont des aliments chimiques simples, aliments azotés, graisses, hydrates de carbone, etc..., nous sous-entendons qu'il y a quelque chose de plus, dans la forme et dans l'état de la matière alimentaire naturelle, et que la chimie ne peut rien nous apprendre sur ce quelque chose.

Que contiennent donc ces aliments ?

De l'eau et *des sels minéraux* d'une part, et de l'autre *des matériaux organiques*.

L'eau. — Presque tous les aliments contiennent de l'eau, leur valeur nutritive est en raison inverse de leur teneur en eau ; tous les tissus et tous les liquides de l'organisme contiennent de l'eau et des sels et l'homme élimine ceux-ci d'une façon constante. Il est donc d'une nécessité absolue que l'alimentation contienne de l'eau et des sels minéraux pour l'adulte et pour l'homme en voie de développement. On pensait jusqu'ici que l'eau, pas plus que les sels minéraux, ne sont des sources d'énergie. Ceci n'est peut-être pas tout à fait exact. L'eau et les sels paraissent, bien au contraire, être des sources d'énergie. Seulement nos moyens actuels de recherche scientifique n nous permettent pas de capter, d'enregistrer, de rendre objective cette énergie. Les travaux sur la radio-activité de l'eau et des sels permettent d'espérer que le problème pourra bientôt être abordé sous des aspects plus précis.

Les éléments organiques. — Les matières azotées constituent le premier groupe. Et celles-ci comprennent des matières azotées albuminoïdes et des matières azotées non albuminoïdes.

Les unes et les autres sont fort complexes et leur architecture moléculaire est variée et formidable. Rien ne peut les remplacer. Seules, elles peuvent réparer l'usure incessante de l'organisme, seules en effet, elles présentent l'azote sous une forme assimilable, or, l'organisme humain perd incessamment de l'azote. Le besoin d'azote est formel et irrésistible. Toute ration alimentaire doit en contenir une certaine dose. Si la dose est trop forte, l'organisme mettra l'azote en réserve et le transformera en graisses, par exemple. S'il ne l'utilise pas complètement, alors naissent des résidus, des scories, des déchets tels que l'acide urique et les corps xanthopuriques. Ces déchets, s'ils ne sont pas largement entrainés à l'extérieur et éliminés par la peau, les poumons, se répandent dans l'économie animale. Comme ils sont de vrais poisons, ils provoquent des réactions qui se traduisent par des troubles fonctionnels des divers appareils, et, après une phase de perturbation dynamiques, ils conduisent à des lésions définitives et irréductibles. Il faut donc n'ingérer qu'une quantité nécessaire et suffisante de matières albuminoïdes; car si le besoin d'albumine est indispensable, il est dangereux de dépasser le seuil de son assimilation parfaite.

Les matières azotées interviennent comme source de chaleur, elles peuvent former des réserves; elles peuvent agir comme excitatrices du système nerveux.

Les graisses, corps ternaires, sont des principes non azotés que l'organisme utilise le plus volontiers pour produire du travail musculaire et de la chaleur, ou pour se constituer des réserves. Elles contiennent du carbone, de l'hydrogène et de l'oxygène. Mais elles diffèrent de l'hydrate de carbone en ce que l'hydrogène et l'oxygène n'y sont pas, comme dans ces derniers, en multiple H_2O. Voilà pourquoi . Leur valeur énergétique est supérieure à celle des valeurs principales constituant l'organisme. 1 gramme de graisse fournira 8 cal. 45 tandis que 1 gr. d'albumine ou 1 gr. de glycose n'en fournit que 4.

Les hydrates de carbone, ainsi dénommés, parce qu'ils contiennent de l'oxygène et de l'hydrogène combinés dans les mêmes proportions que dans l'eau n'ont besoin pour être brûlés complètement ou pour être amenés et conduits aux produits utiles non nocifs que d'une très petite quantité d'énergie, juste la quantité que réclame la transformation en acide carbonique du propre carbone de ces substances. Les hydrates de carbone sont donc des corps dont la combustion est des plus faciles, ce sont des aliments qui, par leurs propriétés et par leur composition chimique, semblent prédestinés à être consumés, comburés, et à produire des effets utiles avant les autres. Ce qui veut dire que si nous mettons dans l'organisme, *foyer-vivant*, des protéides graisses, des hydrates de carbone, les graisses se consumeront très lentement, les protéides plus facilement que les graisses, les hydrates de carbone l'emporteront. Ils sont le meilleur combustible, que l'organisme puisse utiliser, soit pour alimenter le travail musculaire soit pour entretenir la constante thermique. Ils sont, a-t-on dit, le charbon du muscle.

Les sucres se consument d'une façon presque complète. Leur valeur alimentaire dépasse celle des autres principes hydrocarbonés, tels que l'amidon et la cellulose.

La cellulose constitue la charpente des plantes et n'apporte, malgré une composition voisine de celle des sucres, que peu de principes alimentaires à l'homme. L'homme n'est pas organisé pour les digérer comme le sont les herbivores. Il ne doit pas en abuser. Néanmoins, la présence dans les aliments d'une certaine quantité de cellulose est utile. La cellulose constitue le seul principe dont nous disposons pour donner à la ration un volume suffisant et entretenir les contractions des instestins. Il n'est pas de balai plus salutaire pour le tube digestif que la cellulose.

En résumé, on peut considérer les aliments d'origine animale ou végétale comme constitués par un mélange en proportion variable d'eau, de matières minérales, de matières azotées, de matières grasses et de matières hydrocarbonées.

Résultats donnés par l'analyse chimique des raisins frais
des moûts et des raisins secs
et valeur physiologique et énergétique de ceux-ci

La grappe de raisin est formée de deux parties la *rafle* et le *grain*.

La *rafle* est le pédoncule floral plus ou moins lignifié au cours de la végétation estivale. Elle contient chimiquement de l'eau, des acides libres, malique, tartrique, oxalique : du tartre ; du tanin ; des matières minérales; de la cellulose ; des matières azotées ; et suivant *Jacquemin*, un glucoside particulier, qui provoquerait par fermentation le bouquet autonome, personnel, spécifique.

Le grain de raisin, comprend *la pulpe, les pépins* et *la peau*.

La peau est constituée par une série de cellules aplaties. Elle est révêtue extérieurement par un enduit cireux *la pruine on bruine*. C'est sur la pruine que sont fixés les germes des ferments et les microbes.

La composition chimique de la pellicule varie suivant le degré de maturation du raisin. On y trouve de l'acide tartrique, de l'acide malique, de la crême de tartre, du tanin, des matières colorantes.

Celle-ci apparaissent surtout dans les premiers jours de la maturation. Elles constituent le bouquet du cépage, bouquet foxé dans les cépages américains, tels que le Noah, l'othello ; musqué dans les cépages dits mucats. Ces matières odorantes peuvent disparaître considérablement sous l'influence des moisissures sur les grains et de la fermentation. Elles se retrouvent dans les moûts frais, persistent même dans le moût chauffé à la vendange. Les réchauffages successifs les font disparaître, alors qu'au contraire le refroidissement leur permet de persister et les transforme en une odeur qui rappelle celle de la groseille et de la framboise, sensible surtout dans les petits-bouchets.

Les pépins sont en nombre variable, suivant les cépages, et le succès de la fécondation. Ils renferment un albumen huileux et un embryon, recouverts par un épiderme composée de cellules plates remplies de tanin. D'après *Jacquemain*, le pépin contiendrait en outre une matière azotée soluble dans l'eau et d'une grande valeur alimentaire.

La pulpe est formée par un amas de cellules soutenues par des vaisseaux nutritifs; elle rentre dans le moût pour une proportion de

90 o/o ; à maturité la pulpe contient des sucres, des acides, des matières azotées, des matières minérales, des matières colorantes et des matières non dosées. Les sucres sont la dextrose et la lévulose, en quantité à peu près égales. Ces deux sucres sont directement assimilables par l'organisme. Le sucre augmente constamment dans le raisin. Il vient un moment où le gain journalier en quantité absolue devient faible ou presque nul, quoique sa proportion relative puisse continuer à s'accroître par suite de la dessiccation partielle du grain. C'est le moment de la maturation industrielle, c'est-à-dire l'époque la plus propice pour la vendange.

Les acides sont les acides tartriques et maliques libres et le bitartrate de potasse, avec une très faible proportion d'acide racilique, glycolique, etc... Ils existent tout d'abord dans le grain vert, à l'état d'acides libres. Apportés par la sève, ils se combinent ensuite progressivement aux bases, à la potasse principalement, de telle sorte qu'au moment de la maturité l'acidité initiale est fortement diminuée. Les matières *azotées* existent sous forme d'albuminoïdes peu solubles, de peptones, et de matières amylacées, peptones et matières amylacées solubles. *Les matières minérales* sont les sulfates, les phosphates, les chlorures combinés à la potasse, à la chaux, à la soude, au maganèse, à l'albumine, au fer.

Les matières non azotées contiennent des gommes, des mucilages, des matières pectiques.

Les matières colorantes n'existent que dans le jus des cépages fortement colorés. Nous savons que c'est dans la pellicule surtout qu'on les retrouve.

La maturité physiologique est bien différente de la maturité industrielle. Celle-ci coïncide avec le maximum d'accumulations de principes utilisables, c'est-à-dire du sucre. Le sucre, qui plus tard donnera l'alcool du vin, est l'élément le plus important à considérer.

Aussi on admet que la maturité est suffisante lorsqu'il devient à peu près stationnaire. On le constate facilement en cueillant tous les 2 ou 3 jours dans un vignoble quelques grappes représentant à peu près la moyenne, en les pressant et en prenant la densité du jus.

Le moût de raisin présente au point de vue chimique une complexité aussi considérable que celle du raisin à l'état mur. Voici la liste des substances qu'il contient, *d'après Sémichon.*

Eau. — Substances transformées par fermentation : glucose, lévulose, sucres divers et sucres intervertis, matières peptiques, gommes et dextrines, matières grasses et ferrugineuses, matières colorantes, matières astringentes et tanin, matières azotées ou albuminoïdes. — *Produits essentiels :* acide malique, tartrique, racémique, citrique, lactique,....., sulfates, phosphates, azotates, silicates, chlorures, bromures, iodures, fluorures, acide carbonique, potasse, soude, magnésie, lithine, manganèse, alumine, ammoniaque et ammoniaque composé. Roos a établi le tableau suivant :

MATÉRIAUX EN DISSOLUTION DANS LE MOUT DE RAISIN, SOUS LES FORMES SUIVANTES (d'après Roos).

AZOTE
- Matières albuminoïdes
- Sels ammoniacaux
- Amides.

ACIDE PHOSPHOR. ET MAGNÉSIE
- Phosphates de potasse
- d° de chaux
- d° ammoniaco-magnésién.

POTASSE
- Sels organiques de potasse (bitartrate, malate)
- Phosphate de potasse
- Sulfate de potasse.

SUCRES
- Glucose
- Lévulose
} parties égales à maturité.

DIVERS
- Acides organiques, tartriques, maliques, tanniques
- Corps pectiques
- Gommes
- Traces de fer, alumine, silice, manganèse.

Les raisins frais, *d'après Armand Gautier,* auraient la composition suivante :

Eau : 77 à 81 pour 100 ;
Albuminoïdes : 60 centigr. ;
Sucres : 14 à 22 grammes ;
Cendres et pectoses : 53 centigr.
Cellulose : 25 centigr. à 1 gr. 50.

Alquier donne pour les raisins frais les moyennes suivantes :

Eau : 78 ;
Matières azotées : 1,14 ;
Matières grasses : 1,39 ;
hydrocarbonées : 19 ;
Calories totales utilisables par 100 gr.: 70 à 91 ;

Les raisins secs contiennent une quantité plus faible d'eau, une quantité plus forte de matières sucrées et de matières extractives.

Armand Gautier donne les chiffres suivants :

Eau : 19,80 ;
Matières azotées : 45 centigr.;
Matières sucrées : 67-70 ;
Matières extractives et cellulose : 1,85 ;

Alquier rapporte les résultats suivants :

Eau : 24,35 ;
Matières azotées , 2,47 ;
Matières grasses : 0,59 ;
Matières hydrocarbonées : 71 ;
Calories totales par 100 grammes : 251 à 296.

Justification de l'emploi des raisins frais, des moûts et des raisins secs chez l'homme sain comme boisson et comme aliment.

Des constatations précédentes, il ressort que les éléments les plus importants des raisins, à l'état frais, à l'état sec, et sous forme de moûts, sont *l'eau*, les *hydrates de carbone* et *les sels*. Je suis ainsi amené à résumer en quelques lignes la valeur alimentaire et énergétique de ces éléments.

L'eau, le rôle de l'eau dans les échanges nutritifs et dans la constitution de la charpente des organes est tout à fait de premier plan. On peut dire que l'hydratation des tissus est en raison directe de leur activité. Plus la nutrition est intense, plus le fonctionnement de l'organisme est énergique, plus l'eau est abondante. La proportion d'eau augmente dans des conditions diverses. Sous l'influence du jeune et de la fatigue, de la marche et d'un effort physique, le besoin d'eau est accru et il engendre la sensation de soif. Le besoin d'eau est plus marqué chez les jeunes, chez ceux dont les tissus sont plus actifs. En conséquence, les boissons doivent être données en plus grande quantité chez un individu en période de développement que chez un adulte, chez un homme actif que chez un sédentaire. L'homme normal élimine 3 litres d'eau par jour. Une partie de cette eau lui est fournie par les aliments qui en contiennent pour la plupart des quantités considérables. On accepte qu'une ration moyenne alimentaire qui introduit chaque jour 1830 grammes d'aliments introduit en même temps 1152 gr. d'eau. Une autre source d'eau c'est celle qui est fournie par l'organisme lui-même. Les transformations que subissent les aliments, dégagent en effet une certaine quantité d'hydrogène qui se combine à l'oxygène de l'atmosphère et on admet de ce chef la mise en liberté de 48 gr. d'hydrogène fournissant 432 gr. d'eau. On peut donc dire que l'alimentation fournit 1500 gr. d'eau dont 1100 provenant des aliments et 400 des combustions. En conséquence, la quantité qu'on devra ingérer par jour est de 1500 grammes. Mais chez les surmenés, les épuisés par des travaux corporels ou intellectuels, on donnera des quantités plus considérables. Elles agiront en diminuant les sensations de fatigue en augmentant la teneur des cellules en eau, en provoquant une diurèse génératrice de la désintoxication de l'économie. Que ces quantités d'eaux nécessaires à la vie ne nous paraissent pas excessives. N'oublions pas que les cellules vivent dans un milieu aquatique, Tous les phénomènes vitaux se produisent dans l'eau. Aussi la quantité d'eau contenue dans l'organisme est-elle fort considérable.

Les *sucres*, chez l'homme sain, normal. Physiologistes et cliniciens sont d'accord pour admettre la très grande valeur nutritive du sucre. Ils lui font une place prépondérante dans l'alimentation normale. Il est démontré en effet que le sucre est nécessaire et indispensable. Il augmente la valeur de l'organisme dans l'édification des tissus nouveaux, en vue de leur développement, dans la reconstitution des tissus anatomiques enlevés par un traumatisme ou par une intervention chirurgicale : surtout dans le travail musculaire ; la marche et l'effort. Le sucre a été introduit systématiquement dans l'alimentation du soldat suivant des données plus particulièrement élaborées en Allemagne.

Non seulement il calme la soif, mais encore, directement, ou en solution, il constitue un mets très agréable, rapidement assimilable, infiniment supérieur aux fécules, lourdes et indigestes du pain et des légumes. Le sucre entre donc dans la consommation alimentaire normale en vue d'assurer cette vie normale. Chez l'homme sain, son indication sera nette encore, dans les cas où il sera nécessaire de faire appel aux forces radicales, potentielles, latentes, et à l'occasion par exemple d'un surmenage, d'une course, d'un exercice violent, d'un sport fatigant.

Aliment d'épargne pour les graisses et les albuminoïdes, l'ingestion du sucre chez l'homme sain est donc non seulement parfaitement légitime, mais encore, toutes choses étant égales d'ailleurs, elle n'est peut-être pas aussi répandue, aussi abondante, aussi étendue qu'il conviendrait. C'est que en effet parmi les hydrocarbonés, le sucre est par excellence l'aliment dynamogène en même temps qu'aliment d'épargne. Il économise la matière azotée, tout en favorisant la formation de la substance vivante, et si l'alimentation azotée est insuffisante, il compense sa déperdition. Ce n'est pas là une action banale, que posséderait une autre substance alimentaire. Les graisses données dans des conditions semblables n'exercent pas la même influence.

C'est surtout pendant le travail musculaire que le rôle du sucre doit être apprécié. La célèbre expérience de *Chauveau* démontre la supériorité du sucre sur la graisse et les aliments carnés. 176 gr. de sucre suffisent à remplacer 730 gr. de viande. Le sucre n'est donc pas un aliment de luxe, c'est une substance de première nécessité. En France, nous consommons une quantité de sucre qui est, toutes choses étant égales d'ailleurs, inférieure à celle que consomment les autres pays: Pour 12 kg. 7 de sucre que consomme un Français, un Danois en consomme 19,8, un Américain des Etats-Unis 30, un Anglais 39,2. N'en concluons pas cependant que le sucre explique la supériorité de la race anglo-saxonne comme le veut *Gardner*. On sait qu'en 1899, le général *de Gallifet* fit entreprendre des recherches dans le VIe et le VIIe corps d'armée pour préciser la valeur alimentaire du sucre chez le soldat, à l'occasion des marches, des efforts, des travaux plus ou moins divers. Si les conclusions nettes et dtéfiniives ne se dégagent pas des rapports contradictoires publiées par les médecins militaires, il semble bien cependant que le sucre aide le marcheur à supporter la fatigue. Il ne faut cependant pas exagérer les quantités que doit ingérer l'homme. Un excès entraînerait des troubles digestifs Enfin, contrairement à un préjugé assez répandu, la quantité le sucre n'altère pas, mais il calme la soif.

La cellulose, substance *hydrocarbonée*, est indispensable à l'organisme, car elle a la propriété d'exciter la contractilité intestinale et par conséquent de provoquer les mouvements qui font progresser les résidus du bol alimentaire tout le long du tube digestif jusqu'à l'extrémité inférieure. Des lapins nourris avec des aliments exempts de cellulose meurent d'obstruction intestinale. La cellulose est l'évacuant du tube digestif. Les fruits secs en contiennent beaucoup, les raisins secs d'une façon plus particulière. Or, on mange les uns et les autres habituellement comme desserts à la fin du repas. On les considère comme des aliments de *luxe*, *supplémentaires*, comme du superflu. On en prive les enfants à la moindre infraction aux règles de la bienséance. On commet une profonde erreur diététique. Ne privez pas les enfants de dessert, les desserts sous forme de fruits sucrés sont l'une des meilleures modalités alimentaires ; mieux encore, la supériorité des fruits secs sur les légumes frais, autre source de cellulose, est incontestable. On les a en toutes saisons, ils ont un taux de cellulose plus élevé que celui des légumes verts, ils contiennent des sucres, leur valeur énergétique est donc plus élevée, ils sont peu encombrants, faciles à transporter, de conservation extrêmement aisée, ils constituent des mets savoureux, variés, en tous points supérieurs aux sardines, aux charcuteries, aux chocolats, aux aliments trop gras et trop lourds. Les raisins secs surtout ont une grosse valeur énergétique. La livre de raisins secs fournit 10 gr. de protéides, 80 centigr. de calcium, 60 centigr. de phosphore, 95 milligr. de fer, au total 1405 calories. Elle fournirait donc 40 pour 100 de l'énergie dont l'homme a besoin par jour. Or, un lait complet donnerait, pour une livre de lait, 315 calories, empruntées à 15 gr. de protéides, 50 centig. de calcium, 42 centigr. de phosphore, 9 centig. de fer. Elle équivaudrait à 9 o/o de l'énergie dont un homme a besoin par jour. *La livre de bœuf*, moyennement gras, fournit 1005 calories, avec 67 de protéides, 4 centigr. de calcium, 67 centigr. de phosphore, 10,1 milligr. de fer, elle pourrait donc apporter 29 o/o de l'énergie dont un homme a besoin par jour. Comparées à la livre de bœuf et à la livre de lait complet, la livre de raisins secs fournit un nombre très supérieur de calories et par suite de valeur énergétique.

Les sels. Les notions les plus récentes sur le rôle des sels minéraux dans l'organisme nous permettent de comprendre l'importance que devraient prendre les raisins dans l'établissement des régimes susceptibles d'augmenter ou de diminuer la quantité de sels et par suite de modifier plus particulièrement, la tension osmotique du milieu intérieur. Les sels sont indispensables à la croissance, au développement, à l'équilibre des humeurs. On a dit que le sel, *chlorure de sodium*, était la monnaie de nos échanges, d'où l'importance des régimes riches ou pauvres en sels. Mais à côté du chlorure de sodium, les sels de sodium, de potassium, de magnésie, jouent un rôle considérable. On admet aujourd'hui qu'il y a un véritable antagonisme entre les ions *potassium et sodium*, *Léon Blum*, de Strasbourg, a montré le rôle considérable des sels de soude et de potasse dans l'échange d'eau qui s'accomplit dans nos tissus. Tandis que les sels de sodium, sous forme de chlorures ou de bicarbonates, provoquent une rétension aqueuse et saline dans les humeurs, les sels de potassium, nitrate et chlorure de potasse, sont au contraire de puissants diurétiques.

Plus net encore est l'antagonisme entre les ions sodium et calcium. Le même *Léon Blum* a confirmé l'action diurétique du calcium démontrée dès 1908 par *Hohneberg et Bonamour*, comparée à l'action du sodium. Le rôle du manganèse, du fer devient de plus en plus considérable, on accepte aujourd'hui qu'un très grand nombre de minéraux qui se trouvent à l'état de traces dans les tissus ont un rôle physiologique tel que leur présence est indispensable à la vie, et que leur carence aboutit à des troubles morbides. S'agit-il de phénomènes catalytiques, de radio-activité, d'excitations dans l'énergie potentielle des tissus, le problème est à l'étude.

La valeur nutritive du moût est forcément supérieure à celle du vin, puisque le sucre du moût n'y a pas été partiellement brûlé déjà et transformé par les levures en alcool et en acide carbonique. Mais la fermentation la plus sûre et la mieux conduite élimine du liquide des sels organiques très utiles à l'alimentation des matières azotées, hydrocarbonées et même phosphatées, ne serait que sous forme de levures. Au contraire, celles organiques, et matières diverses sont produites en quantités sensibles dans le moût.

Au point de vue énergétique et alimentaire, la valeur du raisin est supérieure à celle que pourrait produire ce raisin ou ce moût transformés ultérieurement en vin. Cette richesse sous un volume moindre devrait nous inciter à utiliser davantage les raisins frais, les raisins secs et les moûts.

Un autre argument en faveur d'une adoption plus large est la présence des vitamines dans les raisins, ces substances mystérieuses et fragiles, qui jouent un si grand rôle dans l'alimentation, existent dans le raisin et la température qui permet de stériliser les moûts ne la supprime pas.

Agents thérapeutiques chez l'homme malade

Utilisation des raisins et du jus de raisin comme médicaments

Chez l'homme malade les indications pourront être rangées sous deux chefs, indications principales, majeures, celles qui suscitent l'utilisation du raisin frais et lui donne une place de premier ordre et les indications secondaires dans lesquelles le raisin et le jus de raisin ont une place, mais une place secondaire et ne sont pas l'élément capital mais l'élément adjuvant du traitement.

Les premières indications seront suscitées par les porteurs de syndromes anatomocliniques relevant de troubles fonctionnels ou de lésions ayant pour siège le rein, le foie, le tube digestif.

Les secondes viseront d'une façon plus particulière les malades atteints de maladies infectieuses, à la période d'état et à la période de convalescence, typhoïdes, scarlatines, rougeoles, rhumatisme articulaire aigu, infections baciliaires de Koch ; des malades porteurs de syndromes anatomocliniques chroniques relevant d'infections comme la tuberculose ou le rhumatisme, de troubles nutritifs comme la goutte, le diabète, l'uricémie, etc.

Les Rénaux. — Tous les malades porteurs de syndromes fonctionnels ou organiques du rein pourront être soumis à la cure de raisins et à la cure de moûts stérilisés. Qu'il s'agisse de syndromes aigus ou de syndromes chroniques, l'action diurétique est indubitable et elle s'accompagne toujours d'une action déchlorurante remarquable et constante.

En conséquence, chez les malades porteurs de néphrites aiguës comme chez ceux porteurs de néphrites chroniques avec rétention des chlorures avec azotémie plus ou moins marquée, voire même avec hydratation et œdèmes des tissus, le raisin amènera une diurèse extrêmement rapide, extrêmement abondante et qui se poursuivra non seulement pendant la cure, mais encore lorsque celle-ci sera terminée.

Nous pourrions citer des observations de néphrites scarlatineuses anciennes réveillées à l'occasion d'une grippe, néphrites se traduisant par une albuminurie considérable, et qu'un séjour au lit et l'usage exclusif du lait n'avait pu modifier. On remplace le lait par du jus de raisin stérilisé, 1 litre par jour, coupé d'eau minérale légère, comme nourriture on donne des légumes frais, des viandes rôties très peu salées, des fromages frais, des compotes. Très rapidement l'albumine diminue, il n'y en a plus que 75 centigr. 2 semaines après le traitement, le taux d'albumine se stabilise à 80 centigr. et le malade peut reprendre son travail.

Les cardiaques. — Cette même diurèse on l'observe chez les *cardiaques* arrivés à la période d'hyposystolie avec œdèmes, chez ceux encore où l'on retrouve en même temps que l'insuffisance cardiaque l'insuffisance hépato-rénale, témoin les observations d'un des Maîtres de cette Ecole, le Professeur *Pécholier*.

Dans le *Bulletin général de thérapeutique* de 1889, *Pécholier* rapporte deux observations remarquables.

Il s'agit dans l'une, d'un *cardiaque avec insuffisance mitrale et hypertrophie du cœur gauche*. La digitale, l'iodure de potassium ne peuvent réduire un formidable œdème. *Pécholier* prescrit 5 livres de raisins par jour en trois fois, et dès le lendemain de l'ingestion des raisins la diurèse s'installe, des quantités énormes d'urine sont éliminées, les œdèmes s'effondrent, la polyurie dura tout le temps qu'a duré la cure de raisins.

On fait la parencenthèse de l'ascite suivant l'enseignement de Chrétien. — Chez un second malade, porteur *d'ascite consécutive à une cirrhose hépatique, avec dilatation du cœur droit*, la digitale, le colchique, le lait ne donnent aucun résultat. Le liquide se reforme, le malade, en septembre, émet le désir très vif de manger quelques grains de raisins. On le lui accorde, il supporte admirablement l'association *lait et raisins*, alors la quantité de ceux-ci est augmentée de 500 grammes, il s'élève à 700 gr. par jour, et dès que le taux de 700 gr. est atteint, les urines augmentent rapidement et l'ascite diminue très vite. Une formidable polyurie s'établit, l'ascite disparait aux trois quarts, le malade se trouve tellement allégé qu'il peut reprendre son activité.

A quoi, se demande *Pécholier*, attribuer les effets du remède ? Que contient celui-ci ? En dehors de la rafle ou pédoncule, qui n'a rien à voir ici, on y trouve la pellicule, les pépins et le jus. Quand on fait la cure de raisins, toutes les pellicules sont crachées et autant que possible les pépins. Donc, le tanin et l'huile grasse des pépins, l'acide tannique, le bitartrate de potasse, la matière colorante de la pellicule ne peuvent pas expliquer les effets observés.

C'est le jus de raisin qui est l'agent actif. Celui-ci renferme de 50 à 80 o/o de l'eau, de la dextrine ou des matières réduisant la liqueur de cuivre dans la proportion de 1 à 2 centim² du poids du glucose.

Le sucre de raisin est donc l'agent curateur que nous cherchons; c'est un mélange de glucose et de lévulose. Les deux observations viennent par conséquent à l'appui de l'opinion de *Dujardin-Baumetz* sur l'action diurétique du glucose. Je désire qu'elle soit confirmée par mes confrères et qu'on recherche dans la cure de raisins non des effets laxatifs, que pour ma part je n'y ai pas trouvés, mais des effets diurétiques qui viennent récemment de se montrer sous mes yeux d'une manière vraiment remarquable.

Les lithiasiques. — Cette diurèse sera utilement mise à profit chez les malades porteurs de *lithiase, lithiase urinaire ou lithiase urétérale.*

Dans toutes les réactions inflammatoires, du rein, de la vessie, de l'uretère, la cure de raisins donnera d'excellents résultats soit seule, soit associée à certaines eaux minérales, dans les cystites aiguës, dans les cystites chroniques, dans les blennorragies, elle conduira non seulement à l'augmentation du volume des urines, mais encore à la disparition généralement très rapide des douleurs, *Périer*, d'Euzet-les-Bains a eu maintes fois l'occasion de comparer et de combiner la cure de raisins avec la cure hydrominérale d'Euzet les-Bains.

Il a constaté que les effets généraux de la médication par les raisins sont identiques à ceux qu'il a notés dans le traitement par les sources sulfatées, calciques et magnésiennes d'Euzet-les-Bains. L'une et l'autre cure se traduisent par l'augmentation considérable de l'urine excrétée, l'abondance des sels uriques dès le 3e ou le 4e jour, la limpidité de l'urine au 5e et au 6e jour, une seconde débâcle urique qui survient souvent du 11e au 15e jour.

Nos confrères *Félix Rey* et *Albert Dautry,* dans leur étude sur *Le raisin et le jus de raisins,* Cahors 1908, confirment les résultats obtenus par le Dr *Périer.* Ils en concluent que l'action déchlorurante du jus de raisins ajoutée à ces propriétés diurétiques et nutritives en font un spécifique de la maladie de Bright au même titre que le lait.

Il serait intéressant d'établir toutes choses étant égales d'ailleurs, un parallèle sur l'action diurétique du jus de raisins et du lait. Ce parallèle a été tenté par le docteur *Fortunats Nelocchi.* Pour lui, l'action diurétique du jus de raisins est plus prompte, plus rapide, plus durable, que celle obtenue par le régime lacté. La diurèse atteint son point extrême vers le 2e jour du traitement. La ligne de descente est si grande qu'après trois mois, on note encore une quantité d'urine deux fois plus élevée qu'avant le traitement. Il semble donc que le jus de raisins ou le raisin frais doivent prendre une place considérable et importante comme boisson et comme aliment chez les rénaux. Cette place est justifiée par le fait que le lait est moins actif que le raisin, que la quantité de chlorure de sodium qu'il contient est toujours trop considérable, qu'il facilite les fermentations secondaires, données à des doses trop élevées, qui provoquent la constipation. Il semble donc infiniment plus logique de remplacer dans les régimes *déchlorurés* indiqués chez les brightiques, les azotémiques, les porteurs d'œdèmes et d'anasarques, soit la viande, soit le lait par un litre à un litre et demie de jus de raisin frais ou 700 à 850 gr. de raisins.

Les gastro-intestinaux. Syndromes intestinaux. — Dans tous ces syndromes, le jus de raisin peut rendre de grands services. Dans les *dyspepsies* hyperacides, dyspepsies hypoacides, le raisin sera prescrit avec de réels avantages.

Dans la dyspepsie hyposthénique où dominent l'insuffisance sécrétoire et motrice, c'est le raisin qui est indiqué, avant les repas, avant qu'il n'ait atteint sa maturité complète et à doses ne dépassant pas 3 à 400 grammes.

Dans les dyspepsies hypersthéniques ou l'hypersécrétion avec hypercontracture sont les phénomènes capitaux, c'est au contraire le jus de raisin qui prendra le pas sur les raisins. Les dyspeptiques d'une façon générale supportent très bien la cure de raisins, toutes les fonctions digestives se régularisent et finissent par s'exécuter harmonieusement.

Les syndromes intestinaux sont dominés presque toujours comme on le sait, par la constipation. C'est le plus fréquemment rencontré parmi les signes traducteurs du mauvais fonctionnement de l'intestin. Or, c'est la constipation qui est l'indication majeure non seulement des raisins, mais encore du jus de raisins. Les raisins seront ici prescrits complets, il faut avaler la peau et les pépins, si nous nous souvenons que la cellulose et les pépins constituent l'élément le plus actif pour solliciter les sécrétions et les contractions de l'intestin.

Dans les *auto-intoxications digestives* qui se traduisent par des selles fétides, diarrhées prandiales, réactions de la défense intestinale, sous forme d'expulsion de muco-membranes les raisins et les jus de raisins, sont tout à fait indiqués.

Enfin, chez les hémorroïdaires, hémorroïdaires par constipation opiniâtre, hémorroïdaires par hypertension portale, hémorroïdaires par lésions hépatiques, hémorroïdaires parce que porteurs de l'affection diathésique générale hémorroïdale, les cures de raisins amènent des améliorations et des guérisons.

Les hépatiques, — Les syndromes hépatiques sont ceux qui bénéficient dans la plus large mesure de la cure de raisins.

Dans les syndromes d'hypohépatie, comme dans ceux d'hyperhépatie, dans les syndromes *hépato-biliaires*, tels que la congestion active et passive du foie, l'*hypertension portale*, les hépatites-cirrhoses biliaires et cirrhose veineuses, les syndromes lithiasiques et hépato-biliaires, les syndromes ictériques hépato-biliaires, on peut considérer la cure de raisins sous forme d'aliments ou sous forme de boissons.

Ici encore, le parallèle peut être établi entre les bienfaits du raisin et ceux, quelquefois hypothétiques, de la cure lactée exclusive. Le raisin et le jus de raisins sont des stimulants de la sécrétion biliaire, d'une façon plus générale de l'activité de la cellule hépatique, stimulation bien mise en valeur par *Moraine* dans la lithiase biliaire, dans l'ictère. Dans ces syndromes le jus de raisins se montre infiniment supérieur au lait. Son action par excitation de la *fonction biliaire* combat la constipation, réduit les phénomènes d'auto-intoxication et de fétidité intestinales, provoque un violente et vive diurèse.

Chez les malades porteurs de *foie cardiaque*, il importe avant de prescrire la cure de raisins, de faire tomber le frein périphérique. On réalisera donc d'abord une chute sanguine locale, par l'application de ventouses simples ou scarifiées, de sangsues au niveau de la région hépatique, on provoque par les alcalins, les benzoates, les salicylates, les bicarbonates de soude, une forte chasse biliaire ; voire même en donnant un purgatif. Les résistances périphériques et la congestion du foie étant ainsi diminuées, on soumet les malades au régime à peu près exclusif, pendant quelques jours, du raisin ou du jus de raisins. Ce même traitement sera indiqué chez les *porteurs de foie cardiaque.*

Les diabétiques. — Une dernière indication que nous avons par ailleurs tentée d'exposer resterait à remplir, c'est celle qui vise la cure du diabète par un régime dans lequel il entre une certaine quantité de sucre. Nous acceptons aujourd'hui avec *Achard*, qu'il importe de ne pas confondre, dans la même prescription, tous les aliments hydrocarbonés. Seuls les aliments formateurs de glucose, peuvent accroître la surcharge glucosique des humeurs. Les autres sucres assimilables, lévuloses et galactoses, sont au contraire très recommandables. Les sucresassimilables que le diabétique peut, dans certains cas, utiliser sont fournis par les aliments divers, le lait, le miel, le vin doux mousseux, riche en lévulose.

Les bronchitiques et les pulmonaires. — Les syndromes de l'*appareil respiratoire* indiquent presque tous la cure de raisins, soit sous forme de jus de raisins, boisson adoucissante, tisane sucrée, sirop pectoral, préparés, disaient les Anciens, par les mains de la nature. Riche en substances mucoso-sucrées, le jus de raisins exerce une heureuse influence sur toutes les muqueuses, plus particulièrement sur celles des voies respiratoires.

Il calme l'irritation de l'arrière-gorge, du pharynx, apaise la toux, détermine par l'augmentation de la transpiration ou par la sécrétion intestinale, une déviation utile et salutaire ; il provoque doucement les sécrétions des membranes muqueuses ; il contribue à faire disparaître les tuméfactions, le gonflement des parties, et il rend plus fluides les produits de leur sécrétion. En général, la toux, l'enrouement, les catarrhes chroniques, éprouvent d'excellents effets de la médication par le raisin, médication à la fois adoucissante, légèrement acidule et dérivative.

La *toux*, ce symptôme si fréquent des diverses localisations des infections aiguës et chroniques de l'appareil respiratoire, est généralement calmée, l'expectoration favorisée, diminuée, l'enrouement même et l'aphonie, toutes réserves faites sur les *facteurs étiologiques tuberculeux ou syphilitiques*, sont heureusement modifiés ou tout à fait guéris.

Curchod rapporte les observations curieuses de personnes ayant abusé de leur voix, enrouées et aphones. A la fin des vendanges, sous l'influence du repos et du régime aux raisins, ces mêmes personnes repartaient, chaque fois, avec un timbre de voix parfaitement sonore.

La *coqueluche*, suivant *Curchod*, est la maladie des enfants dans laquelle la cure des raisins est le plus applicable et ou elle rend les services les plus signalés. On doit choisir des raisins fondants, très mûrs, de première qualité, et y joindre un régime tonique et plutôt sec.

« Dans une *famille d'enfants américains, assez scrofuleux*, qui étaient affectés de la coqueluche depuis le 18 septembre, j'ai vu à la fin de la vendange, et au moment où les raisins extra-mûrs et cueillis depuis quelque temps commençaient déjà à perdre un peu de leur eau, j'ai vu la maladie diminuer et finir par s'éteindre avant la fin de l'automne. Mes propres enfants, qui avaient des quintes de toux très fatigantes et chez lesquels je m'attendais à voir se développer la coqueluche en ont mangé et s'en sont trouvés très bien ».

Les cures de raisins et le jus de raisin frais rempliront *les indications secondaires* dans les grands états généraux diathésiques héréditaires, tels que *la goutte*, le *rhumatisme chronique*, sous toutes ses formes et ses variétés, *les lithiases*, *l'obésité*, *les syndromes uricémiques et azotémiques*.

Dans tous ces états généraux l'action des raisins est universelle : elle met en activité tous les appareils hautement différenciés ; elle modifie ce qu'on appelait autrefois la crase humorale, c'est-à-dire le *métabolisme basal*, dirions-nous aujourd'hui, *l'équilibre osmotique du milieu intérieur*. Elle facilite en conséquence les phénomènes biochimiques intimes d'oxydation et de désoxydation, d'hydratations et de déshydratations, la dislocation des molécules, des graisses ou des protéides ; elle permet à l'organisme de comburer d'une façon plus complète les divers matériaux nutritifs, de se débarrasser par une diurèse plus abondante, par des selles plus fréquentes et plus régulières, des produits non conduits à la désassimilation ultime.

Dans les syndromes anatomo-cliniques limités et localisés, sous l'influence d'une diathèse tels que dans les *coliques hépatiques*, *les coliques néphrétiques*, *les coliques vésicales* voire même *les coliques intestinales*, tous les syndromes dus à la précipitation de sels et à la formation de calculs dont l'expulsion et l'élimination sont plus ou moins faciles et qui sont capables de provoquer des accidents toxi-infectieux limités et localisés et généralisés et graves, les cures de raisins seront indiquées.

Les *états généraux traducteurs d'infections générales microbiennes fébriles*, à germe connu ou inconnu, tels que, *infections typhoïdiques*, *scarlatineuses*, *pneumocciques*, *varioliques*, *rhumatismes aigus articulaires fébriles* probablement d'origine microbienne, *les grippes infectieuses*, les raisins et les moûts de raisins pourront être avec le plus grand profit utilisés non seulement comme boisson mais encore et *surtout comme aliments*.

Ils présentent, sur tous les autres aliments, le très grand avantage de pouvoir se comburer avec une extrême rapidité, de ne pas laisser de scories et de déchets nocifs pour les diverses cellules ou pour les divers appareils.

Ils constituent un aliment de valeur énergétique de tout à fait premier plan qui empêchent la déficience musculaire, protège le système nerveux, entretient le fonctionnement des divers appareils.

Aliments et boissons les raisins et les moûts, constituent des éléments de tout à fait premier ordre et qu'il faudrait utiliser dans des proportions infiniment plus élargies.

Je citerai encore pour mémoire, les *dermatoses*, les *catarrhes bronchiques*, les *psychasténies*, les *chloroses* et les *anémies* qui justifient dans une très grande proportion l'utilisation des raisins et du jus de raisins.

Les *convalescents* des grandes pyrexies infectieuses, maladies microbiennes, infections typhoïdiques, grippales, indiquent les raisins et le jus de raisins comme aliments susceptibles de faciliter la convalescence en apportant un nombre de calories considérable et susceptible d'utilisations immédiates.

L'utilisation des raisins frais et des raisins secs constitue chez le malade le chapitre le plus vaste et le plus important, son étude pathologique nous entraînerait dans des développements qui dépasseraient le cadre que nous nous sommes imposé.

C'est donc surtout les hydrates de carbone qui retiendrons notre attention.

Chez l'homme sain, normal, physiologistes et cliniciens sont d'accord pour admettre la très grande valeur nutritive du sucre. Ils lui font une place dans l'alimentation, il est démontré, en effet, que le sucre est nécessaire et indispensable et augmente tout au moins la valeur de l'organisme dans l'édification des tissus nouveaux, dans la reconstitution des tissus anatomiques d'un organisme privé par un traumatisme ou une intervention chirurgicale d'un tissu quelconque, surtout dans le travail musculaire, la marche, l'effort.

Le sucre a été introduit dans l'alimentation du soldat, dans l'alimentation des animaux, non seulement il calme la soif, mais encore directement ou en solution, il constitue un mets très agréable très rapidement assimilable, infiniment supérieur aux fécules lourdes et indigestes, du pain et des légumes. Le sucre peut donc entrer dans la consommation alimentaire normale en vue de cette vie normale. Chez l'homme sain son indication sera plus précise encore dans les cas où il serait nécessaire de faire appel aux forces radicales potentielles à l'occasion par exemple d'un surmenage, d'une course, d'un exercice violent, d'un sport, etc. ...

Aliment d'épargne pour les graisses et les albuminoïdes, l'utilisation du sucre chez l'homme sain est donc non seulement parfaitement légitime, mais encore, toutes choses étant égales d'ailleurs, son utilisation n'est peut-être pas aussi répandue qu'il conviendrait.

A l'état pathologique, les qualités des hydrates de carbone le rendent infiniment précieux. On peut les utiliser dans les *maladies aiguës*, dans les *maladies chroniques*,

Les *maladies aiguës*. — Les anciens donnaient des boissons sucrées aux fiévreux, ils les considéraient comme l'aliment le plus important et le plus constant des fiévreux. Aujourd'hui encore, nous donnons aux fiévreux, aux typhoïdiques, aux scarlatineux, aux rhumatisants articulaires aigus, des hydrates de carbone. Nous les donnons pendant la période aiguë, nous les donnons pendant la convalescence.

Dans les dyspepsies, les sucres ont une action non seulement énergétique, mais encore diurétique, voire même antitoxique.

Dans certaines maladies chroniques, chez les psychopathes, neuasthéniques, déprimés et maigres, chez certains aliénés, le sucrer peut réaliser une véritable cure d'engraissement. *Toulouse* a montré quecertains névropathes absorbant de 50 à 300 gr. de sucre par jour, obtiennent des augmentations de poids extrêmement rapides et très marquées. On a observé que les Anglais, qui mangent beaucoup de sucre, ont constaté une diminution très nette des cas de tuberculose. Dans les sanatoria où se pratique la cure à l'air libre, et où l'air et l'atmosphère ne sont pas toujours à haute température, on considère le sucre non pas comme un condiment, mais comme un aliment. Ce sont surtout les travaux des Allemands qui montrent dans ces conditions particulières la valeur alimentaire du sucre, ils sont en cela du reste d'accord avec nos vieux auteurs Français.

Dans les *maladies chroniques*, ou dans les *syndromes anatomocliniques*, se traduisant par de l'insuffisance du rein, de l'insuffisance du foie, de l'insuffisance du cœur, ces divers syndromes existant seuls, isolés, ou, comme il est presque toujours de règle, associés et se portant un mutuel préjudice, les sucres sont indiqués. Ils seront donc prescrits chez les porteurs de néphrites, néphrites aiguës et néphrites interstitielles, chez les porteurs d'ascites, à la suite d'hépathies diverses et multiples et d'étiologie complexe, chez les cardiaques, chez tous les malades qui réalisent des œdèmes, des anasargues, quelque soit la complexité et la multiplicité des facteurs étiologiques et pathogéniques de ces derniers.

Dans la *goutte* et le *rhumathisme chronique*, les hydrates de carbone trouvent de précieuses indications, et leur valeur alimentaire permet de supprimer ou tout au moins de diminuer les albuminoïdes etles graisses ou les aliments riches en xanthropurines génératrices de goutte et de rhumathisme.

Il est enfin un syndrome anatomo-clinique dans lequel *l'utilisation des sucres constitue un intéressant problème diététique et thérapeutique,* nous en dirons quelques mots parce que le *sucre de raisin et les moûts sucrés pourraient ici, si l'expérience venait confirmer nos vues, apporter des éléments nouveaux du plus grand intérêt.*

Il y a soixante ans on donnait du sucre aux diabétiques : 1° parce que l'organisme, disait-on, perdant du sucre, il paraît logique de lui en restituer ; 2° parce que l'expérience clinique montrait que chez certains malades porteurs de diabète, l'adjonction de 100 à 125 gr. de sucre non seulement n'augmentait pas la quantité de sucre urinaire, mais dans quelques cas, la faisait baisser et la stabilisait à un taux toujours inférieur au taux initial.

Puis on supprima le sucre. Partant non plus du malade mais de notions pathogéniques nouvelles, on disait : le sucre passe dans les urines chez le diabétique, parce que le diabétique ne peut pas le brûler. Il ne peut donc pas l'utiliser. En conséquence, il convient de le supprimer. Cependant, les faits sont là : *il est des diabétiques qui se trouvent bien d'avoir dans leur ration une certaine quantité de sucre.*

Essayons d'expliquer ce paradoxe.

Aujourd'hui nous savons que le diabétique comme tout homme bien portant, doit produire un certain nombre de calories, de 2.500 à 3.000 en 24 heures. Or, si nous supprimons le sucre de la ration, le diabétique l'empruntera aux albuminoïdes et aux graisses. Or, il ne peut pas digérer une trop forte masse de graisses et, d'autre part, il est dangereux de donner à ce diabétique des albuminoïdes en trop grande quantité. Car les albuminoïdes chylins, mal brûlés, mal carburés, donneront naissance aux corps acétoniques, c'est-à-dire à des produits terriblement nocifs et toxiques.

Nous ne pouvons donc pas *théoriquement, supprimer complètement et définitivement les hydrates de carbone.* Cette suppression étant dangereuse, nocive et exposant le malade aux redoutables accidents de l'acétonurie, la suppression d'hydrates de carbone ne sera donc possible que pour un temps très court et très limité.

Nous savons aujourd'hui — et *Lépine* dès 1890 nous l'avait enseigné — qu'à l'exception de diabétiques très gravement atteints, tous les autres sont susceptibles d'utiliser une certaine quantité d'hydrates de carbone.

La question se ramène donc à ceci : 1.' quel est pour chaque malade le seuil d'utilisation du sucre ?

Quel est le sucre que le milieu peut tolérer.

D'une façon générale, le pain est dans l'alimentation le grand pourvoyeur d'hydrates de carbone, on remplirait un volume rien que pour énumérer les variétés de pains mises à la disposition des diabétiques pour remplacer le pain ordinaire. Ici encore, l'aptitude individuelle de chaque malade est à la base de l'emploi du pain. Les uns prescrivent la croûte, les autres la mie, celle-ci paraîtrait moins riche en féculents.

Le sucre que le diabétique utilise le plus mal c'est le glucose, c'est celui qu'il faut lui interdire. Or, comme certains féculents et plus particulièrement le pain, donnent précisément du glucose, il faudra le plus possible limiter ce dernier. On a essayé de le remplacer par des pommes de terre, et *Mosset* nous a montré que 100 gr. de pommes de terre renfermant 16 à 22 o/o d'amidon, ces 100 grammes donnent donc autant de sucre que 60 ou 70 gr. de pain. Les fruits en bloc, sont généralement proscrits, or, c'est un tort, non seulement les fruits sont agréables au goût, mais encore ils renferment quelques-uns du moins, un peu de sucre, les oranges par exemple, bien mûres, sont très pauvres en sucre, il faut 240 gr. d'oranges pelées pour équivaloir 10 gr. de pain blanc, mais le raisin ? Il est de tous les fruits le plus riche en sucre et en conséquence le raisin est rayé de l'alimentation du diabétique. Mais le raisin contient deux variétés de sucres : le glucose et le lévulose. Or le lévulose est plus ou moins complètement assimilé par le diabétique, il est des diabétiques chez lesquels 20 à 100 gr. de lévulose n'augmentent pas la quantité de sucre excrétée, il en est chez lesquels l'augmentation est passagère, quelques autres enfin ont obtenu de bons effets de petites doses de lévulose.

Des travaux récents de *Desgrez*, *Bierry* et *Rathery*, il résulte que dans le diabète simple, il convient d'établir le coefficient d'assimilation qui est spécial à chaque malade et qu'il est opportun de donner la quantité d'hydrate de carbone adéquate à ce coefficient. Cette quantité d'hydrate de carbone représente le minimum d'hydrate de carbone indispensable pour que puisse se faire l'assimilation des quantités de protéide et des graisses nécessaires et indispensables à la ration d'entretien individuelle. Nous revenons donc à l'antique formule de *Bou-*

chardon : Donnez aux diabétiques le maximum d'hydrate de carbone qu'il peut assimiler, en adoptant cette formule, on met le diabétique à l'abri des accidents d'acidose et on lui fournit une ration d'entretien suffisante. Dans le diabète consomptif très grave, le coefficient d'assimilation hydrocarbonique est peu élevé, mais la quantité d'hydrate de carbone que le sujet peut assimiler est à ce point telle, qu'il est impossible de fournir au malade une dose de graisse et de protéide suffisante pour assurer la ration d'entretien. On risque à chaque instant de rompre l'équilibre indispensable et de déclancher l'acidose.

On sait que deux méthodes thérapeutiques ont été proposées :

La première est fondée sur les cures de jeûne, alternant avec la restriction très marquée des albumines et des graisses.

C'est la méthode américaine, elle est très dangereuse sans doute, l'acidose ne se produit pas souvent, mais l'amaigrissement du sujet est progressif, elle mène à une déchéance physique qui en fait rapidement un inanitié et une victime d'accidents intercurrents ou d'inanition elle-même.

La seconde méthode, qui est la méthode française, a pour objet de déterminer les quantités exactes d'hydrates de carbone, de protéides, et de graisses qui donneront un minimum d'excrétions acétoniques. On tendra donc à assurer un équilibre non parfait, ce qui est impossible, mais qui sera le meilleur possible. Or, chez tous les malades, il existe un régime optimum pour lequel la ration d'entretien était suffisante, il y a un minimum d'excrétion de corps acétoniques. Ce régime est individuel, autonome, personnel à chaque malade, il faut donc pour chacun d'eux le rechercher avec soin, patience et minutie. D'autre part, à côté de ce coefficient d'assimilation quantitatif il est un coefficient d'assimilation qualitatif pour les hydrates de carbone. *Degrèz, Bierry, Rathery,* ont montré qu'il faut utiliser cette propriété et faire ingérer au malade les hydrates de carbone qu'il assimilera le mieux, or, ces savants ont montré que la lévulose était fréquemment mieux toléré que les autres sucres. C'est ce qui explique que l'administration de ce sucre provoque souvent soit un abaissement de la glucosurie, à quantités égales, d'hydrate de carbone ingérée, soit surtout une révulsion dans l'excrétion des corps acétoniques, le levulose sera donné à petites doses et par prises fractionnées, or, les raisins contiennent des lévuloses, il importe donc que des recherches nouvelles montrent la possibilité de l'utilisation du raisin dans la ration alimentaire individuelle du diabétique.

Nous savons aussi que les phosphates, la vitamine B améliorent parfois le coefficient d'assimilation hydrocarbonique. *Degrez*, *Bierry* et *Rathery* conseillent l'usage de ces substances, or elles sont encore contenues dans les raisins, c'est donc une raison nouvelle d'utiliser ceux-ci.

Le raisin à l'état frais, et sous forme de jus de raisin, contient du lévulose. Or, son utilisation par le diabétique est prouvée par des faits cliniques et par des faits expérimentaux. *Khnlz* 1874, et *Worn Muller*, 1885, ont vu que le lévulose et l'inuline génératrice de lévulose, ingérée par les diabétiques n'augmente pas leur glucosie. *Minkowski* 1893, chez le chien dépancréaté, a trouvé que le lévulose fait encore du glycogène alors que le glucose n'en fait plus.

Depuis, ces faits ont reçu maintes confirmations.

Avec *Emile Weil*, 1898, *Achard* a reconnu que de petites doses de lévuloses introduites dans le tube digestif ou sous la peau, sont utilisées, non seulement chez les sujets normaux, non seulement dans le diabète, mais d'une façon générale dans les états d'insuffisance glycolytiques de la même manière que chez les sujets normaux. Comme le lévulose paraît apte à former du glycogène, on peut se demander si, quand il ne passe pas dans l'urine, il est effectivement brûlé, ou s'il n'est pas mis simplement en réserve à l'état de glycogène. Or, en étudiant les éliminations respiratoires avec *Desboui*, puis avec *Léon Binet*, *Achard* a pu s'assurer qu'il y a bien une combustion réelle de lévulose aussi bien chez les diabétiques que chez les sujets normaux.

L'usage du lévulose a été souvent conseillé dans le diabète. Récemment, *Desgrez*, *Biery* et *Rathery*, sont revenus sur cette question et concluent que le lévulose doit être donné à la dose fractionnée de 30 gr. par jour, en surveillant les urines, de manière à diminuer s'il y a lieu dans la ration des hydrates de carbone formateurs de glycose, car il peut arriver que la glycosurie augmente.

C'est là un chapitre à peine ouvert susceptible de susciter des recherches du plus haut intérêt du point de vue scientifique pur et du point de vue des applications des résultats expérimentaux à la médecine clinique.

L'alimentation par les raisins frais constitue ce que l'on appelle *la cure de raisins*. Il est entendu que cette cure peut s'appliquer à des personnes ne présentant aucun trouble physiologique apparent et partant, n'offrant pas de lésions organiques à l'examen des divers appareils.

Dans ces conditions, la cure de raisins constituera une sorte de médication prophylactique, dont la tendance sera de combattre, dans une certaine mesure, les prédispositions héréditaires acquises résultant de certains tempéraments, de certaines constitutions.

Plus particulièrement, *les arthritiques*, et d'une façon plus précise encore tous ceux dans les ascendants desquels on peut trouver des troubles des échanges nutritifs seront susceptibles de bénéficier de la cure de raisins.

A fortiori, celle-ci sera-t-elle très manifestement indiquée et constituera-t-elle une médication de tout à fait premier ordre chez ceux qui, ayant franchi l'étape de prédisposition ou d'imminence morbide, présentent des troubles fonctionnels des divers appareils ou des divers tissus. Ces troubles fonctionnels n'étant que le stade avant-coureur, le signal-symptôme, l'extériorisation tout à fait initiale, qui précède les lésions et qui y conduit.

On se dirige dans la cure de raisins suivant quelques principes généraux. Ils sont cependant susceptibles de s'assouplir pour s'adapter d'une façon plus immédiate aux exigences de tel ou tel individu pris en particulier.

Sous le nom de « *cure de raisins* », *il faut entendre l'absorption méthodique et raisonnée de raisins frais, comme aliment unique ou principal, pendant un temps suffisamment long pour pouvoir réaliser dans l'économie vivante d'importantes modifications de l'ordre surtout humoral et dynamique*.

Médications s'adressant à un état général ou à un syndrome local, la cure de raisins peut être envisagée sous deux plans qui peuvent ou être utilisés chacun pour leur compte personnel, ou se prêter en se conjuguant et en alternant un mutuel concours.

Médication générale. — La cure visera surtout à produire des mutations nutritives différentes de celle de l'état normal, capable surtout d'activer les échanges, de transformer plus parfaitement les aliments ordinaires, de provoquer dans le milieu intérieur des phénomènes plus actifs de combustion, d'assimilation, de désassimilation, etc...

Médication locale. — Elle s'emploiera comme agent spécialisé, limité ; agent de la médication purgative, s'il s'agit d'obtenir une action dérivative sur le tube digestif ; agent de *la médication diurétique* s'il s'agit de provoquer une exaltation des fonctions glomérulaires du rein, agent adoucissant et pectoral, s'il impose de modifier les sécrétions bronchitiques.

En conséquence, *les indications de la cure* seront extrêmement complexes. Elles seront tirées du malade, de son âge, de sa profession, de son état général des forces, des divers troubles qu'il s'agit de remettre en équilibre, d'exalter ou d'atténuer. Les indications seront tirées encore du milieu dans lequel vit le malade, de sa façon de vivre, de la tolérance personnelle, qu'il peut présenter pour certains aliments, et pour les raisins d'une façon plus particulière.

Ce qui domine les indication *c'est le malade.* L'état de chacun de ses appareils et surtout de son tube digestif sera soigneusement analysé, car il pourrait surgir des contre indications.

Tout en étant plus ou moins exclusive, la cure, ne comporte pas la suppression des aliments végétaux ou animaux nécessaires à parfaire la valeur énergétique quotidienne que contient en puissance l'alimentation quotidienne.

Je passerai en revue les conditions que doivent présenter *les raisins* et *la technique* généralement recommandée par les auteurs par leur emploi le plus judicieux.

Du choix des raisins. — Nous avons vu quelle était la composition analytique des raisins frais. Cette composition n'est pas constante. Elle varie suivant des facteurs extrêmement nombreux, la qualité des cépages, leur origine, la nature du terrain, la disposition du sol et son orientation, son sous-sol et le mode de culture, les pays différents, les engrais, sont autant de facteurs qui modifient la composition du raisin.

Nous pouvons dire cependant que nul pays ne peut être comparé à la France pour la richesse, la variété, la multiplicité des cépages, la beauté de leurs produits, l'excellence de leur goût. Nous devons être surpris de constater qu'ici encore l'utilisation des raisins dans l'alimentation normale et dans l'état de maladie, ait été étudiée, appliquée, mise au point dans des pays qui n'offrent pas au même titre que la France, d'aussi merveilleuses richesses.

Le *degré de maturité du raisin* joue un rôle capital suivant que cette maturité est plus ou moins avancée, la richesse du raisin en acides et en sucres est en proportion inverse. Suivant les variétés encore, tels ou tels raisins seront riches, les uns en potasse, les autres en tanin, les autres en substances odorantes, les autres en sucre.

Tout le monde sait que, dans *notre Midi,* une variété de raisins blancs que l'on appelle précisément *Foireux,* provoque des selles fréquentes et jouit ainsi de propriétés purgatives, la *fouiro*, signifie diarrhée, le foireux sera diarrhéogène. On accepte, d'une façon générale, que les raisins noirs sont plus nourrissants, plus toniques, plus excitants que les raisins rouges, les muscats et ceux qui sont très fortement parfumés, aromatisés, presque comme excitants et voluptueux.

Les divergences d'opinion, sur l'action chez l'homme sain et chez le malade, de l'alimentation par le raisin s'expliquent par les variations que présente la composition de celui-ci, suivant les cépages, les localités, les conditions de maturation, de maladie, de sécheresse, d'humidité, tout à fait différente souvent d'une année à l'autre, les travaux de cultures, la sécheresse ou l'humidité.

On a essayé de faire des catégories, on a pensé un moment que les raisins réellement comestibles, utiles au point de vue hygiénique et thérapeutique, devaient être distingués de ceux qui sont seulement propres à la vinification. En général, disait-on, les variétés de raisins qui conviennent le mieux pour la cure sont celles dont on obtient ni le meilleur ni le plus généreux des vins, c'est-à-dire les variétés dans lesquelles les proportions de glucose sont plus considérables, les Chasselas, contenant beaucoup de sucre, et donnant en général un vin d'assez médiocre qualité, renfermant peu d'alcool, étaient le type élémentaire rêvé. S'il est vrai qu'à maturité parfaite le chasselas ne le cède à aucun autre cépage sous le rapport de l'aspect, du goût et de la facilité avec laquelle on le digère, on peut dire qu'il en est de même de tous les raisins blancs quels qu'ils soient, dorés, à pellicule mince, pourvu qu'ils soient arrivés au terme exact de leur maturité. En France, le chasselas est abondant, d'une qualité excellente, à peu près partout cultivé. Il atteint à peu près partout une maturité suffisante, à la condition cependant, que le dans le Nord, le Centre et l'Ouest, on dispose en treilles et on l'abrite d'une façon suffisante. Il faut que l'on sache que toutes les variétés de notre Midi peuvent à maturité parfaite constituer des raisins excellents pour la cure. L'aramon lui-même, cet aramon, que quelques-uns de nos compatriotes enlisés dans un traditionalisme étroit et borné, considèrent comme un raisin d'ordre inférieur et abondant producteur de vin plus inférieur encore, l'aramon constitue un raisin parfait pour la cure. L'aramon gras bien mûr, aux grains gonflés et délicats est un aliment exquis. La meilleure des preuves c'est qu'au concours ouvert en *Angleterre*, en 1924, parmi les divers cépages, c'est l'aramon qui comme raisin de table a obtenu le premier rang. En vérité une belle et bonne grappe d'aramon bien mûrie sous notre soleil généreux n'est-elle pas, fraîchement cueillie, savoureuse et exquise ? Et notre Midi à côté de l'aramon, à côté des beaux et bons chasselas, n'a-t-il pas les œillades délicieuses, les cinsauts délectables, les muscats si doux, si parfumés, si hautement appréciés par les vrais gourmets, et toute la gamme de nos merveilleux cépages blancs : clairettes, picpouls, blanquettes, toquets, servants, etc... On peut donc faire la cure de raisins partout ou à peu près dans notre Midi et dans notre France d'une façon plus générale.

Il y a intérêt cependant à faire la cure à la campagne parce que cette cure doit être accompagnée et complétée d'exercices en plein air, de marche, de promenades, d'occupations diverses, qui visent surtout à rompre le cercle vicieux d'habitudes stéréotypées, trop sédentaires, automatiques trop énervantes, qui sont l'apanage fréquent des habitants des villes. Quelle que soit la variété à laquelle appartiennent les raisins noirs rouges ou blancs, il convient qu'ils soient bien mûris, bien mûrs, la question de maturité est de la plus grande importance, insuffisamment mûrs, les raisins sont acides, l'indication de la cure est plus restreinte, de maturité trop avancée, les raisins ne sont plus suffisamment acides, ils deviennent trop sucrés et alors ils peuvent provoquer quelques troubles digestifs au lieu de les combattre.

La quantité de raisins qu'il convient de manger n'est pas arbitraire, elle ne doit pas être laissée à la discrétion, au caprice ou à l'appétit variable du consommateur, elle est subordonnée aux besoins du malade, à ses dispositions individuelles, aux syndromes ou aux maladies qu'il convient de soigner.

La cure dans laquelle le raisin est l'aliment unique, l'aliment exclusif, est une cure exceptionnelle. Elle ne peut être conseillée que dans des cas infiniment rares, elle ne peut être que très courte, car longtemps continuée, elle se montrerait de valeur énergique insuffisante avec un bilan nutritif déficient elle serait susceptible d'engendrer des troubles de la nutrition plus ou moins marqués. Cependant, chez certaines urécémies avec insuffisance hépatorénale, urine rare, dégoût prononcé pour toute alimentation, le raisin peut être pendant vingt-quatre heures, 48 heures, voire même 3 jours l'aliment exclusif, de même chez certains obèses, surtout, chez les obèses par excès d'alimentation, de même chez certains autointoxiqués d'origine digestive, avec insuffisance hépatique, mais dans l'immense majorité des cas, la cure sera une cure adjuvante et comportera en conséquence au point de vue de l'alimentation l'ingestion d'autres aliments que le raisin, aliments végétaux ou aliments animaux en proportion plus ou moins considérable. Les auteurs s'accordent à faire des cures courtes ou longues, mais il semble cependant que l'indication doit être ici commandée par le trouble fonctionnel, la lésion organique, ou la maladie qu'il s'agit de combattre. On comprend en effet que si l'on se trouve en présence de troubles nutritifs de l'ordre des lithiases, de la goutte, du rhumatisme chronique, de l'obésité, les modifications à apporter aux milieux humoraux et plus particulièrement à la teneur biochimique du sang et des divers liquides de l'organisme, nécessiterait une cure prolongée pendant des périodes de temps qui peuvent atteindre six à huit semaines.

La quantité de raisin qu'il convient de manger sera fixée surtout suivant les cas individualisés qui se présenteront au clinicien, elle peut varier de 500 grammes à 4 kilog. par jour.

On commence par une assez petite quantité de raisins, 500 gr. à 1 kilogr., on l'augmente progressivement chaque jour.

« On doit répartir dit *Curchod (Paris 1860, essai théorique et pratique sur la cure aux raisins étudiée plus particulièrement à Vevey)* la quantité de raisins à manger en trois portions : la première avant le déjeuner, la seconde entre le déjeuner et le dîner, la troisième avant la collation du soir.

« La première portion sera de 750 gr. à 1 kilogramme, on la mangera de 6 h. 1/2 à 8 heures du matin.

« Ordinairement, on recommande au malade de manger autant de raisins qu'ils peuvent en consommer avec appétit et en supporter sans inconvénient. Il ne faut cependant pas que la quantité dépasse celle qui est nécessaire pour satisfaire aux indications de la cure. »

« Si l'on en mange avec excès, il arrive souvent que l'on éprouve une répugnance qui peut aller jusqu'à faire refuser toute espèce de raisins ». Il faut en effet se montrer souvent au début de la cure assez sévère et ne pas céder à l'illusion qu'éprouvent les étrangers surtout à la vue de belles grappes convoitées et dont ils se figurent qu'une immense masse n'arriverait pas à les rassasier. Ainsi, lorsque le célèbre chimiste *Davy* vint en 1817, en visite à Montpellier, il manifesta au cours d'une excursion dans une vigne qui portait d'excellents muscats, le désir de goûter ces derniers. L'illustre chimiste *Bérard* s'empressa de lui en offrir deux belles grappes « Ce n'est pas assez dit *Davy*, pour les bien goûter, j'en voudrais davantage. » Son désir fut à l'instant satisfait et deux kilos de muscats odorants furent mis à la disposition de *Davy*, hélas ! l'éminent visiteur ne put même achever les deux premières grappes sans éprouver la plus complète satiété. Ce phénomène nous l'observons tous les ans, il se renouvelle d'une façon constante à chaque vendange ; les vendangeurs, qu'ils viennent des Cévennes, de l'Ariège, de la montagne ou de la plaine font les premiers jours une consommation énorme de raisins mais les premiers jours seulement, la satiété arrive vite et elle entraine la répugnance complète.

Il y a donc une limite au delà de laquelle le seuil de tolérance ne peut être franchi, limite infiniment variable mais qui ne parait guèer pouvoir dépasser 4 kilogs en 24 heures.

Le raisin frais humecté de rosée passe mieux que celui qui est cueilli et conservé depuis longtemps, le raisin frais cueilli de grand matin encore couvert de *bruine*, chez l'homme, provoque, des effets diurétiques et laxatifs plus marqués que lorsque le raisin est absorbé pendant la chaleur du jour.

Si le raisin est absorbé, le malade restant au lit, l'effet diurétique et purgatif sera moindre, mais on peut observer des poussées à la peau sous forme de sueurs et de transpirations plus ou moins abondantes.

Faut-il rejeter les pellicules et les pépins ? Pellicules et pépins, nous dit-on, sont réfractaires à la digestion, se retrouvent intacts dans les selles, fatiguent inutilement l'estomac, il y a donc avantage à les retirer. Mais pellicules et pépins contiennent des celluloses, sont des corps étrangers, qui agissent mécaniquement sur les parois du tube digestif, qui l'incitent à se contracter, et qui par suite peuvent être absorbés chez les constipés.

Tout le monde est d'accord pour admettre qu'il vaut mieux manger le raisin en se promenant, en le choisissant, en le cueillant soi-même dans les vignes que de le faire consommer à chacun enfermé dans un appartement et couché dans son lit.

C'est que, la marche, la promenade, l'exercice sont une des conditions qui favorisent au plus haut degré les bons effets de la cure. « Le meilleur moyen dit *Curchod* (Loco citato) de faciliter leur digestion et leur absorption c'est de prendre beaucoup d'exercices et de vivre autant que possible en plein air ».

Dans les localités de l'Allemagne et de la Suisse où la cure de raisins est en grande vogue, *les gens de la cure* se promènent, tenant à la main un petit panier, plus ou moins élégant, qui contient la provision de raisins que l'ont veut consommer pendant la promenade. Cependant si le sol est humide, s'il a plu, il convient de se promener dans un endroit sec, couvert ou abrité, et d'y continuer la cure.

« Il importe, dit un de nos maîtres, le professeur *Fonsagrives*, de prendre la 1ʳᵉ portion de grand matin, mais non chez soi, dans la vigne, lorsque le soleil n'a pas encore essuyé l'humidité qui baigne la grappe, et que le fruit est dans toute sa fraîcheur.

« Cette recommandation ne s'adresse pas aux phtisiques, les influences matinales leur sont défavorables et même dangereuses, il faut que le soleil ait pénétré les dernières couches de l'air pour que les avantages de l'exercice ne soient pas annihilés par une exacerbation dans les symptômes. Le repas matinal dans la vigne, sous le brouillard des premières lueurs du jour, lorsque la température est encore basse, et le vent frais, ne convient qu'aux organisations dyscrasiques auxquels les mouvements à l'air libre, à l'air oxygéné, est nécessaire pour activer la circulation, pour soustraire l'organisme à l'inertie qui pèse sur lui. Le premier repas doit être abondant.

Troisièmement. — Le régime alimentaire pendant la durée de la cure, doit être subordonné et approprié au malade et aux indications multiples et diverses que l'on veut remplir. Ce n'est que tout à fait exceptionnellement que le raisin sera donné d'une façon exclusive, il constitue alors une véritable cure d'abstinence, or l'abstinence est une médication particulière, très puissante, transformatrice brutale du métabolisme alimentaire. « L'abstinence alimentaire, disait *Fonsagrives*, est à elle seule toute une médication et une médication puissante. En supprimant brusquement les apports nutritifs, elle force l'économie à chercher en elle-même les éléments de ce tourbillon de destruction et de rénovation organique qu'on peut bien modérer un instant, mais qu'on ne saurait arrêter puisqu'il est l'essence même de la vie. Certains principes tenus en réserve pour les moments nécessiteux rentrent dans le sang par résorption et vont subvenir aux besoins de la respiration et de la calorification. Les sécrétions diminuent, les absorptions interstitielles prennent au contraire une acuité exceptionnelle, seul le système nerveux échappe à cette loi d'amoindrissement général.

Ce sont là des perturbations nombreuses et profondes qui donnent une idée de la portée thérapeutique de l'abstinence quand elle est maniée avec à propos et énergie.

Déjà, le vieux *Liebig* avait écrit : Dans certains états morbides, il se produit au sein de l'organisme des substances qui ne sont pas susceptibles d'assimiliation, l'abstinence suffit à elle seule pour faire disparaître complètement ces produits anormaux. Ils s'évanouissent et fuient sans laisser de trace parce qu'ils sont absorbés et que leur éléments se combinent avec l'oxygène de l'air. Longtemps prolongé, le redoublement d'activité de l'absorption s'accompagne de la disparition de la graisse, de celle du tissu musculaire et du tissu fibreux. L'individu s'amaigrit, perd de son poids et de ses forces. »

On sait combien en ces dernières années les cures de jeûnes *de Guelpa* ont provoqué des travaux, suivis de résultats peu constants. Il semble que lorsqu'il est indiqué *le Guelpa* peut trouver dans le raisin utilisé comme aliment exclusif et à petites doses, une indication heureuse.

Le plus souvent, la cure de raisins n'est pas exclusive, et comporte une alimentation empruntée aux végétaux et aux animaux et telle qu'en totalisant le nombre de calories dégagés par ces divers aliments, on puisse obtenir une somme nécessaire et suffisante répondant aux exigences normales. Il convient donc que le régime alimentaire pendant la cure aux raisins, soit composé d'une façon telle qu'il offre à l'économie vivante une alimentation complète, suffisante, variée, s'adressant aux graisses, aux hydrates de carbone, aux albuminoïdes, aux sels et se traduisant par un total de 3000 à 3200 calories.

En général, pendant la durée de la cure, le régime alimentaire doit être sobre, frugal, plutôt au dessous de la normale. « C'est surtout le soir dit *Moleschett* qu'il faut éviter les excès. Car, sans parler du trouble que la digestion jette dans le sommeil, l'effet d'un sang surchargé se neutralise difficilement pendant la nuit. En dormant, nous expirons moins d'acide carbonique et en général l'échange de substances se ralentit. Aussi, la réplesion des tissus et surtout du cerveau se traduit-elle fréquemment par des rêves pénibles, par l'oppression et le matin par les maux de tête et une indisposition générale ».

. L'époque à laquelle on peut commencer la cure de raisins dépend des années et des cépages, elle est fonction du moment ou le fruit a atteint sa complète maturité, or, les variétés actuellement cultivées permettent de manger du raisin depuis les premiers jours d'août et même depuis la moitié juillet jusqu'au mois de novembre. Je ne parle que des raisins que l'on mange sur souche et que l'on cueille soi-même.

Mais, avec les procédés de réfrigération et de conservation divers et multiples actuellement utilisés partout, on a du raisin frais, très peu différent du raisin cueilli sur la souche, *à toutes les époques de l'année*.

5° Les auteurs qui nous précédaient attachaient une grosse importance au choix des localités dans lesquelles on devait faire la cure. Ce choix n'est pas en effet indifférent, puisque les qualités du raisin, ses propriétés, varient suivant le terrain, le climat, la température ; puisque les raisins plus ou moins sucrés ou aqueux, colorés, acides, aromatiques, plus ou moins riches en sels minéraux, en potasse, fer, silice, selon la nature du sol ou ils ont été cultivés ; s'ils sont plus hâtifs ou tardifs dans tel endroit que dans tel autre, que la saison d'automne est moins froide, plus saine, plus agréable ; que l'on y trouve des promenades variées et abritées ; que l'on y peut commencer la cure de bonne heure dès le mois d'août par exemple et la prolonger jusqu'au mois de novembre, etc...

En Allemagne, les localités les plus renommées étaient : Durkheim, en Bavière : Gleisweiler, Creuznach, Bekpar, Mingheim, Rudeheim, Sindwar, et la plupart des vignobles qui sont situés sur les bords du Rhin entre Mayence, Coblentz, Grümberg en Silésie ; Meran en Tyrol ; en Suisse, Vevey, Montreux, Veytaux, Aigle sur les bords du lac de Genève ; en Suisse, la cure commence à la mi-août et quand la saison est belle se poursuit jusqu'à la mi-septembre. Rappelons que d'après *Herpin* (la Vigne et le Raisin), par *Charles Herpin* (Paris, Baillère et fils), le nombre de malades qui arrivent en Suisse de la Russie, de la Pologne, de l'Allemagne, de l'Angleterre, de l'Amérique même, pour y faire une cure aux raisins est fort considérable. A Durkheim on a vu des tables d'hôte de 80 à 100 couverts.

La durée du traitement de la cure varie de trois à six semaines, on peut la prolonger lorsque la saison est très belle, c'est-à-dire que le temps n'est pas trop humide ni trop froid, dans notre Midi, et plus particulièrement dans le Languedoc méditerranéen, la cure que l'on peut commencer très tôt dès le mois de juillet, peut parfaitement être prolongée jusqu'à la fin de l'automne, l'automne est, en effet, la saison la plus agréable. Faut-il accepter avec quelques auteurs, que les bons effets sont produits non par la très grande quantité de raisins consommés, mais plutôt par la durée de la cure ? Cette opinion est fort discutable. C'est surtout l'indication tirée du malade qui fixe et la durée de la cure, et la quantité de raisins qui doit être absorbée.

Herpin et d'autres auteurs estiment que la femme en état de grossesse et pendant l'allaitement ne peut, sans dommage, être soumise à la cure de raisins. La raison c'est que l'appel énergique et continue que détermine assez souvent cette médication du côté des intestins, pourrait amener la suppression ou la perte en lait chez la nourrice, et chez la femme grosse déterminer une fausse couche. Ceci est parfaitement exagéré. L'usage modéré et suivant l'appétit personnel de chaque malade est, au contraire, extrêmement utile pendant la grossesse, pour combattre la constipation, qui le plus souvent l'accompagne et qui est nuisible, et pour l'allaitement. les raisins constituent non pas une contre-indication, mais une indication, car ils sont alors un aliment dont la richesse en hydrocarbonées et en sel fait un adjuvant des plus importants de l'alimentation normale. Tout au plus pourra-t-on conseiller de ne pas faire une cure trop intensive pendant les règles, et encore faut-il tenir compte ici des cas d'espèce en réalité, et chez l'immense majorité des femmes, la cure de raisins facilite les règles, les complète en quelque manière que celle-ci ne constitue donc pas une contre-indication.

La cure de raisins peut être considérée en soi ou comme faisant partie à titre de médication complémentaire ou adjuvante d'un traitement plus étendu.

Il a été de mode de faire marcher de pair un traitement par les eaux minérales et par la cure de raisins. « Il convient, dit *Fenner de Fenenberg* (sur les cures consécutives à celles d'eau minérales, Wiesbaden, 1836), que la cure aux raisins ne succède pas trop tôt à la cure d'eau minérales et de bains, car c'est un fait d'expérience générale que les différentes cures ne doivent pas se toucher de trop près. Ceux qui se trouvent dans la position de pouvoir occuper l'intervalle qui convient de mettre entre les deux traitements, par un voyage agréable et sans se fatiguer, ou qui peuvent choisir un séjour sain, gai et champêtre, sont doublement heureux et on peut leur prédire un succès favorable ». La médication par les raisins est surtout complémentaire des cures laxatives de Carslsbad, de Marienbarg, de Hombourg, on comprend, en effet, qu'il est parfois nécessaire de continuer et d'entretenir pendant quelque temps la dérivation intestinale modérée, réalisée par l'ingestion des eaux minérales. En France, après une saison à Vichy, on conseillait aux graveleux et aux goutteux de faire une cure de raisins.

« Dans le traitement par les eaux sulfureuses, à Baden-Baden, *Carrière* indique que le raisin est donné comme régime ou bien comme cure complémentaire aux thermes de la saison.

Dans le premier cas, c'est un aliment d'une saveur agréable qui corrige le goût soufré dont l'impression s'efface difficilement, c'est encore un moyen de disposer les voies alimentaires à la digestion des eaux minérales.

Le raisin forme de plus un bon élément de régime par sa composition chimique et l'influence qu'il exerce sur le sang, précisément dans les maladies qui sont du ressort des eaux sulfureuses comme la tuberculose et les affections cutanées compliquées de scrofule ou dépendant directement de cette dyscrasie. Dans le second cas, c'est-à-dire comme moyen de cure à la suite d'une saison d'eaux minérales, le raisin a pour résultat de compléter et de consolider le traitement. C'est un véritable moyen complémentaire qui perfectionne ce qui aurait été accompli par le premier. On sait, ajoute-t-il, qu'il ne faut pas agir avec trop d'insistance avec les eaux minérales, surtout avec celles qui sont douées d'une grande énergie comme Carslbad en Bohème et Vichy en France. Il faut suspendre quelquefois et même s'arrêter. On a dit les inconvénients de Vichy qui causeraient par excès d'alcalinisation des hémorragies passives, nous avons parlé de ceux de Carslbad, qui vont jusqu'à s'attaquer au système nerveux et à faire éclater des folies ».

Qu'elle soit seule, qu'elle soit complémentaire ou supplémentaire, la cure de raisins sera favorisée par l'exercice sous toutes ses formes : la marche prolongée, les promenades à pied et à cheval, la gymnastique, la danse, nous n'allons pas jusqu'à dire que la nature, qui semble nous indiquer toujours ce qui nous convient le mieux, a précisément donné aux jeunes personnes un vif penchant pour la danse et aux enfants un indispensable besoin de mouvement. Ce finalisme un peu trop mystique de *Herpin* doit se traduire non seulement par les exercices modérés et adaptés aux résistances individuelles, à l'âge, aux maladies, aux façons habituelles de vivre, mais elles seront complétées heureusement par les influences bienfaisantes du déplacement. « Qu'elle soit en effet d'un ordre moral ou physique dit *Fonsagrives*, qu'elles viennent ordinairement se résumer dans une exagération thérapeutique et par suite dans une activité nouvelle imprimée à la nutrition jusque là languissante. Changer d'air c'est à proprement parler, renouveler son existence, c'est rompre la chaîne de mille assuétudes à la fois et retremper tous ses organes au contact de modificateurs de propriétés inusitées !

Cette influence est tellement puissante que le changement d'air n'est pas seulement favorable quand on laisse une localité moins salubre, pour une autre plus favorisée, mais que le bénéfice de cette immigration se ressent même encore quand les conditions nouvelles auxquelles on se soumet, semblent à peine valoir celles que l'on fuit ! Combien de fois ne nous est-il pas arrivé de reconnaître pour les malades, les avantages d'un changement de quartier ou même de chambre!

Le **Professeur Vires** a été suivi avec la plus grande attention et l'intérêt le plus marqué, soulignés par des applaudissements unanimes et prolongés à la fois de cette belle conférence.

M. le Président remercie vivement et de tout cœur son ami le **Professeur Vires**, qui, dit-il, a su exalter dans les meilleurs termes les propriétés hygiéniques du raisin, pour tout le monde, et curatives dans de nombreux cas.

Le rapport du **Dr Vires** ne comporte guère de discussion, aussi **M. le Président**, vu l'heure déjà avancée, donne aussitôt la parole à **M. Hugues**, Directeur de la Station Œnologique de l'Hérault, pour la lecture de son rapport sur « L'Utilisation des marcs de vendange non fermentés ».

Utilisation des marcs de vendanges non fermentés

Rapporteur : M. Hugues, *Directeur de la Station Œnologique de l'Hérault.*

Le marc fermenté provenant de la vinification en rouge.

Le marc doux non fermenté obtenu après la séparation immédiate du moût des raisins blancs, ou du moût des raisins rouges destiné à être vinifié en blanc.

Par suite de l'importance prise par la préparation des vins blancs et rosés avec les raisins à pellicules colorées mais à jus incoloré, la production des marcs doux, limitée jadis aux seules régions cultivant les cépages blancs, s'est accrue considérablement et tend à s'étendre de plus en plus.

Dans ce Congrès viticole consacré plus particulièrement aux « sous-produits de la vigne et du vin », l'étude de l'utilisation des marcs non fermentés est donc pleinement justifiée..

Modes d'utilisation des marcs doux

Les marcs doux ne contiennent pas d'alcool ou, tout au moins, n'en renferment que de très faibles quantités en nature, mais ils contiennent du sucre qui, par fermentation ultérieure, pourra fournir de l'alcool.

On peut envisager l'utilisation de ces sous-produits de deux façons différentes :

La première consiste à faire fermenter le marc pour en retirer l'alcool par distillation. Le marc épuisé de son alcool est utilisé ensuite, soit pour l'alimentation du bétail, soit pour tout autre usage..

Une deuxième solution consisterait à soumettre les marcs doux, dès la sortie du pressoir, à une dessication rapide, pour les transformer en une provende sucrée susceptible d'être consommée directement, sans autre préparation qu'une mouture grossière, par les animaux de la ferme.

1° *Extraction de l'alcool*. — Le traitement des marcs doux, en vue de l'extraction de l'alcool, est le procédé d'utilisation actuellement pratiqué dans plusieurs propriétés et par quelques groupements viticoles. Le marc, après fermentation, est distillé soit sur place, au domaine même, soit à la distillerie coopérative, ou bien encore il est vendu directement aux distillateurs de profession par les viticulteurs.

Le traitement des marcs non fermentés dont on veut retirer l'alcool, s'effectue d'une façon identique à celui adopté dans le cas des marcs cuvés.

Dès la sortie du pressoir, le marc est émietté et entassé dans des cuves recouvertes, une fois pleines, d'une couche de sable ou d'argile afin de mettre les marcs à l'abri de l'air. Il faut autant que possible pratiquer l'ensilage avant toute fermentation du marc de façon à éviter des pertes en alcool.

Après complète fermentation qui est toujours lente, l'alcool est extrait soit par distillation directe du marc en calendres ou bien des piquettes obtenues.

Lorsque les conditions le permettent, on obtient de très bons résultats en additionnant le marc avec de l'eau, dès la sortie du pressoir, au moment de l'ensilage, de façon à produire des piquettes de 5 degrés environ d'alcool. La fermentation qui s'établit dans ce cas à lieu à une température moins élevée. Elle est plus régulière. Cette méthode permet d'obtenir non seulement un rendement supérieur, mais aussi un produit de meilleur goût.

Quel que soit le procédé suivi, le marc distillé est utilisé ensuite comme le marc ordinaire provenant des vins rouges.

D'après les renseignements obtenus auprès de quelques viticulteurs et groupements de viticulteurs, qui procèdent depuis plusieurs années à la distillation des marcs doux, le rendement de ces produits en alcool est à peu près identique à celui des marcs cuvés.

Mais, il est absolument nécessaire, si l'on veut obtenir ces résultats, de prendre toutes les précautions voulues pour éviter des pertes en alcool.

Ce rendement peut atteindre en moyenne, *quatre* litres d'alcool pur pour 100 kilos de marcs de vendanges ayant fourni des vins de 10 degrés. Dans les domaines de la Compagnie des Salins du Midi, le rendement en alcool obtenu au cours de ces dernières années, a atteint 1 litre d'alcool pur pour le marc correspondant à la production d'un hecto de vin, soit environ cinq litres par 100 kilos de marc.

En prenant pour base, la moyenne des prix de vente de l'alcool de vin, de quatre récoltes successives, celles de 1922 à 1925, le bénéfice net réalisé serait, pour un rendement de quatre litres, de *vingt francs* environ par 100 kilos de marc.

Il convient d'ajouter à cette somme, la valeur du marc distillé, utilisable pour la séparation des pépins et la fabrication des composts.

L'utilisation des marcs non fermentés, en vue de l'extraction de l'alcool, est donc susceptible de fournir un bénéfice appréciable, d'autant plus important d'ailleurs que le prix de vente des alcools est lui-même plus élevé.

2º *Dessiccation des marcs.* — C'est à la suite des travaux de CHAUVEAU qui démontrent nettement que la valeur énergétique musculaire est en proportion directe avec la quantité de sucre consommée, et des expériences de GRANDEAU qui, le premier vers 1900, fit entrer le sucre dans la ration des chevaux, que l'usage des produits sucrés pour l'alimentation du bétail, notamment l'emploi des mélasses, s'est développé.

Mais, c'est surtout au cours de la guerre, par suite de la pénurie des fourrages, que l'usage des provendes sucrées a pris de l'extension.

Fermement convaincu que les marcs doux non fermentés, riches en sucre, étaient une excellente matière première pour faire une de ces provendes, dès 1905, M. Roos effectuait des essais de dessication de marcs dans l'un des domaines de la Compagnie des Salins du Midi.

L'année suivante, en 1906, de nouveaux essais furent poursuivis à la propriété, sur les indications de M. Roos, par M. COMBEMALE à Montbazin, et M. DEGRULLY à Montpellier. Les resultats de ces divers essais ont fait l'objet d'un compte-rendu publié en 1907 dans le *Progrès Agricole.*

Ces premières tentatives ont permis de constater que les animaux acceptaient volontiers les produits obtenus sous cette forme et de vérifier d'autre part, la grande facilité de conservation de ces produits.

Les résultats donnés par l'analyse d'une provende préparée à cette époque par M. Roos, obtenue avec des marcs non fermentés très frais, séchés à la chaleur artificielle, sont les suivants :

Eau . . . . 16, 3 %
Matières protéiques 7, 87
Matières amylacées 3, 32
Matières grasses 5, 60
Sucres totaux en glucose 19, 84

Depuis 1907, date à laquelle ont été effectués les essais que nous venons de mentionner, il n'existe pas tout au moins à notre connaissance, des expériences de dessication de marcs non fermentés en vue de l'alimentation du bétail.

On trouve bien dans le commerce, de nombreuses sortes de provendes sucrées à base de marcs de raisins desséchés, mais ces produits sont préparés avec des marcs fermentés; le plus souvent fermentés et distillés et sucrés avec des mélasses de raffinerie.

Un organisme d'action toujours à l'avant-garde du progrès de l'agriculture, l'Office Agricole de l'Hérault, s'est préoccupé et se propose, aux prochaines vendanges, d'effectuer des essais de dessication de marcs non fermentés de raisins blancs.

En raison de cette prochaine tentative, il est intéressant d'examiner le parti que l'on peut espérer obtenir des marcs traités par cette méthode, en vue d'alimenter le bétail, et d'en établir leur valeur pécuniaire.

Je me baserai pour cela sur les chiffres donnés par M. Roos en 1907.

Supposons, dit M. Roos, qu'il s'agisse d'un marc doux contenant 60 o/o de son poids de liquide, dont 50 constitué par un moût susceptible de produire un vin de 10 degrés. Un pareil moût contient 18 kilos de sucre à l'hectolitre, c'est-à-dire que 100 kilos de marc provenant de ce moût contiendront 9 kilos de sucre.

En enlevant à ce marc, 35 à 40 o/o d'eau, on peut transformer ainsi 100 kilos en 60 à 65 kilos de produits sucrés contenant environ de 14 à 15 o/o de sucre.

M. Roos ajoutait que le pouvoir alimentaire d'une pareille matière est certainement relativement élevé et son utilisation en vue de l'alimentation des animaux, de nature, dans une notable mesure, d'alléger les charges des producteurs.

De l'avis des personnes compétentes auxquelles nous avons soumis l'analyse du marc desséché obtenu par M. Roos, il s'agit d'un aliment présentant un grand intérêt par sa teneur élevée en hydrates de carbone entièrement assimilables.

Il n'est certainement pas exagéré d'estimer actuellement ce produit à 70 francs les 100 kilos correspondant à une valeur de 42 francs environ par 100 kilos de marc frais.

Si nous supposons une installation susceptible de traiter 500 kilos de marc à l'heure, à marche continue, travaillant trente jours, nous pouvons admettre le prix de revient du traitement de 100 kilos de marc frais, tous frais compris (main-d'œuvre, dessication, broyage, amortissement et intérêts du capital) à 10 francs environ.

Le bénéfice net se traduit, dans ce cas, par une somme de 32 francs. par cent kilos de marc frais utilisé.

Il existe actuellement plusieurs types d'appareils très appropriés pour dessécher les marcs. A la condition de traiter ces résidus dès la sortie du pressoir, ou peu de temps après, s'ils ont été bisulfités, cette opération ne paraît pas devoir présenter de grandes difficultés

Il est encore prématuré de parler des résultats que peut donner cette nouvelle méthode d'utilisation des marcs doux. Les données actuelles ne permettent que des conclusions probables. Il y a lieu d'attendre les prochaines expériences pour être définitivement fixé.

Au point de vue pécuniaire, il ne faut pas oublier toutefois que le traitement des marcs pour provende sucrée est sous la dépendance du marché des alcools. Il est certain qu'avec les prix actuels de l'alcool (près de 1.500 francs l'hecto à 100 degrés), il serait plus profitable de les distiller que de les transformer en provende.

J'ai simplement voulu aujourd'hui montrer l'intérêt que pourrait, le cas échéant, présenter ce procédé, en insistant sur les premiers essais effectués et en signalant ceux que l'on se propose d'entreprendre.

Montpellier, le 29 avril 1927.

M. le Président félicite **M. Hugues** de son très intéressant rapport et déclare qu'il va donner la parole aux assistants qui auraient une opinion à émettre, ou des renseignements complémentaires à demander sur la question traitée.

M. Fabre, professeur à l'Ecole d'agriculture d'Alger, à propos de l'extraction de l'alcool des marcs non fermentés, insiste sur la nécessité d'arroser ces marcs d'eau acidulée, et même de leur ajouter des levûres pour obtenir une fermentation parfaite et le plein rendement en alcool.

M. Hugues lui répond : que les chiffres indiqués sont ceux obtenus par la Compagnie des Salins du Midi sans intervention d'eau acidulée, ni de levures, autres que celles apportées par le raisin lui-même.

M. **Touze**, ingénieur agricole, Chef des Services Agricole de la Cie des Salins du Midi, confirme les chiffres donnés par M. **Hugues** et ajoute que depuis quarante ans, les résultats sont sensiblement les mêmes chaque année.

Au sujet de la dessiccation des marcs, M. **Blanc**, ingénieur en chef du Génie Rural, intervient pour indiquer dans quelles conditions seront faites les expériences auxquelles M. **Hugues** a fait allusion.

M. **Blanc** :

« L'Office Agricole du département de l'Hérault, dit-il, qui a eu l'initiative « de faire faire ces essais, a pensé qu'il y avait lieu de les faire dans une coo- « pérative de vins blancs qui voulut bien participer aux dépenses à engager.

« La Coopérative de Pinet, qui répondit à ces conditions, fut choisie. C'est « donc à Pinet que se feront ces essais dans une annexe de la cave coopé- « rative de vins blancs.

« L'Office départemental agricole demanda également et obtint le concours « du Service du Génie Rural pour dresser le projet de la sécherie à cons- « truire. Les études furent faites par ce Service et les dépenses prévues au « devis du projet s'élèvent à 88.000 francs.

« Elles seront couvertes de la façon suivante :

« La cave coopérative de Pinet prend à sa charge la construction du han- « gar ainsi que l'achat et la pose de la voie Decauville, soit une dépense de « 25.651 francs. De plus, elle participera pour 10.000 francs à l'achat du « séchoir, soit donc une participation totale de la part de cet organisme coo- « pératif de 35.651 francs.

« Il a été demandé à l'Office agricole départemental une subvention de « 15.000 francs et à l'Office agricole régional une subvention de 30.000 fr.

« Enfin, le Conseil Général, au cours de sa dernière session, a voté, pour « la réalisation de ces expériences, une subvention de 10.000 francs voulant « indiquer par là qu'il s'intéressait à l'utilisation de ces marcs frais qui repré- « sentent, en effet, un sous-produit important de la vinification dans le « département de l'Hérault.

« Les travaux sont actuellement en cours. Le séchoir doit être livré à la « fin du présent mois et les essais seront commencés lors des prochaines « vendanges ».

Revenant à la question de l'alcool, M. **Roqueblave** demande si le mode de pressurage n'influence pas sensiblement le rendement en alcool ?

M. **Roos** prie M. **Touze** de préciser, si depuis quelques années, un ou plusieurs pressoirs continus étant en service à la Compagnie des Salins, les rendements n'en ont pas été affectés.

M. **Touze** répond que 5.000 hectos seulement sont traités au pressoir con- tinu, et encore, réglé de telle sorte que le rendement en moût n'est pas sen- siblement modifié. Dans ces conditions, aucune modification de rendement en alcool n'a pu être observée.

M. **Moiset**, directeur de la coopérative de distillation « La Catalane »; à Perpignan, dit que les marcs des pressoirs continus n'ont guère que les deux tiers du rendement ceux provenant des pressoirs ordinaires ou hydrauliques.

Il convient d'ajouter, bien que cela n'ait pas été dit, que les marcs dont parle M. **Moiset** sont de marcs rouges fermentés, sur lesquels le pressurage peut agir de manière différente, les tissus étant fortement modifiés par la fermentation.

Personne ne demande plus la parole sur le rapport de M. **Hugues**.

M. le **Président** lève la séance à midi 15

Mardi 7 Juin 1927. — *Séance du soir.*

M. le **Président Cathala**, prie M. **Ravaz**, Directeur de l'Ecole Nationale d'Agriculture, de bien vouloir prendre la présidence de cette séance.

M. **Ravaz** remercie en quelques mots, et aborde aussitôt l'ordre du jour. Celui-ci, appelle la communication de M. **Vincens**, Directeur de la Station Œnologique de Toulouse, *sur l'utilisation des moûts de raisins sous toutes formes autres que le vin.*

M. **Vincens** a beaucoup étudié cette question. Il a procédé à des essais et expériences sinon absolument industriels, dépassant du moins en importance celles qu'on peut réaliser dans un laboratoire.

Malheureusement, M. **Vincens**, se trouve actuellement dans un état de santé, qui, malgré l'insistance du Comité d'Organisation, ne lui a pas permis de se rendre au Congrès.

M. le **Président** donne alors la parole à M. **Ravel**, Président de la Fédération des Coopératives de Vinification, pour la lecture de son rapport :

La Coopération en Viticulture

LES CAVES COOPÉRATIVES DE VINIFICATION EN COMMUN ET LA FÉDÉRATION MÉRIDIONALE

Rapporteur : M. RAVEL, *président de la Fédération méridionale des Caves coopératives de vinification.*

Les premières caves coopératives de vinification en commun de notre région sont contemporaines des événements de 1907, d'où est sortie la Confédération Générale des Vignerons. Leur création fut envisagée non seulement en vue de nous grouper pour lutter contre la fraude et renforcer l'action de la C. G. V., mais aussi pour obtenir, entre petits et moyens vignerons (1), par la mise en commun de nos raisins, à un prix économique, un vin de première qualité qu'il nous était fort difficile de réaliser individuellement dans nos petites exploitations agricoles avec l'outillage rudimentaire dont nous disposions. Le mouvement coopératif de vinification en commun qui ne s'était sérieusement propagé qu'à partir de 1913 fut arrêté dès les premiers jours de la guerre. Mais depuis 1919, les vignerons de la plupart des communes viticoles méridionales, notamment du Var, des Pyrénées-Orientales et du Gard ont créé leur Cave Coopérative.

Il est inutile de développer devant vous le fonctionnement d'une Cave coopérative ; pour ceux d'entre vous qui ne le connaîtraient point suffisamment, ils pourront très facilement se documenter avec les nombreux rapports que, depuis vingt ans, nous avons publiés sur ce sujet et qu'ils se procureront au siège de notre Fédération, 16, rue de la République. De même dans un bref aperçu, nous résumerons les avantages que les vignerons, les acheteurs, l'Etat, le Trésor et les institutions de crédit agricole retirent de la Cave coopérative de vinification en commun.

Les plus-values que procure la Cave Coopérative, d'abord au vigneron : elle lui supprime un manque à gagner fort onéreux. Du fait de sa participation à la vinification en commun, le petit ou moyen vigneron coopérateur réalise une plus-value de plus du cinquième sur sa récolte totale. Du fait de la création des Caves Coopératives dans les centres ou autrefois existaient des « non logés » ou des « mal logés » la masse des vignerons, ayant chez eux leur cave particulière, bénéficient pour leur propre vin d'un marché non désaxé dès le début par des apports intempestifs de vendanges ou de vin sous marc dont la réalisation immédiate perturbait pour plusieurs mois la loi naturelle de l'offre et de la demande.

Les avantages que procurent les Caves Coopératives aux commerçants en vins et aux acheteurs sont loin d'être négligeables. D'abord l'acheteur trouve, là, le maximum de loyauté, ensuite le même type de vin et du vin à toutes époques de l'année, d'où réduction pour le

---

(1) A Marsillargues, 2150 hectares exploités par 577 vignerons (moyenne par exploitation agricole : 3 ha. 07).

Vignerons adhérents à la Coopérative : 431 exploitant 624 hectares (moyenne : 1 ha. 07).

Vignerons possédant une cave particulière : 146 exploitant 1526 hectares (moyenne : 10 ha. 04).

commerce de ses frais généraux par suite de l'inutilité d'immobilisation de capitaux pour se couvrir longtemps à l'avance. La Cave Coopérative offre des facilités d'entonnage et des délais plus grands de retiraisons, enfin les expéditions homogènes évitent au commerce des ennuis avec une clientèle tenant à recevoir toute l'année toujours le même vin. Le négociant en vins avisé et comprenant bien ses intérêts ainsi que ceux de ses clients, même à un prix légèrement supérieur, achète de préférence à la Cave Coopérative, il y trouve largement son compte.

Quels sont les avantages que retirent l'Etat et le Trésor des Caves Coopératives ? Actuellement dans nos Caves Coopératives, il se vinifie en commun plus de deux millions d'hectos. Par suite de la technicité perfectionnée et de la vinification rationnelle pratiquée dans nos Caves, il y a un rendement plus fort de bon vin : on peut affirmer, tout en restant au-dessous de la vérité, qu'au minimum un quatorzième supplémentaire de vin est mis en circulation taxée, le quatorzième de deux millions représentant 140.000 hectos procure une recette supplémentaire annuelle au Trésor de plus de 2 millions de francs. Les Caves Coopératives utilisant rationnellement et complètement leurs sous-produits l'Etat perçoit, là encore, des droits qui seraient perdus pour lui, notamment les droits sur les alcools (la recette supplémentaire fournie par les alcools provenant des marcs s'élève à plus de dix millions de francs pour le Trésor).

De plus, par la création des Caves Coopératives, dans nos nombreuses communes viticoles, l'accession à la propriété devient une réalité, l'exode vers la ville est enrayé, plus de chômage, plus de « sans travail », amélioration du bien-être social et pour le Trésor plus grand rendement des impôts directs et indirects.

L'Etat, en encourageant les Caves Coopératives en construction par des subventions fait intelligemment un placement productif du centuple des sommes versées.

Enfin si les Caves Coopératives de vinification en commun s'appuient initialement sur le crédit agricole à long terme, elles lui rendent en retour des signalés services par un surcroît de sûreté. La Cave Coopérative de vinification et de logement assure par la conservation matérielle de la marchandise la sauvegarde intégrale des droits des créanciers. Il faut ajouter qu'un autre obstacle au développement du crédit à court terme, la révolte d'amour-propre d'assez nombreux emprunteurs se trouvera aplanie dans la Cave Coopérative, *grâce à une ouverture de compte collectif*, consentie par les Caisses Régionales et aboutissant à des répartitions d'avances effectuées entre tous les adhérents.

En même temps que les Caves Coopératives se multipliaient, il paraissait nécessaire de les grouper en une organisation régionale où les efforts dispersés s'associent en vue de leur défense corporative. Le groupement envisagé devenait d'autant plus désirable qu'il y avait tous les jours des Coopératives qui se créaient : il fallait les faire bénéficier de l'expérience acquise par leurs aînées, leur solutionner les difficultés de premier établissement et faciliter dans toute la région la création de nouveaux groupements coopératifs locaux.

La Fédération Méridionale des Caves Coopératives de vinification voit le jour le 12 juillet 1921, sous l'égide de la C. G. V. ; son siège social est à Montpellier, 16, rue de la République. Dès sa première réunion, elle adhère à la Fédération Nationale de la Mutualité et de la Coopération agricoles. Le 19 mai 1926, elle participe à la création de « l'Union Nationale des Coopératives agricoles de production et de transformation ».

La Fédération Méridionale a pour but de favoriser l'étude des intérêts économiques, d'en assurer la défense et, dans chaque centre viticole, de multiplier, de développer les Caves Coopératives. Ainsi tracé, son programme est des plus vastes et l'on peut dire qu'il s'étend à toute la vie des Coopératives, tout en leur laissant une complète autonomie.

Dès sa création, la Fédération a établi par la voie de la presse, un service rapide de publication des ventes effectuées par les Coopératives adhérentes ; ses publications contribuent à la moralisation du marché. La Fédération prend part à toutes les manifestations économiques, congrès, expositions, foires, « Semaines Nationales » qui intéressent la viticulture ou la coopération ; elle a une permanence où notamment les jours de marché sont examinées les questions qui exigent des échanges de vues ; elle est intervenue de nombreuses fois auprès des Pouvoirs publics lorsque l'intérêt des Caves associées était en jeu.

La Fédération Méridionale, avec l'appui des notabilités du monde viticole, organise le « Comptoir Général des Coopératives vinicoles » ; dans son assemblée du 2 décembre 1924, elle en avait décidé le principe, et, durant ces deux dernières années, a mis les Statuts du « Comptoir » définitivement au point. Les souscriptions au capital social sont reçues à notre siège et bientôt le Comptoir fonctionnera.

A la C. G. V., à la Fédération des Associations viticoles régionales de France, au Congrès de Marmande et à la C. N. A. A., au Congrès de Strasbourg, la Fédération Méridionale des Caves Coopératives a fait adopter un vœu demandant un Statut légal pour les Unions des Coopératives agricoles.

Au début de l'exercice actuel, la Fédération Méridionale comptait 81 Caves Coopératives de vinification en commun, dont 17 dans l'Hérault, 30 dans le Gard, 6 dans l'Aude, 5 dans le Vaucluse, 2 dans les Bouches-du-Rhône, 20 dans les Pyrénées-Orientales et 1 dans l'Ardèche. Nos Caves Coopératives adhérentes groupent 10.286 sociétaires ayant souscrit 1.023.471 hectos, leurs dépenses de construction s'élèvent à plus de 50 millions et elles peuvent vinifier et loger chaque année 1.228.165 hectos dans leurs chais.

Les ressources nécessaires à la Fédération lui sont fournies par les Sociétés adhérentes au moyen d'une contribution qui peut être modifiée chaque année, mais qui jusqu'à ce jour a été de un centime par hecto. Ainsi organisée, la Fédération Méridionale représente donc une force : elle parle au nom de milliers de coopérateurs pratiquant la mutualité agricole dans un sens élevé et dans une situation d'autant plus intéressante, qu'ils sont tous, des ouvriers récoltants, de petits ou de moyens vignerons.

M. le Président remercie M. **Ravel**, au nom de l'Assemblée, du travail consciencieux et si complet qu'il vient de lire, mais avant de provoquer les observations de l'Assemblée à son sujet, donne la parole à M. **Pomier-Layrargues**, Président de la Fédération des Coopératives de distillation, qui doit aussi traiter de la Coopération en Viticulture, mais avec le sujet spécial de la Distillerie coopérative.

La Copération en Viticulture. — La Distillerie Coopérative

Rapporteur : M. Pomier-Layrargues, *Président de la Fédération des Coopératives de Distillation*

La concentration des entreprises, à l'époque où nous sommes, époque caractérisée par l'âpreté de la concurrence, est une condition de plus en plus importante de l'activité économique. Elle permet la répartition des frais généraux sur un volume d'affaires plus considérable ; par les ressources financières qu'elle rassemble elle se prête aux perfectionnements techniques ; elle facilite l'installation d'outillages coûteux et pousse à la recherche, à la création de débouchés nouveaux.

Au contraire, le morcellement de la propriété foncière, qui porte en lui-même tant de bienfaits d'ordre général, n'a pas à cet égard des résultats aussi avantageux. L'émiettement des moyens de production, le fractionnement des efforts, la faiblesse des moyens pécuniaires qui en sont les conséquences, mettent l'agriculture en infériorité et par suite toute l'économie nationale, car c'est de son sol que la France tire la plus grande partie de ses richesses.

La coopération permet de concilier ces deux termes incompatibles : grâce à elle l'agriculture est admise à profiter des bienfaits que procure la concentration des entreprises, sans que le cultivateur ait à supporter aucune atteinte dans ce droit de propriété individuelle qui est un goût, une tendance ataviques dominants du tempérament français.

Rien ne montre mieux l'utilité de la coopération en agriculture que l'expansion qu'ont prises, depuis 15 ou 20 ans les associations coopératives agricoles.

Partout elles ont donné les meilleurs résultats : tant dans notre viticulture méridionale qui a toujours marché en tête de cette voie soit par ses caves, soit par ses distilleries, que dans la laiterie, la fromagerie, l'élevage, la culture maraîchère.

Il y a ici une particularité à noter : alors que la coopération, en agriculture, a pour but de tirer d'un produit quelconque une recette plus forte et qu'on cherche à obtenir au moyen de ces groupements un résultat matériel, tangible et immédiat, nos premières distilleries coopératives, malgré leur très brillante réussite, n'ont pas été créées pour cela. On peut dire qu'elles sont nées d'un acte de foi. Acte de foi dans l'organisme de défense que la viticulture venait de se donner en 1907 et dont on voulait continuer, développer l'action en lui assurant la rentrée régulière des cotisations. — Il ne s'agissait pas à ce moment-là, de gagner plus, mais de vivre, en faisant vivre la C. G. V.

Entreprise hardie, au surplus, que de reprendre en mains cette branche traditionnelle de la viticulture : la distillation. — La propriété en avait été complètement dépossédée. La crise de l'Oïdium, puis la concurrence des alcools de betterave, plus tard le phylloxéra, enfin la mévente, au cours de cette sombre période de près de 60 ans, la propriété avait dû renoncer à la distillation, et de plus en plus, poussée par la nécessité, elle avait dû se défaire de son outillage. Ce qui, d'une part, la mettait dans la dépendance complète du commerce en face d'un marché dominé par la concurrence des alcools du nord, et la laissait, d'autre part, dans l'ignorance de la pratique de la distillation et du marché des alcools.

Il est à peine besoin de dire que pour ce qui est de l'aide pécuniaire qu'on se proposait d'apporter à la C. G. V. par la création des Distilleries coopératives, le poids de la cotisation est singulièrement léger pour l'adhérent quand on le lui déduit du bénéfice que lui procurent ses marcs. Il n'est pas davantage besoin de dire que nous persévérons dans cette direction du début et que nous insistons auprès des sociétés nouvelles pour que leurs adhérents soient statutairement affiliés à la C. G. V.

Parmi ceux qui se sont dévoués, dès le début, à cette tâche, nous vous citerons Messieurs Baldy, le Marquis de Forton, Misaël Gervais, à qui nous adressons l'hommage de notre gratitude, et le Dr Guinier dont la mort récente nous prive d'un puissant appui.

Ce résultat acquis on ne devait pas s'en tenir là. Il n'y a que le premier pas qui coûte. Quand on s'est engagé dans la coopération on ne peut pas s'arrêter de sitôt. C'est un engrenage. Tout progrès nouveau réalisé appelle un autre effort... et ainsi de suite.

Les administrateurs de nos premières sociétés sentirent bien vite cette poussée des faits : ils se groupèrent en un Syndicat pour mettre en commun les fruits de leur expérience, étudier toutes améliorations à apporter soit dans leurs fabrications, soit dans leurs organisations et plus généralement toutes questions concernant la distillation et la viticulture.

Un des tout premiers objets qui s'offrit à leur étude fut naturellement le régime de l'alcool d'avant-guerre envisagé dans ses relations avec la viticulture.

Cette question fut examinée en janvier 1914 dans un remarquable rapport par notre regretté président le Docteur Guinier. La solution proposée après une étude approfondie et documentée était la séparation des alcools, base du régime actuel.

On peut se demander combien de temps il aurait fallu lutter pour obtenir ce renversement de régime, si les nécessités de la guerre, mettant brutalement en lumière les dangers de tout ordre de l'ancien état de choses, n'avaient apporté aux arguments du Docteur Guinier la redoutable confirmation des faits.

L'adaptation de la Distillerie agricole aux conditions résultant du nouveau régime a occupé les premières années d'après-guerre. Elle est en plein développement maintenant. Notre Syndicat Central de

Montpellier a été imité dans les autres circonscriptions de la C. G. V. par des groupements analogues et toutes ces autres Associations se sont réunies en une Fédération régionale qui compte actuellement 140 sociétés environ — dont plusieurs sont intercommunales et dont certaine même rayonne sur tout un arrondissement.

Leur nombre est en augmentation régulière. Il s'accroît d'une année à l'autre à mesure qu'on se pénètre mieux dans nos villages des avantages que nous donne le régime nouveau.

On ne peut parler du statut de l'alcool sans citer le nom de M. Barthe et je saisis cette occasion de lui exprimer notre reconnaissance pour les résultats qu'il a obtenus grâce à son dévouement inlassable et à sa compétence unanimement reconnue, à l'autorité qu'il s'est acquise, dans cette matière, par son travail opiniâtre.

Le régime actuel a pour base la séparation des alcools : les alcools naturels ; vins, marcs, cidres, poirés, fruits, à la consommation de bouche ; — les autres alcools (alcools d'industrie) aux emplois industriels. — Une dérogation que voici : les alcools employés aux mutages et vinages peuvent être des alcools d'industrie. Ces utilisations en absorbent 150 à 200.000 hectolitres par an.

Ainsi établi, ce régime a donné lieu, dans notre région à quelques critiques qui toutes procèdent du même désir d'envoyer le plus de vin possible à la chaudière. Il y a les critiques par défaut et les critiques par excès.

Par défaut, les suggestions d'après lesquelles pour faciliter l'accès des vins à la chaudière nous renoncerions à envoyer à la consommation de bouche les alcools de nos marcs (sous-produits). Une discussion s'est engagée il y a un an sur ce sujet. Je n'y reviendrai pas, estimant que cette fois encore, et d'une façon moins tragique, les faits ont apporté à la thèse des Distilleries coopératives une confirmation manifeste.

Critiques par excès : celles suivant lesquelles, toujours pour faciliter l'accès des vins à la chaudière, on exclucrait du vinage et du mutage les 150-200.000 hectolitres d'alcool d'industrie qui y sont admis.

Le moins qu'on puisse dire de cette deuxième proposition, c'est qu'elle n'était pas de saison au cours d'une campagne où le vin manquera non seulement pour la chaudière, mais pour la consommation en nature.

On ne doit pas demander au statut de l'alcool la réalisation intégrale et soudaine des uniques desiderata de la viticulture. La perfection n'est pas de ce monde — et c'est déjà bien beau qu'il nous apporte une telle amélioration sur le régime antérieur.

Le statut actuel résulte de compromis entre des intérêts nombreux et variés — dont certains sont très puissants. L'alcool met en jeu de nombreux groupes de producteurs, d'intermédiaires, d'usagers, des industries annexes, le trésor. Il ne peut donc être question entre tant de courants différents que de moyens termes, que d'accords transactionnels.

Notons pourtant qu'il est susceptible de perfectionnements. Laissons-le se développer et donner tous les résultats qu'on est en droit d'en espérer. Mais, sans attendre, organisons-nous pour profiter de tous les avantages que, dès maintenant, il nous assure.

Ces avantages sont palpables. Pour les reconnaître il n'est que de suivre les marchés, les mouvements, la production et la consommation de nos alcools.

Toutes ces questions ont sollicité l'activité de nos groupements.

Ils ont eu à étudier les fabrications de nos différents articles marc et bon goût, leurs conditions techniques et financières, les particularités de prix et d'écoulement de ces produits.

Les résultats financiers obtenus montrent que nous sommes sortis des années d'apprentissage et que, aussi bien que n'importe quel professionnel, nos Sociétés se sont mises en mesure d'exploiter les possibilités nouvelles.

Or les profits qu'elles en retirent elles-mêmes ne sont pas les seuls à signaler. — Pour qui connaît les relations qui unissent le vin et l'alcool, il est facile de mesurer la portée que peut avoir sur toute l'économie viticole de notre région l'organisation de la distillerie au service des récoltants et entre leurs mains.

Et par là, les résultats d'intérêt général obtenus rejoignent ceux que se proposaient les premiers promoteurs. Ils les rejoignent bien au delà des objectifs primitivement envisagés,

Dans les fabrications, il en est de même : après avoir en récupérant l'alcool qu'il contient, donné au marc, matière négligeable, une valeur appréciable, on s'efforce d'en tirer d'autres utilités.

Le rassemblement en un même point de quantités de marc importantes et peu variables d'une année à l'autre permet d'aborder d'autres installations pour l'amortissement desquelles on n'a pas à redouter l'aléa d'apports ultérieurs plus ou moins abondants.

On s'équipe ainsi pour récupérer l'huile de pépins et les matières tartriques quand c'est possible.

Je remercie ici le Comité d'organisation d'avoir bien voulu sur notre demande, mettre à l'étude ces deux questions si intéressantes.

J'aurai à vous exposer au cours de la discussion comment se posent ces questions pour les Distilleries coopératives, mais je dois vous signaler déjà une première difficulté qui se présente.

C'est la menace fiscale. — Ces fabrications dont la réalisation pratique était tout à fait inconnue avant nos Distilleries coopératives sortent, nous dit-on, du cadre habituel des travaux agricoles. — C'est donc faire acte de commerce que s'y livrer et les coopératives qui les ont installées seront soumises aux impôts et taxes commerciaux pour les sommes résultant de ces opérations.

Dire que ces utilisations n'entraient précédemment dans les usages agricoles, c'est énoncer l'évidence, puisqu'elles n'existaient pas. Mais en tirer argument pour les taxer au titre commercial, c'est abusif.

C'est aussi contraire à l'intérêt général : il y a là une source de richesses encore inexploitée. D'où l'on ne sortait rien, on va tirer quelque chose. N'est-il pas plus conforme à l'usage constant, à la plus sage administration et à l'utilité nationale bien entendue de laisser se créer ces entreprises nouvelles sans les gêner, et même de les faciliter?

En matière fiscale, ce n'est pas là notre seul souci ; sans vouloir empiéter sur la matière réservée à notre éminent collègue et ami M⁰ Roche-Agussol, nous vous signalerons les prétentions de l'administration qui, de plus en plus, en dépit des textes existants, traite nos Sociétés comme des entreprises commerciales sous divers prétextes.

Elle invoque que la distillation n'est pas le fait des viticulteurs récoltants. — Il s'est trouvé dans notre région méridionale un conseil de préfecture pour trancher dans ce sens et pour appuyer son arrêt sur ce considérant. Vous le voyez, Messieurs, le temps « du pin et de l'amandier » n'est pas si éloigné de nous, et il importe de veiller.

L'administration invoque aussi le perfectionnement de notre outillage. Nous sommes, trouve-t-on, trop bien équipés pour être exonérés. On a beau jeu vraiment à reprocher à l'agriculture un prétendu esprit de routine si on la pénalise par des taxations arbitraires alors qu'en réalité elle ne pense qu'à progresser en étudiant et en agissant.

Nous demandons l'application stricte et loyale des lois actuelles. Nous nous tenons aux définitions qui en découlent : le commerçant est celui qui achète pour revendre ; — l'agriculteur ne vend que ce qu'il a produit sur son sol.

En conséquence nous prierons le Congrès de s'associer au vœu émis par la Fédération Méridionale des Distilleries Coopératives.

Pour terminer, Messieurs, s'il fallait, dans une formule concise, résumer l'enseignement de ces 15 ou 20 années de coopération en distillerie agricole, je crois qu'on ne pourrait le faire mieux qu'en citant cette maxime vigoureuse de l'effort confiant : Aide-toi, le ciel t'aidera.

FÉDÉRATION MÉRIDIONALE DES DISTILERIES COOPÉRATIVES

—

Assemblée générale du 17 mars 1927

—

Renouvellement du vœu

La Fédération Méridionale des Distilleries coopératives,

Considérant d'une part, qu'aucune modification n'ayant été apportée aux lois antérieures régissant le régime fiscal des coopératives agricoles, nos distilleries coopératives sont constamment en butte aux exigences de l'Administration des Finances qui les taxe au titre de la propriété bâtie et souvent au titre des entreprises commerciales et industrielles (bénéfice commercial, chiffre d'affaires, patente) ;

Considérant que la jurisprudence, ayant varié sur ce sujet en ces dernières années, nos Sociétés se voient de ce fait engagées dans de longues difficultés avec l'Administration ;

Considérant d'autre part que :

1° — Les Coopératives agricoles de production sont des sociétés qui vendent ou exploitent en commun les matières premières provenant exclusivement des exploitations agricoles de leurs adhérents ; que, quels que soient le tonnage traité, la nature du produit obtenu, l'outillage employé, elles n'en gardent pas moins leur caractère d'entreprise agricole ;

2° — Que les sommes, défalcation faite des frais généraux, résultant de ces opérations, sont attribuées aux adhérents au prorata des fournitures effectuées par chacun d'eux ;

3° — Que les fonctions du Conseil d'Administration sont gratuites ;

Considérant que ces trois caractères établissant une distinction entre les entreprises commerciales assujetties aux impôts et taxes commerciales et les coopératives de production qui en sont exonérées ;

Qu'on peut les mettre en vedette comme suit :

ENTREPRISES COMMERCIALES	COOPÉRATIVES AGRICOLES DE PRODUCTON
Achat de matières et *revente* après transformation ;	*Mise en commun* de la matière première récoltée par les adhérents ;
Bénéfice réparti *au capital actions* sous forme de dividende ;	Répartition des excédents de recettes au prorata des *matières premières apportées.*
Tantièmes au Conseil d'Administration.	*Gratuité* des fonctions d'administrateurs.

Proteste contre l'assimilation fiscale des Distilleries coopératives avec les entreprises commerciales.

Considérant enfin que :

a) En matière de contribution foncière les coopératives agricoles de production sont, *comme précédemment*, admises aux mêmes exonérations que les récoltants, pris individuellement.

b) Les récoltants qui traitent les produits obtenus sur léurs seules exploitations conservent les mêmes exonérations fiscales que précédemment et ne sont pas assimilables pour ces fabrications, aux commerçants et industriels.

PROTESTE contre le fait qu'aucune modification n'ayant été apportée à la loi qui jusqu'ici exonère les bâtiments ruraux de la contribution foncière, l'Administration applique cette taxe, depuis quelques années sans autre règle que l'arbitraire capricieux de ses contrôleurs.

M. le Président adresse les félicitations de l'Assemblée à M. **Pomier-Layrargues**, et demande si quelqu'un de l'assistance désire prendre la parole au sujet des rapports de MM. **Ravel** et **Pomier-Layrargues**.

M. **Elie Douysset** intervient pour indiquer à l'Assemblée les qualités respectives des alcools de marc, et de ces mêmes alcools après rectification. Il rappelle à cet égard que l'alcool de marc non rectifié, s'affirmait nettement supérieur à l'alcool neutre, à l'époque où le vinage pouvait se pratiquer à la cuve. L'odeur caractéristique de l'alcool ou de l'eau-de-vie, disparait complètement au cours de la fermentation.

Personne ne désirant plus la parole, et l'ordre du jour appelant le rapport de M. **Cottier**, Professeur à l'Ecole Nationale d'Agriculture de Montpellier, sur *les sous-produits de la vigne dans l'alimentation du bétail*, **M. le Président** lui donne aussitôt la parole.

Les sous-produits de la vigne dans l'alimentation du bétail

Marcs de Raisins, Sarments, Feuilles de vigne

Rapporteur : H. COTTIER, *professeur à l'Ecole nationale d'Agriculture*

Depuis que, changeant l'aspect de nos plaines du Bas-Languedoc, la vigne y a pris à peu près complètement la place des céréales et des prairies artificielles, l'alimentation des animaux nécessaires à l'exploitation et à la fertilisation des terres, y est devenue plus dispendieuse. Les fourrages, venus de loin, n'y coûtent pas seulement cher, mais souvent médiocres, ils n'y satisfont pas toujours les exigences d'une bonne hygiène alimentaire : il n'est donc pas étonnant qu'on s'y soit depuis longtemps ingénié à se passer le plus possible d'eux, en utilisant les sous-produits que la vigne livre si généreusement.

Les marcs de raisins, les feuilles de vigne, les sarments furent les uns après les autres essayés, puis couramment employés dans les rations du bétail lorsque l'observation et l'expérience eurent révélé les avantages de leur emploi. Si leur utilisation ne s'est pas généralisée autant qu'on eût pu le prévoir, ce n'est pas seulement parce que la valeur alimentaire réelle de ces substances est restée longtemps confuse ; mais aussi, sans doute, parce que la plupart des viticulteurs, absorbés sans relâche par les mille détails d'une culture exigeante, préfèrent distribuer à leurs animaux des rations consacrées par l'usage, et éviter ainsi les soucis supplémentaires que leur apporterait l'emploi d'aliments discutés dans leurs effets et souvent tenus en suspicion par le personnel de leurs fermes.

Cependant il devient intéressant, à l'heure actuelle, d'utiliser les connaissances nouvelles qui, depuis quelques années, ont profondément modifié le problème du rationnement du bétail pour essayer d'apporter quelques précisions sur la valeur nutritive des sous-produits de la vigne, et en dégager les applications propres à rendre leur emploi plus rationnel.

I. — LES MARCS DE RAISINS

Il y a plus de cent ans que les viticulteurs font entrer les marcs de raisins dans l'alimentation de leurs animaux. Déjà, en 1826, CAMBES-SÈDES signalait, à la fois, leur emploi à l'état frais dans les pays de

Montpellier et de Nîmes, et les tentatives heureuses qui y avaient été faites pour les conserver par l'ensilage.

Dans la suite, de nombreuses communications furent présentées sur ces questions, notamment à la Société Centrale d'Agriculture de l'Hérault, par Castelnau, Touchy, Pagézy, H. Marès, H. Bouschet, Bouscaren, Pourquier, etc...; et, plus récemment, MM. Degrully, Paturel, Sébastian, Fabre, Müntz, Dantony et Vermorel, notre collègue M. Ventre, et bien d'autres encore ont, à diverses reprises, attiré l'attention des viticulteurs sur le profit qu'ils pourraient retirer d'une utilisation bien comprise des marcs pour l'alimentation du bétail.

Valeur alimentaire. — Laissant de côté les marcs de raisins blancs qui font l'objet d'un rapport spécial, nous nous occuperons seulement ici des marcs de raisins vinifiés en rouge, qui se présentent habituellement : à l'état de *marcs pressés*, lorsqu'ils proviennent du simple pressurage de la vendange fermentée, ou de *marcs épuisés*, quand ils ont été obtenus, soit par lavage ou diffusion — (ce sont les marcs lavés) — soit par distillation — (ce sont les marcs distillés).

Malgré leur diversité d'origine, tous ces résidus présentent une teneur en éléments nutritifs à peu près analogue, l'épuisement n'ayant eu pour effet apparent que de priver les marcs pressés, de l'alcool et d'une petite partie du sucre qu'ils contenaient. Aussi, bien que, comme toutes les substances alimentaires d'ailleurs, ils subissent dans leur composition chimique des variations sensibles dues à la nature des cépages dont ils proviennent, au sol qui les a produits, aux conditions culturales et climatériques..., etc., on peut estimer que cette composition chimique est, en moyenne, la suivante :

Eau	66 à 72	pour 100
Matières azotées	3 à 4	—
Matières grasses	2 à 3	—
Extractifs non azotés	15 à 19	—
Cellulose	5 à 7	—
Matières minérales	2.5 à 3	—

Peut-on déduire de ces chiffres des indications précises relatives à l'effet alimentaire des marcs ? Nullement ! On sait aujourd'hui, depuis les admirables travaux de Rulner, de Chauveau, de Kellner. . que la valeur nutritive d'un aliment ne peut être uniquement calculée en partant de l'analyse chimique, car deux facteurs au moins interviennent puissamment pour en corriger les données, la digestibilité et la productivité :

la digestibilité, qui fait que sont seuls profitables pour l'organisme les éléments nutritifs digérés et absorbés au cours de leur passage dans le tube digestif ;

la productivité par laquelle l'effet vraiment utile d'un aliment n'est représenté, en définitive, que par la quantité de principes nutritifs digestibles restant disponibles, lorsque l'organisme a prélevé la part nécessaire pour combler les dépenses, extérieurement improductives, de la digestion.

| | 100 parties de l'aliment renferment, en moyenne : | | | | | | | | Valeur de productivité |
| | en principes nutritifs bruts | | | | en principes nutritifs digestibles | | | | |
	matières azotées	matières grasses	extractifs non azotés	cellulose	matières azotées	matières grasses	extractifs non azotés	cellulose	(Valeur-amidon de Kellner)
Marcs de raisins.	3 à 4	2 à 3	15 à 19	5 à 7	0,7 à 0,8	1 à 1,5	4,5 à 5	1,1 à 1,2	2,5 à 3
Foin de pré.....	9 à 11	2 à 3	39 à 41	24 à 28	5 à 6	0,8 à 1,2	22 à 26	14 à 18	26 à 32

Si nous examinons le tableau ci-dessous que nous avons dressé en nous inspirant des résultats de nombreuses analyses, ainsi que des recherches de KELLNER et de nos prédécesseurs DUCLERT et FABRE, nous voyons combien est grande la différence entre la teneur des marcs de raisins en principes bruts, leur teneur en principes digestibles et leur valeur réelle de productivité.

Pour fixer les idées, les marcs de raisins, comparés au foin de pré, renferment à poids égal, 2,5 fois moins environ de principes nutritifs bruts, mais 5 à 6 fois moins de principes nutritifs digestibles, et leus valeur utile, leur valeur de productivité, est à peu près 8 à 10 fois moindre : en d'autres termes, pour remplacer l'effet alimentaire d'un kilog de foin, il faudrait 8 à 10 kilogs de marcs de raisins.

Mais, dépouillés de leurs principes stimulants, véritables matières mortes, les marcs distillés n'excitent plus que faiblement les sécrétions digestives et les animaux les mangent sans plaisir.

Ce sont les moutons qui les acceptent le plus facilement ; aussi est-ce à la bergerie qu'on les emploie avant tout, aux doses journalières maxima de 4 à 5 kilogs par animal. Il n'est pas douteux qu'ils y aident utilement à l'entretien du troupeau pendant l'hiver et que, sans eux, le cheptel ovin de nos pays de vignobles, déjà réduit, serait à peu près inexistant.

Cependant, il est possible de faire servir les marcs distillés, à l'occasion, à la nourriture des bœufs et des chevaux, à condition de ne pas dépasser 20 kilogs par tête et par jour pour les premiers, 10 à 12 kilogs pour les seconds.

Et au surplus, à l'étable et à l'écurie, aussi bien qu'à la bergerie, il est de la plus élémentaire prudence :

1° de ne les introduire que peu à peu dans l'alimentation des animaux, par petites doses progressives, afin que l'appareil digestif ait le temps de s'habituer sans brusquerie à les exploiter ;

2° de les distribuer en mélange à des aliments appétissants et riches en principes nutritifs : du foin, des grains, des farineux, des tourteaux ;

3° d'augmenter, au besoin, leur sapidité par l'emploi de condiments et, en particulier, en saupoudrant les mélanges d'un peu de sel dénaturés.

Marcs ensilés. — En raison de la grande quantité d'eau qu'ils contiennent, les marcs distillés, laissés à l'air, sont facilement envahis par la fermentation putride et leur rapide altération les rendrait vite impropres à la nourriture du bétail, et même dangereux à consommer, si on n'assurait pas leur conservation par l'ensilage.

Tous les agriculteurs de nos régions savent que les silos doivent être parfaitement étanches et que les plus pratiques sont les cuves à fermentation ou les demi-muids. Les marcs que l'on accumule à leur intérieur se conservent bien et longtemps si on a pris la précaution de les y apporter dès leur sortie des appareils de distillation et de les préserver, le plus complètement possible, de l'action de l'air, en les tassant fortement, par couches de 25 à 30 centimètres (avec les pieds, de petits rouleaux en fonte, ou des 1/2 muids pleins d'eau).

Puis, quand la cuve est pleine, on les recouvre d'une épaisse couche de terre.

L'adjonction de sel dénaturé, à raison de 5 à 6 kilogs par tonne, favorise la conservation de ces marcs et améliore incontestablement leurs qualités gustatives.

Dans certains domaines cependant, on se contente d'amonceler les marcs distillés sous une grange, ou même dans un coin de cour de la ferme. Il est évident que le tassement et le salage doivent être dans ce cas, effectués avec le plus grand soin, et encore, malgré tout, les couches superficielles du tas s'altèrent plus ou moins profondément, rendant inutilisable pour l'alimentation, une proportion relativement grande du produit ensilé.

Que l'ensilage soit effectué dans des récipients clos ou à l'air libre, il est préférable d'égrapper au préalable le marc, par remuage à la fourche ou secouage sur des claies métalliques à larges mailles ; car les rafles, en gênant le tassement, rendent la parfaite conservation de la masse plus difficile à obtenir. Au surplus, comme ce sont des matières ligneuses, très peu digestibles, leur absence ne peut qu'augmenter la valeur nutritive du marc dont elles sont exclues.

Marcs pressés. — C'est simplement pour mémoire que nous mentionnons ici l'utilisation des marcs pressés dans l'alimentation du bétail, car on n'en trouve plus guère sous cet état dans nos exploitations viticoles.

Les marcs pressés renferment, en effet, de l'alcool et celui-ci est payé plus cher par l'alambic que par l'animal : Dantony et Vermorel l'affirmaient déjà en 1910 et aujourd'hui c'est là un fait encore plus indéniable.

Le viticulteur a donc tout intérêt à livrer ce résidu à la distillerie quand il le sort du pressoir. Il y manque de moins en moins, — aidé puissamment en cela par la coopération, — malgré qu'il ait depuis longtemps reconnu que, précisément en raison de sa richesse alcoolique et aussi de sa teneur en principes volatils divers, le marc pressé est plus appétissant, d'une digestion plus facile et d'un effet énergétique sensiblement plus grand que le marc distillé.

« A doses moitié moindres, il nourrit davantage ! », disaient les anciens. On ne saurait s'en étonner, à présent que l'on admet universellement la grande valeur calorifique de l'alcool-aliment, si l'on songe qu'il reste encore une trentaine de grammes d'alcool par kilog de marc pressé.

Marcs séchés. — On a souvent préconisé le séchage des marcs pour faciliter leur conservation et permettre de les mélanger plus facilement à des substances concentrées. Du point de vue hygiénique ou alimentaire, c'est là une conception heureuse ; mais l'intérêt en est puissamment réduit par des considérations d'ordre économique.

Le moyen le plus simple et le moins coûteux d'obtenir ce séchage serait évidemment d'étendre les marcs frais, en couches minces, sur une aire plane bien exposée au soleil : au bout de 24 heures, par très beau temps, ils ne renfermeraient plus guère que 15 o/o d'eau et leur conservation serait facile. Mais le soleil constitue une source de chaleur trop capricieuse pour qu'on puisse compter sur elle ; aussi est-ce à l'aide de puissants séchoirs utilisant, à la fois, la chaleur d'un combustible et la ventilation, que certains industriels réalisent cette dessiccation.

Les marcs ainsi obtenus ne renferment plus que 12 ou 14 o/o d'eau. Après être passés dans un broyeur qui les réduit en poudre relativement fine, ils constituent un excellent support pour la mélasse. C'est, en effet, mélassés à 30 ou 40 p. 100 et additionnés ou non d'une certaine quantité de farine de tourteau, suivant qu'on le destine à telle ou telle espèce animale, que les marcs séchés trouvent l'utilisation la plus rationnelle dans l'alimentation du bétail.

Quand elles sont préparées par des maisons sérieuses qui en garantissent, à la fois, les qualités hygiéniques et nutritives, ces provendes représentent à doses modérées, des aliments sains et nourrissants. Malheureusement, étant donné le peu de valeur alimentaire des marcs et le prix de revient de leur séchage, les produits mélassés à base de marc ne constituent pas toujours des aliments économiques, eu égard à leur effet nutritif.

II. — LES SARMENTS FEUILLÉS

Autrefois, les domaines viticoles de nos régions possédaient presque tous de nombreux moutons qui, lâchés dans les vignes aussitôt après les vendanges, y broutaient les feuilles en même temps que les savoureuses herbes automnales qui recouvraient encore le sol. Ils y prenaient rapidement, grâce à cette nourriture appréciée, un embonpoint que les privations de l'été avaient fait disparaître et commençaient ainsi, économiquement, leur préparation pour la boucherie.

Le mouton semble donc avoir été le premier utilisateur des feuilles de vignes : le mouton ou, peut-être, la chèvre, car ces temps derniers, certains auteurs en retraçant l'historique de l'ensilage, ont, une fois de plus exhumé des documents relatant qu'à la fin du XVIII⁰ siècle, les agriculteurs du Lyonnais entassaient déjà des feuilles de vignes dans des tonneaux, en vue de les faire servir à la nourriture d'hiver des chèvres laitières ; et ils attribuaient même à cette alimentation de leurs bêtes la saveur si appréciée du célèbre fromage du Mont d'Or.

Mais en dehors de ce cas, ce n'est guère que pendant les périodes de disette fourragère que l'utilisation des feuilles de vigne comme fourrage avait pu prendre, temporairement, quelqu'extension. H. Marès, en 1855, Pagézy, en 1858, le Dr Guyot, en 1870, Giret, en 1880..., etc., avaient successivement signalé, sans grand succès d'ailleurs, l'avantage de leur emploi

En 1893, année très pauvre en fourrages, on s'en occupa plus sérieusement, surtout après que Müntz, dans une étude très documentée, eut indiqué, d'après les résultats de multiples analyses, que les feuilles de vigne avaient sensiblement la même valeur alimentaire que la luzerne : les feuilles vertes, que la luzerne fraîchement coupée ; les feuilles fanées, que la luzerne sèche.

A cette époque même, si grand était le besoin de « fourrages de renfort », que l'on alla plus loin encore et que des essais nombreux, mais insuffisamment contrôlés, firent accorder aux sarments dépouillés de feuilles une valeur alimentaire en réalité beaucoup plus grande que celle qu'il convient de leur attribuer.

Et il fallut même qu'une judicieuse mise au point de Mallèvre, en 1894, vienne mettre les viticulteurs en garde contre les déceptions qui pourraient faire suite à cet enthousiasme excessif, en établissant que si les feuilles de vigne ont une valeur alimentaire élevée, les sarments provenant de la taille, en raison de leur haute teneur en cellulose brute, sont peu digestibles et, en tous cas, occasionnent pour être assimilés par l'organisme, des « frais d'exploitation » considérables, ne laissant que bien peu d'énergie disponible pour la production d'un effet utile.

C'est peut-être à la suite de cette intervention de Mallèvre et, aussi, du retour à des années fourragères moins anormales, qu'on abandonna encore une fois ces pratiques cependant fort intéressantes.

Il faut arriver en 1906 et à la période de crise viticole qui débuta alors, pour assister à une nouvelle tentative d'utilisation systématique de ces sous-produits de la vigne. On reparla alors, comme Coutagne l'avait fait en 1894, de la « vigne fourrage » et, parmi les nouveaux propagandistes de l'emploi alimentaire des sarments et des feuilles de vigne il faut citer MM. Paul Héran, en 1907, Cancel et Ales, en 1908, Lœnhardt-Pommier, en 1910.

Tous se montrèrent enchantés de l'introduction de ces sous-produits dans les rations de leurs animaux : bœufs, moutons, chevaux ou mules et M. Cancel notamment a pu, depuis cette époque, au domaine de Candillargues, exclure totalement le foin de l'alimentation de sa cavalerie, — (une trentaine de chevaux et quelques mules), —

par l'utilisation des sarments de vigne feuillés, conservés par ensilage et mélangés avant leur distribution, avec du son mélassé et de la repasse.

C'est, du reste, sous cette forme que l'exploitation de la « vigne-fourrage » semble devoir donner les résultats économiques les meilleurs.

Récolte. — Les sarments feuillés destinés à l'alimentation du bétail doivent être ramassés avant l'apparition des premières gelées blanches qui provoquent la chûte des feuilles : à Candillargues, c'est immédiatement après la vendange et pendant les 15 ou 20 jours qui suivent que s'effectue cette récolte. Elle consiste à couper les sarments à 0ᵐ30 ou 0ᵐ40 de leur base, c'est-à-dire à 2 ou 3 nœuds au-dessus de l'œil qui sera conservé au moment de la taille définitive.

Cette opération, appelée, on le sait, « espoudassage » est d'ailleurs pratiquée couramment dans certains vignobles méridionaux où l'on travaille les vignes tôt, et, dans les régions où la vigne a habituellement une belle végétation, elle semble, contrairement à la taille précoce, n'avoir aucun effet affaiblissant sur les ceps : c'est du moins l'avis formel de MM. Paul Héran et Cancel qui, depuis plus de 25 ans, espoudassent leurs vignes, sans avoir constaté que cette pratique ait la moindre conséquence désavantageuse pour la vitalité et la productivité des souches.

Une souche donne 600 à 650 grammes de sarments feuillés ce qui, en raison de 4400 souches environ à l'hectare, correspond à une production de 2400 à 2600 kilogs par hectare de vigne. On estime qu'un ouvrier habile peut espoudasser en moyenne 1700 à 1800 pieds par jour, contribuant ainsi pour sa part, à la récolte d'une tonne de fourrage.

Ensilage. — Aussitôt après avoir été taillés, les sarments feuillés doivent être ramassés, broyés et ensilés sans tarder dans le but d'être conservés avec leurs qualités jusqu'au moment de leur utilisation.

Le broyage des sarments est indispensable ; non seulement parce qu'il facilitera ultérieurement leur tassement dans les silos, puis leur consommation par les animaux ; mais aussi parce que la transformation de leurs parties les plus dures en une matière pulpeuse ressemblant à du foin permet, durant l'ensilage, une fermentation heureuse et une transformation plus complète de la cellulose rendue ainsi hautement digestible.

Il existe des broyeurs simples et robustes qui, mus par un moteur de 5 à 6 HP, peuvent travailler, à l'heure, 1000 kilogs de sarments feuillés.

Dès que le broyage est effectué, la matière obtenue est entassée dans des silos. Les silos-teurs américains ou italiens trouveraient sans doute ici un emploi avantageux ; mais dans la plupart des domaines viticoles, les cuves à fermentations, cimentées et souvent vernissées, constituent des récipients parfaitement hermétiques à l'air, dans lesquels une bonne conservation est assurée. M. Cancel emplit ainsi, chaque année, 9 cuves d'une capacité individuelle de 50 mètres cubes.

Aussi bien, ce qui importe, en la circonstance, c'est de préserver le plus possible de l'action de l'air la substance à conserver. Déjà, en l'apportant sans délai de la vigne au broyeur et du broyeur au silo, on y contribue puissamment et dans celui-ci, le résultat cherché est obtenu facilement, si l'on chasse de la masse herbacée l'air interstitiel qu'elle contient en la tassant fortement avec les pieds, une dame de paveur, ou même, comme à Candillargues, avec un petit rouleau de fonte que l'on promène sur chaque couche de 0m25 à 0m30 de matière apportée.

Comme pour le marc, on saupoudre chacune de ces couches avec du sel dénaturé dans la proportion de 5 à 6 kilogs par tonne de fourrage, et cette pratique a pour résultats d'en faciliter la conservation et d'assaisonner heureusement le produit obtenu, au point que les animaux le consomment ensuite avec grand appétit.

Quand le récipient est plein, on recouvre la surface de la matière entassée d'une couche de 0m60 à 0m70 de terre meuble pulvérisée, que l'on tasse elle-même aussi soigneusement que possible, ce qui réalise une pression d'environ 1200 kilogs par mètre carré de surface.

Les jours suivants, il se produit au sein de la masse renfermée dans le silo une fermentation intracellulaire intense : la température s'élève, des gaz se dégagent et le tas s'affaisse peu à peu. C'est la période délicate de l'ensilage. Si on n'y prend garde, tandis que l'affaissement du tas se produit, des crevasses peuvent apparaître dans la couche superficielle de terre, et l'air s'insinuant grâce à elles jusqu'au fourrage, y provoque vite l'apparition de moisissures et d'altérations graves, qui rendent une partie du produit ensilé dangereux à consommer pour le bétail.

Pendant quelques semaines, il est donc nécessaire de surveiller avec soin les ensilages récents et, au moins une fois par jour, de boucher minutieusement par tassement toutes les crevasses, si petites soient-elles, qui viennent à se produire à la surface supérieure du silo : la bonne conservation du fourrage en dépend.

Au bout d'un mois à un mois et demi, la fermentation est terminée, la température descend, le tas s'est affaissé déjà de 0^m60 à 0^m80 ; le fourrage peut être mis en consommation.

Distribution. — Le silo est ouvert par sa partie supérieure, c'est-à-dire en ôtant la couche de terre qui le recouvre. Généralement, la portion superficielle de la masse ensilée est altérée sur une épaisseur de 0^m15 à 0^m25 et il faut la jeter au fumier ; par contre, le reste est parfaitement conservé si l'ensilage a été bien fait et dégage une bonne odeur vineuse très agréable : sa couleur est passée du vert au brun.

On enlève, par tranches horizontales, la quantité de fourrage nécessaire aux besoins d'une journée en vérifiant si elle est en bon état de conservation. Si, — ce qui est exceptionnel et provient le plus souvent de ce qu'un tassement défectueux a laissé une poche d'air, — un îlot de matière est altéré on l'écarte soigneusement de la consommation.

En n'interrompant pas la mise en distribution des sarments feuillés quand un silo est entamé, aucune altération ne se produit dans la partie supérieure de la masse qui reste 24 heures au contact de l'air.

A leur sortie du silo, les sarments feuillés sont placés dans un vaste récipient ; on leur ajoute des aliments concentrés destinés à compléter la ration, et on remue soigneusement le tout de manière à obtenir un mélange homogène. C'est ce mélange qui est ensuite réparti entre les animaux pour les divers repas de la journée.

Tous les animaux de la ferme acceptent avec la plus grande facilité les sarments feuillés ensilés : le plus souvent d'emblée, quelquefois après une très courte période d'hésitation ; puis quand ils sont habitués à les consommer, ils les préfèrent nettement au foin.

Cependant, à moins d'avoir un broyeur parfait, déchiquetant en une véritable mousse la partie dure des sarments, il est préférable de les réserver aux chevaux qui les mastiquent toujours avec soin avant de les dégluter. Avec les ruminants qui, à priori, devraient en être les meilleurs utilisateurs, mais qui ne leur font subir qu'une mastication sommaire servant de préface à la rumination, il peut arriver que des fragments de sarments, ayant échappé à l'écrasement et parfois même taillés en biseau par le couteau du broyeur, blessent gravement la muqueuse du rumen. Chez une vache appartenant à M. Paul HÉRAN, il s'est même produit, dans ces conditions, une perforation de la panse qui a entraîné la mort de l'animal.

Valeur alimentaire. — Mais quelle valeur alimentaire faut-il les attribuer à ces sarments feuillés ensilés ? Si on consulte nombreuses analyses qui en ont été publiées ; si, d'autre part, on tient compte du coefficient de digestibilité de ces fourrages tel qu'il ressort des recherches expérimentales de FABRE et de M. VENTRE ; si enfin on se base sur les travaux autorisés de KELLNER relatifs à la productivité des fourrages fibreux, on peut déduire de cet ensemble de données que les sarments garnis de leurs feuilles ont, à poids égal, un effet nutritif sensiblement deux fois et demi moins élevé que celui du foin de pré (Voyez tableau ci-après).

| | 100 parties de l'aliment renferment : | | | | | | | | | Valeur de productivité |
| | en principes nutritifs bruts | | | | | en principes nutritifs digestibles | | | | (Valeur-amidon de Kellner) |
	eau	matières azotées	matières grasses	extractifs non azotés	cellulose	matières azotées	matières grasses	extractifs non azotés	cellulose	
Sarments feuillés.	55 à 60	3 à 3,5	1 à 2	18 à 20	12 à 14	1 à 1,5	0,5 à 0,8	10 à 12	3,5 à 4,5	11 à 13
Foin de pré....	14 à 15	9 à 11	2 à 3	39 à 41	24 à 28	5 à 6	0,8 à 1,2	22 à 26	14 à 15	26 à 32

Nous pensons toutefois que c'est là une estimation trop modeste. Dans une communication à l'Académie d'Agriculture, M. VENTRE a, en 1919, fait nettement ressortir qu'en dehors d'une quantité appréciable d'acide tartrique, dont les effets d'excitation digestive sont bien connus, les sarments feuillés à la sortie du silo où ils ont été conservés, renferment 14 à 16 grammes d'alcool par kilogr. En admettant que les 3/4 de cet alcool disparaissent par évaporation durant la préparation qui précède la distribution du produit aux animaux, c'est environ 4 à 5 grammes d'alcool par kilog de matière qui sont absorbés par l'animal.

Or, les remarquables travaux d'ATWATER et BÉNÉDICT en Amérique, de DUCLAUX en France, et, plus près de nous, les belles expériences de M. ROOS sur le chien ont lumineusement mis en évidence le pouvoir calorifique et, par conséquent, énergétique de l'alcool. Par sa présence dans les sarments ensilés, l'alcool relève donc sensiblement la valeur nutritive de ceux-ci au point qu'il n'en faut, approximativement, que 1 kil. 700 à 1 kil. 800 pour remplacer 1 kilog de foin de pré.

L'effet alimentaire des rations distribuées à Candillargues semble d'ailleurs le démontrer d'une façon incontestable. M. CANCEL nourrit actuellement ses chevaux pesant en moyenne 475 kilogs, avec des rations composées de :

> 15 kilogs de sarments feuillés ensilés,
> 5 kilogs de son mélassé,
> 1 kilog de repasse,

et ce n'est qu'au moment des forts travaux qu'il ajoute à ces rations un supplément de 2 kilos d'avoine par cheval.

A un autre point de vue, en chiffrant rigoureusement d'une part tous les frais nécessités par l'ensilage, y compris l'amortissement du matériel, et en défalquant d'autre part les pertes résultant de la fermentation et de la conservation en silo — (30 pour 100 au maximum) — M. Cancel estime que son produit d'ensilage lui est revenu, en 1926, à 7 fr. les 100 kilogs, c'est-à-dire à un prix dix fois moins élevé que le foin dans les conditions actuelles du marché.

Si on tient compte de la différence de valeur nutritive de ces deux fourrages, on voit que le foin coûte encore, à égalité d'effet alimentaire, 5 à 6 fois plus cher que les sarments ensilés : c'est là une considération fort intéressante et qu'il est bon de ne pas perdre de vue.

Et maintenant, une dernière question se pose ! *N'y a-t-il pas lieu de craindre l'apparition d'accidents digestifs, à la suite de la distribution de sarments feuillés ensilés aux animaux ?*

On peut affirmer que non, si un broyage et un ensilage surveillés ont permis l'obtention d'un produit exempt d'altérations. Et à ceux qui craignent que la présence, sur les feuilles de vigne, de sels de cuivre provenant des traitements anticryptogamiques pourraient avoir des répercussions fâcheuses sur la santé des animaux, on peut répondre que rien de tel n'a jamais été observé, — que les moutons broutant sur place les feuilles de vigne encore bleuies par les derniers traitements cupriques, n'en ont, en aucun temps, été incommodés, — que des expériences effectuées à l'Ecole d'Agriculture avec des brebis auxquelles on distribuait des rameaux de vigne trempés dans une solution de sulfate de cuivre n'ont déterminé aucun accident sur ces animaux, — et qu'au surplus, dans le traitement de certaines affections du mouton, comme la strongylose gastro-intestinale, on fait ingurgiter aux malades, comme traitement, de 50 à 150 grammes, (c'est-à-dire une forte dose) de solution de sulfate de cuivre à 1 o/o.

Du reste, la meilleure preuve de cette innocuité est fournie par la cavalerie de Candillargues. Les coliques, l'emphysème pulmonaire, assez couramment constatés chez les vieux chevaux nourris avec des rations à base de foin, y ont complètement disparu depuis l'emploi des sarments ensilés ; et l'embonpoint satisfaisant, la densité des muscles, la souplesse de la peau et le brillant des poils, la vivacité du regard, y sont chez les chevaux des témoignages certains d'un état de santé en parfait équilibre.

Comme conclusion :

Les marcs de raisins, particulièrement sous la forme distillée, qui est la plus habituelle, ne représentent plus que des résidus appauvris dont il ne faut pas s'exagérer la valeur alimentaire, mais qui, bien conservés par un bon ensilage, peuvent néanmoins être utilisés avec profit par le bétail, surtout par les moutons et les bœufs.

Cependant, simples fourrages d'appoint, ils ne doivent être mis à la disposition des animaux qu'à doses modérées, et il faut obligatoirement, avant de les distribuer, les mélanger à des aliments concentrés, riches sous un faible volume, de façon à obtenir, de la sorte, des rations nutritives et bien équilibrées.

Les sarments feuillés ensilés constituent, s'ils sont exempts d'altérations, des fourrages toujours intéressants à faire entrer dans les rations du bétail à la place des foins. Leur valeur nutritive est relativement élevée, et l'expérience ininterrompue d'un quart de siècle montre, qu'associés à des farineux ou des grains, ils permettent d'alimenter les chevaux et les mulets, convenablement, sans danger et avec économie.

Les uns et les autres représentent des sous-produits dont il conviendrait d'étendre l'emploi, au titre d'aliments pour les animaux.

Les grands domaines sont généralement outillés pour les utiliser largement ; par la coopération, facilitant l'aménagement de silos et l'acquisition de broyeurs. les petits et les moyens viticulteurs pourraient en tirer économiquement un meilleur parti et utiliser ainsi au maximum les produits de leur terre.

Or, pour toute exploitation agricole, c'est là, on le sait, le vrai et peut-être le seul moyen d'aboutir à une prospérité non éphémère.

M. le Président adresse ses remerciements et ses félicitations à M. Cottier pour son travail si consciencieux et ouvre la discussion à son sujet.

M. **Marre**, Directeur honoraire des Services agricoles de l'Aveyron, demande la parole, qui lui est accordée, pour appuyer les conclusions de M. **Cottier**.

Il le fait dans les termes suivants :

« Les viticulteurs ont un intérêt considérable à conserver par l'ensilage
« et le salage pour l'alimentation de leurs animaux de travail, les feuilles et
« les sarments de vigne selon une méthode pratiquée, depuis plus de trente
« ans avec succès sur le domaine de Candillargues.

« Les sarments cueillis avec leurs feuilles broyés et salés, à raison de 6 à
« 10 kilogs par tonne sont fortement tassés dans des cuves en maçonnerie
« et recouverts de terre à raison de 1.200 kilogs par mètre carré.

« Les trente chevaux entretenus à Candillargues sont exclusivement
« nourris, depuis 1908, sans un brin de paille ni fourrage, sans inconvénient
« pour leur santé, avec des sarments broyés et salés munis ou non de leurs
« feuilles avec une addition de 5 kilogs de provende.

« Les animaux s'entretiennent bien et sont en parfait état; ils ont plus
« d'entrain et de vivacité plus de résistance au travail que leurs congénères ;
« leur poil est lisse et brillant ; on n'a plus de chevaux poussifs ni de coli-
« ques.

« Le coût du broyage et de l'ensilage est aujourd'hui de 7 à 8 francs par
« 100 kilos. La nourriture est des plus économiques.

« On peut utilement cultiver des carrés de porte-greffes américains vigou-
« reux uniquement dans le but de les tailler de bonne heure et de constituer
« ainsi un approvisionnement abondant d'excellent fourrage ensilé.

« M. MARRE cite encore les résultats obtenus à Valence d'Agen (T. et Gar.)
« par M. Gérin, membre de l'Office agricole qui nourrit exclusivement, pen-
« dant tout l'hiver, depuis de nombreuses années, ses bœufs garonnais de
« travail, avec du marc ensilé et salé à raison de 12 k. 500 par tonne. Après
« accoutumance préalable, sans le moindre inconvénient pour leur santé, ces
« animaux arrivent ainsi à consommer une ration journalière de 150 gr. de
« sel par jour.

« L'usage des marcs ensilés et salés est tout indiqué pour l'alimentation
« en hiver des troupeaux de moutons qui existent encore dans le Languedoc.

« La question n'étant pas à l'ordre du jour M. Marre, ne peut, à son grand
« regret, exposer les avantages de la Méthode de salages qui permet,
« en les salant en convenable proportion, de rentrer des fourrages à 1/2 secs,
« de leur faire acquérir une plus value de 20 à 30 o/o au moins tout en pro-
« curant une sérieuse économie de main-d'œuvre. Il invite les congressistes
« à venir assister à la conférence et à la présentation du très beau film
« documentaire : *Le Sel en Agriculture*, qui auront lieu le mardi 14 juin, à
« 15 heures, au Trianon-Palace ».

M. **Ales**, vétérinaire, a examiné et soigné les chevaux du domaine de
Candillargues, où se pratique l'alimentation normale avec des sarments
ensilés.

Il confirme pleinement les indications fournies par M. Cottier, rapporteur. Depuis l'adoption de ce régime alimentaire, l'état sanitaire de la cavalerie est meilleur qu'auparavant. Les coliques notamment ont disparu.

M. **Roos**, demande à M. **Touze**, de donner au Congrès son opinion sur la valeur des sarments ensilés d'après les essais faits cette année à la Compagnie des Salins.

M. **Touze**, répond que l'expérience qu'il a faite, ne comporte ni une quantité, ni une durée suffisante pour en déduire une conclusion précise. Il signale, en outre, que si les sarments sont récoltés par temps pluvieux et mouillés au moment de l'ensilage, sont très sujets à moisir, et de ce fait, à devenir inutilisables, à quoi M. **Ventre** objecte qu'il s'agit probablement d'un défaut de tassement.

M. le **Président Ravaz** demande si, pendant la période de mévente, lorsque le vin était coté très bas et que le fourrage ne valait guère que 6 francs les 100 kilos, l'utilisation des sarments a été fructueuse, au domaine de Candillargues, et si la taille hâtive n'avait pas pour résultat un certain affaiblissement de la végétation.

M. **Ales** répond, que pendant la période de mévente, le domaine de Candillargues, qui utilise quarante chevaux, économisait sur la nourriture près de 12.000 francs par an.

Le prix de l'ensilage ne dépassait pas 1 franc par 100 kil., ce qui laissait un bénéfice important sur l'alimentation au foin.

M. **Jamme** demande au sujet de la taille hâtive, l'opinion de M. le **Professeur Ravaz**.

M. le **Président**, après avoir fait observer qu'il eut préféré ne pas intervenir activement dans la discussion, indique cependant, qu'à son avis, une taille prématurée peut avoir pour résultat d'affaiblir la vigne, surtout si elle a lieu quand les feuilles sont encore vertes. Des phénomènes de ce genre ont pu être observés par tous les viticulteurs, se produisant notamment quand, au moment de la vendange, on taille certaines souches pour faciliter la circulation des attelages dans la vigne. D'ailleurs, M. **Cancel**, pour prémunir le domaine de Candillargues contre les dangers de cette pratique, a institué la rotation. Une partie du domaine seulement est alternativement chaque année, utilisée pour l'ensilage et par conséquent taillée hâtivement.

M. **Semichon** dit que les inconvénients de la taille hâtive, sont divers suivant les cépages, nuls pour certains, assez marqués pour d'autres. Après la mise de troupeaux de moutons dans les vignes, les feuilles seules sont mangées.

M. **Chauvet** confirme les observations de M. **Semichon** et pense que les sarments broyés sont avantageusement utilisés pour les litières étant donné le prix actuel de la paille et leur pouvoir absorbant trois ou quatre fois supérieur.

M. **Ales** dit que les chevaux n'absorberaient pas les sarments sans les feuilles, mais que par contre, mélangés aux feuilles, ils sont complètement absorbés.

M. **Cathala** demande à M. **Ales** si, au domaine de Candillargues, la vigne a été traitée aux arsenicaux ?

M. **Ales** répond que jusqu'à la floraison les traitements arsenicaux sont utilisés à Candillargues, mais que toute trace d'arsenic a disparu au moment de la vendange. Il a observé cependant, que les feuilles provenant de l'ébougeonnage, ont parfois été nuisibles par l'arsenic qui les recouvrent à ce moment.

M. **Roos** fait observer que l'espèce chevaline est cependant celle qui supporte le mieux les arsenicaux.

M. **Dufaux** signale que des moutons nourris avec des feuilles de vigne, accusent une vitalité diminuée.

M. le **Rapporteur Cottier** indique que cette nourriture convient le mieux aux chevaux. Il importe d'ailleurs que le broyage des sarments soit réalisé avec le plus grand soin.

La discussion ouverte sur le rapport de M. **Cottier** étant épuisée, M. le **Président** donne la parole à M. **Daudé-Bancel** pour une courte communication se rattachant au sujet que devait traiter M. **Vincens** absent, sur *l'utilisation de raisins à des préparations autres que le vin.*

M. **Daudé-Bancel** expose que la fabrication en grand de moûts pasteurisés et de dérivés du raisin tels que, pâtes, marmelades, bonbons, etc... pourrait distraire de la masse produite des quantités telles que le marché des vins s'en trouverait allégé.

M. **Roos** déclare ces utilisations intéressantes, mais préfère à la pasteurisation simple extrêmement coûteuse par les emballages et les frais de transport qu'elle impose, la concentration dans le vide à basse température sous forme de sirop à 36° Baumé, qui ne nécessite ni emballages, ni frais de transport élevés.

La simple restitution de l'eau enlevée à ces sirops, au moment de l'emploi reproduit le moût primitif avec toutes les qualités que présente le moût pasteurisé en bouteilles.

Au surplus M. **Roos** ajoute pour M. **Daudé-Bancel**, qu'il sait un adepte fervent des Sociétés antialcooliques, que les quantités de raisins déviées de leur utilisation ordinaire, seraient bien loin de réaliser les rêves des abstinents qui voudraient bien supprimer complètement le vin.

M **Daudé-Bancel** se défend énergiquement de vouloir faire au Congrès de la propagande prohibitionniste. Il représente une Société de propagande pour la consommation des fruits, et ajoute même que cette Société comprend parmi ses dirigeants, des défenseurs éprouvés du vin.

Comme conclusion de sa communication, M. **Daudé-Bancel** soumet au Congrès un certain nombre de résolutions.

M. **Elie Bernard**, secrétaire général de la C. G. V., demande que ces propositions soient rédigées en vue d'une discussion approfondie le lendemain.

L'Assemblée décide que les propositions de M. **Daudé-Bancel** seront remaniées et présentées ultérieurement au Congrès sous une forme concrète.

L'ordre du jour de la deuxième séance du Congrès est épuisé.

M. **Combemale**, avant la clôture de la séance, invite les Congressistes à se rendre au Cinéma Pathé, où ils pourront assister à la projection du « **FILM DU VIN** ».

La séance est levée.

La salle Pathé toute proche est bientôt brillamment garnie.

M. **Combemale** prenant la parole, explique en quelques mots que le film qui va être projeté avait été tourné, à la demande de la C. G. V., dans le but de faire connaître par toute la France les travaux qui sont indispensables pour produire le vin, et les frais considérables qui en résultent.

Il s'agit donc d'un film de propagande. L'exécution a été confiée à M. **Bras**, photographe à Montpellier.

La projection commence aussitôt, débutant par quelques-unes des scènes gaies qui accompagnent toutes les vendanges.

Elle montre ensuite les premiers travaux de plantation de la vigne. Le défoncement du sol par les appareils mécaniques, la préparation des plans, le greffage, la mise en pépinière, défilent tour à tour sur l'écran. Puis, ce sont les habituels travaux de culture, la lutte contre les maladies, enfin la vendange.

Le film se poursuit avec la vue de diverses installations modernes de grandes caves, de diverses coopératives de vinification et de distillation, sans même oublier la manutention des vins en vue de leur transport.

Tout cela, sans doute, projeté à Montpellier, devant une assistance de viticulteurs ne leur a rien appris. Le but de la C. G. V. n'était pas là, mais bien d'apprendre aux populations qui l'ignorent, par quelle série de travaux il faut passer pour aboutir au vin. C'est un film documentaire instructif, et qui sera certainement goûté dans toutes les régions non ou peu viticoles.

Le film a été longuement applaudi, ce qui constitue pour son auteur, M. **Bras**, les éloges que mérite son excellente exécution.

DEUXIÈME JOURNÉE DU CONGRÈS

Le Mercredi 8 Juin. — *Séance du matin*

Dès neuf heures du matin, les Congressistes aussi nombreux que la veille, emplissent la Salle des Concerts.

M. **Combemale**, remplaçant M. **Cathala** absent, prie M. **de Vuillod**, Président de la Société Centrale d'Agriculture de l'Hérault, de bien vouloir prendre la présidence de cette troisième séance du Congrès.

M. **de Vuillod** remercie en quelques mots et sans tarder, l'ordre du jour étant chargé, M. **Vincens**, malade, n'ayant pu se rendre au Congrès, prie M. **Ventre** de rapporter la question qu'il a bien voulu accepter de traiter, l'Huile de Pépins de raisins.

L'Huile de pépins de raisins

Rapporteur : M. Ventre, *Professeur à l'Ecole Nationale d'Agriculture de Montpellier*

Dans une étude aussi complète que possible sur l'*Exploitation et l'utilisation des pépins de raisins*, publiée, en 1918, dans le *Progrès Agricole et Viticole* de Montpellier, je disais qu'entre toutes les conséquences, bonnes ou mauvaises qui caractérisent l'état de guerre, il en est parfois de très heureuses qui peuvent avoir sur l'Economie nationale, une très importante répercussion.

C'est, en effet, à la guerre que nous devons la résurrection d'une vieille industrie, celle de l'exploitation et de l'utilisation des pépins de raisins, en vue de l'extraction de la matière grasse qu'ils renferment.

Je dis résurrection, car cette industrie qui existait depuis plus d'un siècle et demi et sans interruption sensible en Italie avait également connu, en France, une ère de prospérité, à la fin du XVIII° siècle et on peut admettre que si les huileries françaises de pépins n'avaient pas eu à subir la concurrence qui leur était faite par les produits oléagineux d'origine exotique, tels que arachide, coton, sésame, etc., tous infiniment plus riches en huile que les pépins, cette industrie, malgré toutes les difficultés qu'offrait le ramassage de la matière première, aurait continué à vivre tant bien que mal.

Après avoir subi une éclipse d'assez longue durée, on en retrouve trace, au cours du XIXe siècle, dans le département de l'Hérault et certains constructeurs, notamment à Mèze, recherchent surtout le moyen de réaliser une séparation aussi complète que possible du pépin et des autres matières constituant l'ensemble du marc.

Mais la difficulté de réunir facilement des quantités relativement importantes de matière première devait fatalement entraver l'essor de cette industrie et cela d'autant mieux que les procédés d'extraction employés, comparables à ceux adoptés dans l'huilerie de graines, — procédés mécaniques —, étaient loin de donner des rendements intéressants.

Aussi cette industrie aurait été vraisemblablement abandonnée s'il n'avait pas été possible de trouver rassemblées, naturellement et en un seul point, des quantités énormes de matières premières dont le seul prix de revient était uniquement représenté par le coût de la main-d'œuvre nécessaire au triage.

Dans ces conditions, il apparaissait comme assez naturel de voir revivre cette industrie de l'utilisation des pépins dans les grandes distilleries travaillant des milliers de tonnes de marc. Effectivement, au début du 20e siècle, on trouve dans le Var, une huilerie dans laquelle, selon les années et les conditions du marché des huiles, on traitait les pépins. Il me paraît bon, en un jour où l'huile de pépins est à l'honneur, de rappeler ici, que bien avant la guerre, un distillateur doublé d'un fabricant d'huile, M. Raynaud, industriel à Carcès et à Flayosc, dans le Var, utilisait industriellement les pépins de raisins qu'il traitait de la même manière que les grignons d'olives, par le sulfure de carbone.

Lorsqu'au cours de la guerre, l'Autorité militaire poussée par les besoins en matières grasses nécessaires à la Défense nationale, que le manque de frêt empêchait d'aller chercher dans nos colonies, c'est, à mon instigation, auprès de cet industriel qu'elle se documenta. Elle envisagea alors la création d'une usine à Villefranche, travaillant par les procédés mécaniques et livrant les tourteaux à l'alimentation des animaux, et d'une usine à Frontignan recourant aux dissolvants volatils et notamment au trichloréthylène ou triéline, employé depuis de nombreuses années à Rouen, pour l'extraction de la matière grasse contenue dans les germes de maïs. Ce dissolvant, que l'on devait introduire d'Angleterre, les industriels français n'en produisant pas en quantités suffisantes, se payait à l'époque (1917-1918), 3 fr. 50 le kilog.

Au moment de l'Armistice, grâce à la facilité que l'on trouvait auprès des distillateurs et des gros producteurs de vin, on peut dire incontestablement, que l'industrie de l'huile de pépins avait revécu et qu'il ne s'agissait plus que de la vulgariser, en y intéressant les distillateurs et surtout les coopératives de distillation.

Il faut reconnaître que dès 1921, grâce à la propagande du directeur actuel du Service de l'Oléiculture, notre ami M. Bonnet, dont la foi inébranlable dans les destinées de cette industrie avait su intéresser à l'œuvre de récupération et d'utilisation des pépins les Offices départementaux et régionaux d'Agriculture, qui venaient d'être créés, celle-ci prenait un essor qui n'a fait que s'accroître. Tout fait d'ailleurs prévoir que, dans un temps très rapproché d'aujourd'hui, chaque coopérative de distillation deviendra, à tout le moins, productrice de pépins, en état d'être traités, soit par une huilerie coopérative, soit par des industriels en vue de l'extraction de l'huile.

La « Catalane » de Perpignan nous a même montré que l'huile obtenue pouvait être transformée, sur place, en savon de qualité sinon supérieure, mais pour le moins égale à celle des produits fournis par la mise en œuvre des autres huiles végétales.

Matière première. — Par la généralisation du principe coopératif, en distillerie, on doit admettre que dans l'avenir, les quantités de pépins qui pourraient être exploités se rapprocheront de plus en plus des quantités théoriques. En effet, le marc qui pouvait être considéré autrefois comme perdu au point de vue qui nous intéresse, soit parce que, servant à la production de piquettes, il était ensuite jeté au fumier, soit, parce que provenant de vendanges non vinifiées en rouge, il était considéré comme impropre à la distillerie, est ou sera intégralement recueilli. Seules donc, les quantités trop petites ou encore celles qui se trouvent dans les centres trop éloignés échapperont à cette exploitation.

Dans ces conditions, il nous est facile de déterminer ce qu'en année normale, la seule région méridionale peut mettre de matière première à la disposition de cette industrie.

En escomptant pour les six départements méridionaux (Aude, Bouches-du-Rhône, Gard, Hérault, Pyrénées-Orientales et Var), une production vinicole de 28.000.000 d'hectolitres, et étant donné qu'un hectolitre de vin laisse comme résidu des quantités de marc variant entre 12 et 18 kilogs ; que, d'autre part, on admet pratiquement que la proportion de pépins renfermés dans ce marc, représente, en moyenne, 20 o/o de son poids, ce sera donc une quantité totale de pépins variant entre 67.000 et 1000.000 tonnes qui pourra être mise en œuvre pour la récupération de l'huile.

Comme on le voit par l'importance de ce tonnage qui correspond à 6.700 ou 10.000 tonnes d'huile, l'huilerie de pépins doit être considérée non seulement comme viable, mais encore comme pouvant laisser d'importants bénéfices et cela quel que soit le cours des huiles. En effet, il ne faut pas oublier que pour une coopérative de distillerie et, en général, pour un distillateur, le marc est une matière première qui est surtout considérée comme source d'alcool et dans certains cas, comme source de produits tartriques et à ce titre payés par les industriels, en considération de son rendement probable en alcool. Par conséquent, dans la pratique courante, le pépin ne coûtera que la main-d'œuvre nécessitée par le travail de triage. Les bilans publiés par les coopératives qui exploitent actuellement les pépins de raisins font effectivement ressortir, au cours actuels des huiles, des bénéfices importants.

Or, la main-d'œuvre nécessitée par le triage ne sera jamais très importante, car il existe actuellement pour effectuer cette opération, des appareils à grand travail qui permettent d'obtenir rapidement des produits propres et débarrassés de toutes les grosses impuretés.

Conservation. — Mais un problème qui reste à peu près entier, tout au moins pour nombre de producteurs de pépins, c'est leur conservation en bon état. Or, c'est la conservation qui conditionne la qualité des huiles. En effet, celles-ci seront d'autant moins acides, quelles auront comme origine des matières premières dans lesquelles les matières grasses, par oxydation ou par hydrolyse, n'auront subi aucune transformation.

C'est ainsi que lorsqu'on traite des pépins aussitôt après leur extraction du marc et sans que celui-ci se soit échauffé, les huiles que l'on en extrait renferment généralement moins de 5 o/o d'acidité ; par contre, lorsqu'ils proviennent de marc ayant fermenté après distillation, il n'est pas rare de rencontrer dans les huiles obtenues, 25, 30 o/o et même plus d'acidité, ce qui rend leur emploi plus difficile, même en savonnerie.

Depuis longtemps, on a remarqué, — j'en avais fait l'observation il y a environ vingt ans à la distillerie de Carcès —, que les pépins provenant de marcs traités en vue de l'extraction des produits tartriques, ponnent des huiles relativement peu acides. Cela tient à ce que l'acidité chlorhydrique ou sulfurique (2 à 4 o/o) dans laquelle les pépins se sont trouvés plongés pendant un certain temps, — durée du lavage —, a suffi pour tuer les diastases hydrolysantes et oxydantes ou tout au moins pour en atténuer l'action. On sait, en effet, que ces diastases ne peuvent fonctionner qu'à la condition de se trouver dans un milieu peu acide ou dans lequel l'acidité est uniquement d'origine organique.

Est-ce à dire par là qu'il suffira d'arroser les marcs à conserver par une solution d'acide chlorhydrique à 2 o/o pour réaliser la même conservation des pépins. C'est possible, mais j'ai tout lieu de penser que cette opération ne sera pas sans inconvénient pour les appareils de triage et d'extraction. Il ne faut pas oublier, en effet, que les marcs lavés avec des solutions acides sont ensuite lavés à l'eau pure de façon à les épuiser complètement des produits tartriques. Dans ces conditions, on se trouve au moment du triage en présence de matières peu ou point acides, tout au moins, l'acidité est aussi peu que possible minérale.

Pourquoi alors ne point recourir à la conservation des pépins soit dans de l'eau, soit encore dans de l'eau légèrement salée. Des expériences poursuivies pendant un certain nombre d'années m'ont montré qu'à la concentration de 3 à 5 o/o, l'eau salée constituait un agent idéal de conservation s'opposant à toute acidification.

Extraction. — Les méthodes d'extraction ne varient pas sensiblement de celles adoptées dans l'épuisement des tourteaux oléagineux ; mais, de plus en plus, on s'adresse à un des dérivés chlorés de l'éthylène, la triéline, qui présente sur le sulfure de carbone, le double avantage de ne pas être inflammable, et de permettre ensuite la mise en œuvre d'une matière première renfermant encore une proportion importante d'eau (environ 18 à 20 o/o), alors que l'utilisation du sulfure de carbone exige une dessiccation atteignant environ 10 o/o. Cependant, malgré cette facilité, il vaudra mieux, autant que possible, ne soumettre à l'extraction que des pépins ne renfermant plus que 12 o/o environ d'eau, car un excès d'humidité serait de nature à faciliter l'hydrolyse de la triéline, ce qui se traduirait par la mise en liberté d'une petite quantité d'acide chlorhydrique, dont l'action pourrait se faire sentir à la longue sur les appareils d'extraction.

Par ailleurs, il faut également se méfier d'une trop grande dessiccation qui se traduirait par une résinification plus grande de l'huile.

Composition et usage de l'huile de pépins. — L'huile de pépins de raisins présente une composition variable, d'une part avec l'origine des pépins, d'autre part avec le degré d'altération plus ou moins grand qu'ils présentaient au moment de leur traitement. Cependant cette constitution reste la même quel que soit le procédé d'extraction adopté, — moyens mécaniques ou dissolvants volatils. En effet, les résultats obtenus en 1917, à l'Ecole d'Agriculture, avec des huiles en provenance du Var, — extraction au sulfure de carbone —, et de Frontignan, — extraction à la trétline —, comparés d'une part, avec les résultats de M. E. André (1921), Chevastelon (1925), Carrière (1926), et d'autre part, avec ceux trouvés en 1911 par l'Ecole de savonnerie de Milan, avec des huiles extraites uniquement avec des moyens mécaniques, ne présentent aucune différence sensible. On y rencontre les mêmes extrêmes pour les différentes caractéristiques, (densité, et indices divers). Ces extrêmes nous permettent simplement d'admettre avec quelque certitude, qu'il n'existe pas une huile de pépins, mais plusieurs huiles. Cela n'est pas fait pour nous surprendre outre mesure, la composition générale du raisin variant elle-même, d'un cépage à l'autre, d'une année à l'autre, d'une région à l'autre.

On avait déjà signalé, il y a déjà fort longtemps, que certaines huiles exposées à l'air et à la chaleur se conduisaient d'une façon analogue à l'huile de lin et que d'autres au contraire dans les mêmes conditions, conservaient toute leur fluidité.

Etant donné la valeur de certains de leurs indices, il avait même semblé que certaines huiles pourraient se rapprocher de l'huile de ricin et jouer le même rôle au point de vue du graissage industriel ; mais, à la suite de travaux récents, notamment ceux de M. E. André, il semble que l'on doive abandonner, au moins temporairement, cette manière de voir.

Cependant si les huiles de pépins ne doivent pas trouver un débouché important parmi les huiles de graissage, elles n'en restent pas moins absolument parfaites comme huile de savonnerie. En outre, étant donné les progrès réalisés dans l'industrie de la neutralisation et de la désodorisation des huiles, on peut admettre que l'huile de pépins de raisins prendra dans l'avenir une place assez importante sur le marché des huiles de bouche, à côté des huiles provenant d'autres graines oléagineuses, indigènes ou exotiques.

Enfin, combinées au soufre ou au chlorure de soufre, ces huiles donnent à la façon de quelques autres rares huiles végétales, des substances élastiques et résistantes que l'on désigne sous le nom de *factices* et que l'on emploie comme succédané du caoutchouc.

Avenir. — L'avenir de l'huilerie de pépins apparaît donc comme chargé de promesses. Il n'y a aucune raison qui puisse laisser supposer que cette industrie, dont l'essor avait été arrêté dans le passé, soit par la difficulté de se procurer des quantités importantes de matière première, soit qu'elle ait eu à lutter contre une concurrence favorisée, retrouve les mêmes difficultés.

De plus en plus, en effet, l'idée coopérative fera tache d'huile et dans les régions actuellement les plus déshéritées, on verra se créer des coopératives de distillerie. Il suffira de diriger leur effort et de les conseiller pour que tous les sous-produits intéressants du marc soient recueillis pour être mis à la disposition soit d'une huilerie fédérative, soit même à la disposition d'industriels. Conseils et direction ne leur seront pas ménagés par celui qui reste l'animateur de l'industrie des pépins, notre ami, M. Bonnet.

Les matières grasses seront vraisemblablement pendant très longtemps encore à des prix rémunérateurs, ce qui permettra à l'huile de pépins de prendre sur le marché la place que lui assigne le tonnage de matière première à exploiter. En admettant même que par suite d'une production plus importante de graines oléagineuses exotiques à rendement élevé en huile, le cours des matières grasses diminue, l'huilerie de pépins trouvera les possibilités de se défendre; dans le fait que les pépins ne constituant qu'un sous-produit du marc, leur valeur intrinsèque pourra toujours être ramenée, dans les coopératives et chez les distillateurs importants, aux frais engagés pour leur triage et leur dessiccation.

En résumé, on peut admettre que l'huilerie de pépins a actuelle-sa place marquée parmi les industries agricoles, et que son importance ne cessera de grandir. En effet, le groupement des marcs de toute une région sur un point déterminé se trouve de plus en plus facilité du fait des coopératives, il sera possible de mettre en œuvre et à bon compte, des quantités énormes de matière première.

Si l'on veut être sage et ne pas s'exposer à des désillusions, il ne faudra, en aucun cas, cesser de considérer le pépin comme sous-produit intéressant d'autres industries, — distillerie, récupération de produits tartriques. — S'il en était autrement et si le pépin devait être mis sur le même plan que les autres graines oléagineuses exotiques, beaucoup plus riches en huile, il aurait à lutter un jour contre celles-ci, dont la production plus ou moins intensive est uniquement soumise à la volonté de l'homme. A ce moment, malgré le fret même élevé, une concurrence bien organisée pourrait, une nouvelle fois, mettre l'huilerie de pépins en danger.

M. le Président, remercie M. **Ventre** de son admirable exposé.

M. **Ventre**, dit-il, était tout qualifié pour traiter cette intéressante question et il ajoute :

Je retiendrai de ce rapport, plus particulièrement, les passages suivants :

« L'avenir de l'huile de pépins de raisins apparaît comme chargé de pro-
« messes.

« On peut admettre actuellement, que l'huilerie de pépins à sa place mar-
« quée parmi les industries agricoles, et que son importance ne cessera de
« grandir.

« Enfin, si l'on veut être sage et ne pas s'exposer à des désillusions, il
« ne faudra en aucun cas cesser de considérer le pépin comme sous-produit
« intéressant d'autres industries. »

M. **le Président** déclare ensuite la discussion ouverte sur le rapport de M. le **Professeur Ventre**.

M. **Pomier Layrargues** a la parole et s'exprime dans les termes suivants :

M. **Pomier-Layrargues** :

« Il convient de remercier tous les savants qui nous guident par leurs expériences de laboratoire, et de les remercier d'autant plus que nous aurons encore besoin de leur concours pour mettre au point cette question et pouvoir transposer ainsi dans la pratique cette fabrication nouvelle.

« On a attribué à l'huile de pépins des mérites très divers, qui ne paraissent pas avoir été confirmés par la pratique, et cela, je dois le dire, nous inspire une certaine prévention concernant cette industrie nouvelle En ma qualité de coopérateur, je me cantonne strictement dans cette double question très terre à terre : Combien ça paie, combien ça coûte ?

Quel est le débouché ? On parle de propriétés siccatives dans le genre de l'huile de lin. On a abandonné cette utilisation ; puis de viscosité comparable à celle de l'huile de ricin ; on a abandonné. Il a été aussi question de caoutchouc synthétique, on a renoncé. M. **Ventre** l'estime parfaite pour la fabrication du savon, or ceux qui l'emploient à cet usage ne l'y emploient pas pure, mais en coupage avec de l'huile de coprah, plus chère.

Pour ce qui est du raffinage, en vue de la consommation de bouche, étant donné son coefficient d'acidité terriblement élevé, il ne me parait pas possible que cette huile dans les conditions où on l'extrait actuellement des pépins qui ont séjourné des mois, des années en tas — se prête au raffinage de façon rémunératrice, car, je le répète, si les travaux de laboratoire ont permis des conclusions encourageantes, il n'y a là qu'un premier pas et le second est gros à franchir.

« Pour le prix, aux vendanges dernières, sur la foi d'appréciations données par certaines personnalités qui réunissent aux connaissances techniques viticoles une renommée scientifique mondiale, on affirmait le prix de 15 francs le k°. Actuellement il y a des détenteurs qui ne trouvent pas preneurs à 3 francs, et je connais des entreprises qui ont renoncé à ces fabrications.

« Au sujet du prix de revient, il m'a été impossible d'obtenir jusqu'ici aucune précision. Toutes les distilleries coopératives du Syndicat central de Montpellier-Lodève, établissent chaque année leurs comptes rendus de fabrication d'alcool et nous savons exactement les rendements aux 100 k° de marc, le poid de charbon brûlé, la dépense de main-d'œuvre qui nous permettent d'établir des moyennes et nous donnent des bases d'appréciation précises en ces matières.

« Pour l'huile de pépins, nous n'avons pu obtenir rien de semblable et comme nos coopératives ni les industriels ne publient de bilan, nous sommes et restons dans le vague.

« Pour la technique, malgré les promesses des constructeurs, nous n'avons encore jamais vu fonctionner un trieur travaillant sur des marcs au sortir des calandres, ce qui permettrait de produire une huile moins acide, supportant le raffinage et s'adapterait mieux aux conditions générales de la majorité de nos sociétés. »

M. **Moiset**, Directeur de la Coopérative de Distillation « La Catalane » à Perpignan, demande la parole à la suite de l'intervention de M. **Pomier-Layrargues**. Il précise dans les termes qu'on va lire ci-après, les conditions dans lesquelles la Catalane fabrique annuellement d'importantes quantités d'huile de pépins.

M. **Moiset**:

« Je désire démontrer avec des arguments essentiellement pratiques que « l'extraction de l'huile de pépins procure des bénéfices intéressants aux « Organismes coopératifs qui ont entrepris cette fabrication.

« Une seule condition est indispensable pour obtenir d'excellents résultats : « Disposer d'une quantité minimum de 2.000.000 de kilos de marc.

« Néanmoins, les distilleries qui disposent de quantités inférieures, peu-« vent, avec profit, grâce au nouveaux séparateurs perfectionnés, trier « les pépins pour les vendre sans extraire l'huile et obtenir par voie de con-« séquence des quantités considérables de terreaux de marc utilisables com-« me engrais.

« M. **Moiset** appuie sa démonstration par l'établissement, devant le « Congrès, d'un bilan journalier qui fait ressortir un dépassement des « revenus très appréciables.

« La production en huile de « La Catalane » est de 80 à 90 tonnes par an.

« Sur une question posée par M. **Pomier-Layrargues**, M. **Moiset** « répond qu'à « La Catalane » la consommation totale de charbon est de « 2 kilos à 2 kilos 500 par 100 kilos d'huile, avec emploi combiné des rafles « et certains résidus de séparation qui encombreraient l'Usine au cas où « la chaufferie ne les absorberait pas.

« Sur une deuxième question de M. **Pomier-Layrargues**. M. **Moiset** « s'exprime ainsi :

« La fabrication des savons est secondaire, car telle n'est pas la destina-
« tion des huiles de pépins. Si nous ajoutons 20 à 30 o/o d'huiles concrètes
« à nos huiles de pépins, c'est pour obtenir des savons qui se solidifient
« pendant la nuit qui suit leur coulage et que nous pouvons ainsi livrer à
« nos Coopérateurs 3 jours après leur fabrication.

« M. **Moiset** est d'avis que la séparation des pépins et complémentaire-
« ment; s'il y a intérêt, l'extraction de l'huile, seront réalisés avant 10 ans
« dans toutes nos Distilleries Coopératives.

« M. **Moiset** termine sont intervention en rendant un hommage très
« mérité à l'apôtre de la réalisation pratique et continue de l'extraction de
« l'huile de pépins de raisins : M. **Bonnet**, Directeur des Services Oléicoles
« des Bouches-du-Rhône ».

M. **Ventre**, rapporteur, reprend la parole pour répondre lui aussi à
M. **Pomier-Layrargues**, et lui donne comme M. **Moiset** tous les renseignements complémentaires.

M. **Ventre** :

Je pense qu'il est facile de répondre à M. **Pomier-Layrargues** et de
lui donner tous les éclaircissements désirables.

Pour ce qui est de l'avis des industriels que M. **Pomier** a consulté, j'ai
tout lieu de croire que l'ont peut le tenir comme partial. Il est rare, en effet,
qu'un industriel qui ne réalise pas de bénéfices continue son exploitation et
il apparaît comme puéril de songer que s'il fait de bonnes affaires, il aura
intérêt à en faire état.

La rectification des huiles de pépins est non seulement faisable mais elle
est entrée dans la pratique de l'huilerie. On peut dire qu'au cours de la
campagne écoulée la consommation de bouche en a absorbé un tonnage
important. Je tiens d'ailleurs à la disposition des congressistes, un échantillon de cette huile de pépin rectifiée et on pourra se rendre compte qu'elle
est d'une couleur agréable, comparable à celle des autres huiles comestibles.

Les frais d'épuration seront d'autant moins élevés que l'on travaillera des
huiles moins acides et celles-ci ne seront obtenues que tout autant que l'on
aura mis en œuvre des pépins frais ou des pépins dont la conservation
aura été aussi parfaite que possible.

Quant aux débouchés que peut avoir cette huile, ils sont de deux ordres,
l'un sera assuré, ainsi qu'il a été dit plus haut par la consommation de
bouche ; l'autre se trouvera dans la savonnerie. Je puis répondre également
à M. **Pomier-Layrargues** au sujet de la crainte qu'il manifeste touchant
à l'impossiblité de faire du savon avec de l'huile de pépins seule. Je possède
d'ailleurs un échantillon de savon fabriqué à l'Ecole avec exclusivement de
l'huile de pépin et il est tout aussi dur que les savons fabriqués avec d'autres huiles. D'ailleurs, je crois que M. **Moiset**, le remarquable directeur de
« La Catalane » à Perpignan, qui fabrique du savon avec l'huile de pépins,
pourra également donner à ce sujet à M. **Pomier-Layrargues**, tous
apaisements désirables.

M. le **Général Campa**, à partir de quelle quantité de marc disponible, on peut escompter un bénéfice sensible du traitement des pépins pour huile.

M. **Roos** lui répond qu'il a examiné ce point et qu'à son avis, il faut pouvoir disposer d'au moins deux mille tonnes de marc, la quantitée citée il y quelques instants par M. **Moiset**, pour que l'opération soit rémunératrice.

M. **Blanc**, Ingénieur en Chef du Génie Rural, intervient à son tour dans la question, pour indiquer le rôle que peut jouer l'Etat, dans les installations Coopératives de distillation qui songeraient à joindre l'huilerie de pépins à leurs opérations.

M. **Blanc** :

L'Etat a si bien compris l'intérêt qu'il y avait à vulgariser l'extraction de l'huile de pépins qu'il encourage techniquement et financièrement la réalisation de telles huileries coopératives.

Il accorde le concours gratuit du Service du Génie Rural pour l'établissement des projets.

En outre, M. le Ministre de l'Agriculture alloue pour l'exécution des travaux une subvention à fonds perdus dont le taux (généralement 10 o/o) du montant des dépenses est évidemment relativement faible, car il s'agit en l'occurence de l'extension d'un organisme coopératif déjà prospère, mais qui cependant montre bien l'intention de l'Etat d'encourager cette industrie des sous-produits de la vigne.

Enfin, l'Office National du Crédit Mutuel agricole accorde généralement des prêts à long terme et à taux réduit pour la réalisation de ces huileries coopératives.

Cette intervention de notre Service nous a permis d'établir déjà plusieurs projets de telles huileries de telle sorte qu'il nous sera possible de donner à la Fédération des distilleries coopératives les renseignements qu'elle voudra bien nous demander sur le prix de revient de ces huileries.

Par ailleurs, en ce qui concerne les conditions d'exploitation, M. **Moiset** a donné un bilan détaillé de l'opération à « La Catalane ». Un bilan du même genre a été publié en ce qui concerne la Coopérative de la Grappe par. M. **Bonnet**, dans le numéro de la *Revue de Viticulture* du 10 mars dernier.

M. **Bonnet** montre que les affaires de cet organisme coopératif sont prospères, de sorte que, si l'Huilerie de la Grappe travaille dans des conditions avantageuses lorsqu'elle traite de vieux pépins, on peut espérer qu'elle réalisera des bénéfices encore plus importants lorsqu'elle traitera des pépins frais.

Dans un autre ordre d'idées, M. **Ventre** a indiqué qu'il était utile de conserver les pépins dans de l'eau salée. Ce sera là une condition facile à remplir.

En effet, lorsque les pépins ne sont pas traités au fur et à mesure du triage, par exemple, lorsqu'ils sont triés en des lieux différents pour être traités ensuite dans une usine centrale, on pourra prévoir une cuve dans laquelle ils seront conservés dans de l'eau salée.

Enfin, il est exact que le triage des pépins est une opération délicate. Toutefois, les constructeurs cherchent à la rendre plus facile.

Il a été présenté dernièrement, à La Grappe, un appareil qui fonctionne d'une façon satisfaisante avec du marc sec. Nous avons fait nous-même mouiller le marc employé et le triage s'est encore effectué dans de bonnes conditions. On peut donc espérer avoir également des résultats acceptables avec des marcs frais.

Les constructeurs font donc actuellement leur possible pour nous aider à réaliser dans de bonnes conditions cette extraction de l'huile de pépins de raisins.

Enfin M. **Lagarde**, avocat à la Cour d'appel de Montpellier, fait observer qu'une contradiction, peut-être apparente, semble se dégager de ce qui a été dit jusqu'ici. Certains auteurs, pour obtenir des huiles de meilleure qualité, et par conséquent de vente plus fructueuse, par la production d'une huile neutre, préconisent soit l'emploi du fluorure de sodium, soit l'immersion du marc ou des pépins dans des cuves, avec de l'eau salée ou non, pour éviter la fermentation éventuelle des pépins.

Il y aurait là une augmentation du coût de production qui reste à chiffrer.

Or, il semble résulter des explications générales qu'a données le représentant de la « Catalane », sur la marche de son exploitation, qu'il retire sans préparation aucune et sans frais nouveaux une huile quasiment neutre. Il faudrait réduire cette contradiction.

M. **Moiset** répond que la question ne se pose pas pour la « Catalane », puisque les pépins sont livrés à l'huilerie, immédiatement après la distillation des marcs et que l'huile obtenue est d'une acidité très faible.

La discussion sur le rapport de M. **Ventre** étant épuisé et l'ordre du jour appelant le rapport de M. **Astruc**, Directeur de la Station Œnologique du Gard, sur *les sous-produits de la vigne, matière première de la fabrication des engrais*.

M. le **Président** lui donne la parole.

Les sous-produits de la vigne

MATIÈRES PREMIÈRES DE LA FABRICATION DES ENGRAIS

Rapporteur : M. ASTRUC, *directeur de la Station agronomique et œnologique du Gard*

De tous temps les agriculteurs ont eu l'intuition que la matière noire du fumier et de certains engrais jouait un rôle utile pour la fertilisation des terres, et que l'humus était un constituant important du sol, tellement important que, lorsqu'il disparaît ou se raréfie par trop, la végétation devient souffreteuse et les rendements des récoltes diminuent.

Nous avons eu un exemple frappant de la valeur de cette intuition, appuyée d'ailleurs sur des expériences nombreuses qui ont presque toujours conclu à la *nécessité* périodique des engrais organiques, à la sortie de la guerre où l'on nous a soumis, pour analyses, des terres où l'on remarquait des réductions de rendements inexplicables, malgré des fumures *chimiques* assez abondantes. J'en ai même fait l'objet d'un article (voir *Progrès Agricole*, 1er semestre 1921, p. 403) — article qui a intéressé quelque peu les praticiens, si j'en juge par la correspondance qu'il a provoquée, — pour leur signaler l'inconvénient qu'il pouvait y avoir aux fumures trop exclusivement chimiques, sinon pour la nutrition immédiate de la plante tout au moins pour les bonnes propriétés physiques du sol.

Lorsque l'humus des terres calcaires tombe en effet au-dessous d'un certain taux, variable avec la proportion d'argile et en compensation de celle-ci, ses propriétés corrigent les exagérations de celles de l'argile.

Mais les terres calcaires de nos régions méridionales sont d'autant plus gourmandes de cet humus que ce calcaire y favorise une combustion de la matière organique, combustion d'autant plus rapide même que ce calcaire est lui-même plus abondant.

Or, avec le développement de la traction mécanique, la production du fumier, source la plus abondante de cette matière organique humique si précieuse à nos sols méridionaux, va en se raréfiant, et nous avons un intérêt majeur à profiter de plus en plus et de mieux en mieux toutes les sources d'humus qui peuvent se présenter pratiquement à nous. A ce titre là les sous-produits de la vinification sont des plus intéressants, car ils peuvent, comme nous allons le voir, nous fournir à peu de frais un engrais organique assez assimilable, d'une richesse déjà non négligeable en certains éléments, mais que nous pouvons enrichir de façon à faire de sa matière humique un support très intéressant pour les éléments fertilisants d'origine chimique que nous consommerons en suite.

Nous allons même voir qu'en dehors de cet enrichissement utile ou nécessaire, cet engrais restituera au sol une partie très notable des exportations de nos récoltes vinicoles en ces mêmes éléments fertilisants, de telle sorte que nous n'aurons à combler qu'un déficit relativement minime, si nous savons utiliser ces sous-produits au lieu de les abandonner à la décomposition lente naturelle dans les fossés des grandes routes ou dans les terrains vagues voisins de nos fermes, au détriment de l'odorat de nos contemporains et des végétations avoisinantes.

Il y a, en effet, dans beaucoup de ces résidus, dans le plus abondant surtout (le marc), des éléments chimiques nuisibles à cette décomposition naturelle, qui font que leur transformation en fumier est généralement lente, mal odorante, et souvent nuisible aux plantes. Ces éléments fâcheux ne sont autres que l'acidité et les composés tanniques de ces produits. Cette acidité est bien due surtout à des acides *organiques*, mais à des acides organiques assez énergiques pour que la fonction acide y soit nettement nuisible aux ferments ordinaires du fumier.

On a observé depuis longtemps que l'urine des herbivores, base du purin, qui accompagne toujours nos fumiers, est un liquide qui est ou devient (1) au contraire alcalin *presque dès son origine*, et que c'est sous l'influence de cet alcalinité que la paille et autres résidus constituant nos litières se transforment, par fermentations plus ou moins ammoniacales, en matières noires constituant finalement l'humus.

Si, par un artifice quelconque, on empêche ces fermentations franchement ammoniacales de l'urine des herbivores, cette transformation ne se fait plus, ou se fait mal, par fermentations exceptionnelles dégageant des odeurs particulières, désagréables par rapport à celle, qui n'est pas toujours agréable d'ailleurs, du fumier normal, et depuis longtemps l'on se doutait que c'était cette acidité et le tannin qui nuisaient à la transformation des marcs en fumier. Les résidus de la vinification avaient donc comme engrais la plus mauvaise réputation. On retrouvait le marc et les pépins indécomposés bien après leur utilisation, ou bien on remarquait que le marc empêchait ou retardait la formation du fumier dès qu'il était mélangé dans une proportion quelque peu importante aux excréments des nos animaux domestiques.

Aussi nos pères avaient-ils pris plus ou mois la coutume de le brûler (2), et encore, après cette combustion, étaient-ils embarrassés

---

(1) Grâce au développement, spontané dans les urines, du micrococcus urae, organisme universellement répandu dans la nature.

(2) C'est ainsi que les distilleries des Pyrénées-Orientales brûlaient jadis d'énormes quantités de marcs distillés, au détriment de l'agriculture locale, perdant tout son azote et une partie de son acide phosphorique. L'alcalinité des cendres obtenues avait par-

des cendres, dans lesquelles on ne trouvait pas beaucoup d'éléments fertilisants fixes (acide phosphorique et potasse).

Ils sacrifiaient donc complètement cette matière organique azotée, si utile à nos terres méridionales et qui devient de plus en plus rare et recherchée maintenant.

Les choses ont marché ainsi malheureusement jusqu'au moment où notre sympathique Doyen de l'Œnologie méridionale, M. Roos, a eu l'idée toute normale de faire subir à ces résidus acides de la vinification une saturation et une fermentation préablables, susceptibles de les transformer en véritable fumier, comme nous faisons de nos litières et de tous débris végétaux divers lorsque nous les transformons en composts (1).

Naturellement, comme toutes les idées simples, celle-ci a eu à lutter dès le début contre l'incrédulité générale des propriétaires : c'était, en effet, trop simple, et cela leur paraissait insuffisant à rendre le marc assimilable. Mais après une ou deux expériences personnelles les intéressés ont été conquis, à tel point qu'aujourd'hui certains d'entre eux *achètent* des marcs pour compléter leur production et fabriquer eux-mêmes leurs engrais.

Il tend même à se créer maintenant une industrie locale, ayant pour but cette fabrication en grand, pour pouvoir vendre à la propriété les résidus ainsi traités et transformés en engrais organiques humiques, plus ou moins riches en éléments fertilisants. Le but de la présente communication sera précisément de montrer aux viticulteurs, l'intérêt qu'ils peuvent avoir à être leur propres industriels en cette matière, car chaque fois qu'une pratique agricole sort de la ferme, pour passer dans l'industrie, et revient à la ferme il y a forcé-

---

fois brûlé quelques racines, augmentant ainsi la mauvaise réputation du marc comme engrais, malgré leur richesse relative (10,5 o/o d'acide phosphorique et 17 o/o potasse environ) selon Degrully.

(1) En réalité, Roos avait eu quelques précurseurs dans cette voie, car rien, hélas ! n'est *totalement* nouveau sous le soleil. Déjà Muntz et Girard avaient préconisé de faire des compost avec du marc et de la chaux Et vers 1845, un nommé Jauffret avait essayé de lancer un fumier artificiel à base de paille, roseaux, fougères, etc..., arrosés de purin artificiel ou naturel. J'ai moi-même, comme élève de Roos, associé souvent ainsi la chaux et le purin en vue de transformer tous résidus végétaux, balayures, etc... en composts susceptibles de remplacer le fumier fait auprès de mes Consultants. Mais mes recherches bibliographiques me portent à croire que Roos fut le premier à associer les deux pour l'application aux marcs de raisin, et à obtenir la réalisation pratique de cette transformation pour ainsi dire artificielle des matières organiques acides en substances humiques.

ment perte d'argent pour l'agriculteur, l'Industrie étant obligée de prélever une dîme de fabrication et un bénéfice au détriment de l'Agriculture.

Or c'est là une petite fabrication qui pourrait parfaitement conserver son caractère rural comme celle du fumier, surtout aujourd'hui que, par l'association coopérative, les viticulteurs arrivent aisément à se grouper et à grouper leurs productions en des centres de vinification, distillation, ou transformation quelconque.

Mais voyons d'abord de quel ordre est l'intérêt que cette récupération des marcs peut présenter : j'ai groupé ci-dessous (voir tableau) à peu près tous les chiffres sérieux que la littérature scientifique a pu me fournir sur la composition :

1° Des marcs frais, humides et secs, distillés, lavés ou non, et de leurs constituants ;

2° Des produits en lesquels les Coopératives actuelles scindent ces marcs, lorsqu'elles exploitent à part les pépins ;

3° De ces résidus traités selon le procédé de Roos ;

4° D'un produit analogue fabriqué par un industriel des environs de Montpellier, que ce producteur a bien voulu me communiquer.

De l'étude de ces chiffres on peut tirer d'abord quelques conclusions générales :

1° Qu'il s'agit de produits plutôt pauvres en éléments fertilisants, se rapprochant assez du fumier moyen des agronomes, mais environ deux fois plus riches en azote, élément aujourd'hui très cher.

Cependant j'ai taché de noter l'humidité correspondante chaque fois qu'il était possible, et on voit combien elle est considérable. Elle se rapproche sans toutefois l'atteindre, de la moyenne admise pour le fumier fait. Si l'on en tient compte (partout où il y a O sur le tableau) on voit combien les chiffres se relèvent immédiatement, surtout pour l'azote. Et l'on charrie souvent au loin aujourd'hui des engrais pas plus riches, mais bien plus pauvres en *humus*, sur lesquels on se méprend par ignorance de leurs teneurs exactes et de la valeur relative des transports !

2° Que la moisissure et l'échauffement paraissent moins nuisiblee qu'on ne croit généralement à la conservation de l'azote naturel de cet engrais ;

3° Que le lavage n'enlève rien ou à peu près de l'azote et de l'acide phosphorique du marc ;

TABLEAU
des compositions en poids pour cent des engrais de marc

Compositions avant tout traitement ;

	Humidité	Azote	Ac. Phosph.	Potasse	
Ensemble marc frais moyen.	60 à 66	0.5 à 1,0	0,2 à 0,4	0,5 à 0,7	Chimistes différents
Autre ensemble marc frais moyen....................	60 à 66	1 à 1,7	0,25 à 0,4	0,45 à 1,6	
Autre ensemble...............	Humide	0,7 à 1,3	0,1 à 0,5	0,7 à 1,2	Hubert.
Marc moyen..................	0	3,3	0,25	2,7	Müntz-Girard.
Marc moyen des Pyr.-Or....		0,7	0,2	0,52	Müntz.
— —	0	2,25	0,66	1,25	—
Autre marc.................	75	0,6	0,11	0,45	Petermann.
Autres marcs...............	60 à 77	0,8 à 1	0,14 à 0,3	0,3 à 0,6	Müntz et Girard, Garola, Paturel, etc.
Ensemble marc lavé (diffusion)	66	0,8	0,3	0,2	
Rafles	63	0,55	0,2	1,9	
Pépins.....................	60	2,3	0,7	0,5	
Pépins écrasés.............	0	2,3	0,66	0,80	Ventre.
Résidus fournis par les Coopératives actuelles :					
Pulpes de marc, moyenne...	Humide	2 à 2,5	0,15 à 0,20	0,5 à 0,6	Roos, Astruc.
— (sélection)..	—	3,1			Roos.
— dit terreau.	0	2,7 à 5,23	0,75 à 1,41	1,33 à 1,98	Roos, Astruc.
Terreau de marc............	0	4	0,96	2,3	—
— (fin)	0	3,2			Roos.
— (fin et échauffé).	0	3,15			—
Tourteau de pépins.........		2,8	0,65	0,80	Ventre.
Pépins non distillés..........	secs	1,47			Roos.
Pépins distillés..............		0,93			—
— mais échauffés.		0,84			—
Pépins déshuilés.............	0	1,32 à 1,72	Tr. à 0,32	0,86 à 1,1	Roos, Astruc.
Pépins déshuilés { Chiffres extrêmes	secs	0,95 à 2,3	0,37 à 0,72	0,6 à 0,94	—
{ Moyennes.	secs	2	0,5	0,75	
Résidus traités selon Roos :					
Ensemble marc moyen...... { humidité		0,81	0,52	1,35	Astruc.
—		1,54	0,65	1,97	—
—		0,84	0,95	0,91	—
	60,5	1,02	0,42	1,50	—
	78	0,57	0,3	0,4	Paturel.
— —	0	2,63	1,35	1,84	—
— —	40 à 59	0,87 à 1	0,6 à 1,05	0,55 à 2,1	Astruc.
Moyenne admise............	0	1,5	1,5	1,5	Roos.
Produits industriels :					
Montpellier.................	31,4	2	2,3	1,7	Astruc.
(marc non égrappé)..	0	2,32	3,35	2,48	—

100 kilogs marc non égrappé contiennent............ {	24 à 26 kilogs pépins	pouvant donner 21 à 23 kil. de tourteau de pépin à 10 o/o d'eau environ.
	40 à 46 kilogs pellicules ou terreau de marc........ { 30 à 34 kilogs râfles.	à 45-50 o/o d'humidité
100 kilogs de marc égrappé contiennent............ {	30 à 32 kilogs pépins	pouvant donner 26 à 28 kil. de tourteau de pépin à 10 o/o d'eau environ.
	60 à 65 kilogs pellicules ou terreau de marc. 5 à 10 kilogs débris râfles persistants.	à 45-50 o/o d'humidité

Le marc égrappé représente donc 66 o/o seulement en poids environ du marc total (1/3 au moins).

On compte selon cépages et années :

Par hectolitre vin récolté....... { 13 à 20 kilogs marc total.

{ 9 à 13 kilogs marc égrappé.

4º Que l'élément le plus riche est la pellicule ; le pépin ne vient qu'ensuite, malgré ce qu'on aurait pu croire *a priori* ; enfin la grappe paraît contenir peu d'éléments fertilisants ;

On peut donc considérer l'égrappage comme enrichissant plutôt le marc à ce point de vue ;

5º Que le compost Roos peut être encore utilement enrichi en éléments fertilisants, soit en partant des produits plus ou moins sélectionnés et plus riches créés par les procédés actuels de traitement dans les Coopératives, soit par une addition préalable plus copieuse d'adjuvants fertilisants, soit par une dessication plus avancée du produit fabriqué.

Cependant il peut y avoir ici une limite qu'il ne faudrait peut-être pas franchir, la dilution pouvant être utile à la conservation intégrale de l'ammoniaque, comme dans le fumier d'ailleurs. C'est peut-être pour cela que des produits vendus pour 15 à 20 d'humidité en contiennent 30 ? En tout cas la bonne fermentation exige que le produit titre 50 à 70 o/o d'eau, tant qu'il est en meules de fabrication.

Nous voyons qu'en somme l'on peut pratiquement retirer des marcs, soit entiers, soit égrappés — ou des tourteaux de pépins et terreaux de marcs — par le traitement de M. Roos, un engrais très humique, pouvant remplacer avantageusement le fumier, et plus riche que celui-ci, pouvant aisément titrer à l'état humide de 2 à 3 o/o de chacun des éléments fertilisants. Si on part de matières ayant déjà cette teneur en azote, comme il paraît aisé d'après certains chiffres, on n'aura donc qu'à ajouter un peu d'acide phosphorique et de potasse, éléments les moins chers.

A cette teneur, il en faudra 4 à 6 fois moins que de fumier frais, et l'on économisera beaucoup de transports par rapport à celui-ci, dont le moindre des inconvénients est d'obliger à charrier des masses énormes d'eau *pour bien peu d'éléments fertilisants*. Mais on conservera l'avantage d'apporter au sol autant d'*humus*, précieux dans toutes nos terres, surtout dans celles qui sont fortes et qui ont besoin d'être assouplies, ameublies, divisées, aérées, où le fumier devient ainsi un amendement indispensable au maintien de la fertilité. Et l'on s'infestera de beaucoup moins de mauvaises herbes qu'avec le fumier, réceptable d'une foule de graines, tandis qu'on aura moins de terre à remuer pour enfouir l'engrais, la masse étant bien moindre.

Mais pour cela il faut qu'il y ait eu fermentation préalable de ces sous-produits *avec* les adjuvants fertilisants ou fermentatifs préconisés par Roos, et non pas simple mélange comme le font certains industriels. Sans quoi il est évident que le mélange peut se dissocier sous l'influence des manipulations ou des pluies et, le marc gardant son acidité, tout se passerait comme si on avait répandu ce marc à part, en même temps qu'un peu d'engrais phosphatés et potassiques. Le but serait ainsi totalement manqué, un tel épandage de marc conservant tous ses inconvénients.

Évaluons maintenant ce qu'on peut ainsi restituer économiquement au sol des éléments fertilisants exportés par nos récoltes vinicoles.

Prenons le cas d'une vigne d'aramons produisant dans les 100 hectolitres à l'hectare. Les Auteurs ont fourni des chiffres assez variés jusqu'ici, entre lesquels il serait difficile d'opter sans un guide éclairé. Mais mon éminent Maître, M. Lagatu, a bien voulu me conseiller, et nous croyons être assez dans le vrai en adoptant les chiffres suivants, à savoir qu'une telle récolte emporte par hectare dans les

$$70 \text{ K. } 5 \text{ d'azote}$$
$$19 \text{ K. d'acide phosphorique,}$$
$$73 \text{ K. de potasse.}$$

Supposons que notre compost de marc Roos titre 2,5 o/o de chaque élément fertilisant en moyenne, comme dit ci-dessus — et que nous ayons adopté la rotation proposée par Lagatu et généralement admise aujourd'hui, de trois ans pour l'alternance des fumures organiques et des fumures chimiques sur la même vigne — nous aurons pour fumer un hectare le marc correspondant à 300 hectol. de vin, soit, en prenant la moyenne de 16 kilos de marc pressé par hectolitre.

$$16 \times 300 = 4.800 \text{ K}^\circ \text{ de marc}$$

que nous pouvons arrondir largement à 5.000 K^{os} en tenant compte du foisonnement ultérieur du poids par apports d'eau, phosphates et sels de potasse, pendant la transformation.

Ces 5.000 K^{os} contiendront 125 K^{os} de chaque élément fertilisant, c'est-à-dire beaucoup plus qu'il n'en faut pour fumer très copieusement chaque année par conséquent le tiers du vignoble à l'engrais organique. Il y aurait même gaspillage en ce cas, surtout pour l'acide phosphorique, et on pourrait ainsi fumer tous les ans plutôt que tous les 3 ans à l'engrais organique, ce qui n'en vaudrait que mieux, main-d'œuvre à part.

En ce cas de la fumure annuelle nous n'aurions plus pour 1 hectare que les 1.600 K^os de marc correspondant aux 100 hectolitres récoltés sur cet hectare, lesquels restitueraient au sol 40 K^os environ de chaque élément, ce qui serait déjà trop pour l'acide phosphorique. Il faudrait alors ajouter peu d'azote et de potasse pour compléter la restitution. On peut donc dire, sans exagération aucune, que l'on peut, rien qu'avec les éléments fertilisants de ce compost (dont l'azote n'a presque rien coûté), économiser les 4/7mes de la fumure annuelle — ou fumer *gratuitement* très copieusement, *tous les deux ans*, avec un engrais organique contenant 40 o/o environ de son poids d'humus (1), c'est-à-dire 2 fois plus riche en humus que le fumier de ferme habituel.

Ce calcul s'améliore encore si nous tenons compte des autres sous-produits de la vigne mélangeables au marc.

Il en est un, par exemple, où s'insolubilise une bonne partie de l'azote du moût et du vin que nous exportons, et rien ne nous empê-cherait à priori d'en faire faire un meilleur retour au sol si nous le voulions bien. Je veux parler des lies des deux premiers soutirages, lesquelles contiennent toutes les levures qu'engendre la fermen-tation. Or la levure est riche en azote, et l'on peut dire qu'elle collecte presque tout l'azote soluble assimilable du moût, n'en laissant dans le vin que des quantités infimes.

Ces lies représentent, à l'état sec, après détartrage, 1 o/o environ du poids du vin, et contiennent 80 o/o de matières organiques, dont *4 à 5 o/o d'azote*, 0.2 à 0,5 o/o d'acide phosphorique, et 0,2 à 0,5 o/o de potasse. Les cent hectolitres récoltés sur un hectare peuvent donc en fournir 100 K^os, c'est-à-dire quelques kilogs de plus de ces éléments fertilisants. Il nous suffira donc de jeter sur notre tas de marc en décomposition les lies correspondantes, après les avoir détartrées et neutralisées (2), pour réaliser ce petit appoint non négligeable d'azote et d'humus par hectare.

---

(1) Les marcs ainsi traités m'ont donné 70 à 80 o/o de matières organiques (à l'état sec tandis que le fumier frais n'en contient en moyenne que 20 o/o seulement.

(2) A la chaux, ou plus simplement en les délayant dans le purin artificiel destiné à l'arrosage du marc. Ajouter en ce cas un peu plus de chaux.

Nous avons même démontré en 1905 (1), M. Roos et moi, que l'azote des tourteaux de lie, vendus alors à vil prix par les tartriers, aux marchands d'engrais surtout (2) — valait bien mieux que sa réputation comme assimilabilité, même sans aucune préparation humique préalable (Valeur 60 fr. les cent K°ˢ actuellement).

Les lies de collage, provenant de matières azotées ajoutées au vin, peuvent également être jetées utilement au tas de marc, ainsi que les cendres de sarments dont on parlera plus loin.

Bref, nous pouvons ainsi effectuer gratuitement désormais le retour au sol de plus de la moitié des éléments fertilisants exportés par nos récoltes de vin, ce qui soulagerait d'autant nos dépenses fumures, à une époque où le prix des éléments fertilisants et les aléas de la culture rebutent bien des propriétaires.

On peut en effet coter l'azote d'un tel engrais à son prix actuel dans la corne par exemple (3) . . . . $2,5 \times 10,75 = 26,85$

L'acide phosphorique plus ou moins combiné à la matière organique (4), un peu plus cher que dans les phosphates bruts et les scories... $2,5 \times 1,5 = 2,75$

La potasse également (4), un peu plus cher que la sylvinite riche. . . . . $2,5 \times 1,0 = 2,50$

Valeur des cent Kil. 32,05

Or les propriétaires qui opèrent eux-mêmes la transformation sur des marcs *achetés* 70 à 80 frs. la tonne estiment le prix de revient de la main-d'œuvre à 4 fr. les cent kil. seulement, charrois en plus !

On voit la marge énorme d'économies ainsi réalisables sur le prix de revient des fumures, et l'on comprend que cette transformation ait tenté quelques industriels ou entrepreneurs — ainsi que les fabricants d'engrais, qui se jettent de plus en plus sur les résidus de nos coopératives de distillerie et d'huilerie de pépin. En ce cas ces sous-produits de la vigne reviennent bien à la terre, mais majorés du bénéfice industriel que les producteurs n'ont pas su garder pour eux.

------

(1) Voir « Progrès Agricole » (2ᵉ semestre 1905).
(2) Ce qui est une indication sur leur destinée future !
(3) L'azote du sang et du tourteau nous paraissant actuellement trop majorés.
(4) Ces corps y semblent en effet combinés à la manière organique, puisqu'on les retrouve dans les marcs qui ont subi la macération chlorhydrique pour extraction du tarte de chaux.

Et cependant rien ne serait plus facile, dans le cas des Coopératives par exemple, qui pourraient abaisser encore leurs prix de revient en s'organisant pour travailler très en grand (1), en achetant leurs adjuvants par wagons complets, en réduisant leurs charrois ou manutentions au minimum, et en utilisant leur main-d'œuvre aux moments de l'année où la distillerie et l'huilerie chôment, ce qui est un bon moyen d'occuper et de retenir les bons ouvriers. En de telles installations on peut même perfectionner le travail actuel en vue de cette utilisation finale, en faisant jouer le pressoir par exemple beaucoup plus tôt, ce qui faciliterait l'extraction et la conservation du pépin (marcs traités à demi-sec), et éviterait une partie des séchages séparés actuellement nécessaires.

Les râfles peuvent être alors utilement extraites, à la fois pour enrichir le produit fabriqué et pour en assurer le séchage gratuit par leur combustion, avec utilisation des cendres (2).

De telles coopératives feraient facilement ristourne de ces engrais à leurs adhérents au prorata de leurs apports, en leur comptant ce produit au prix coûtant de revient.

En réalité il y en a qui sont rentrées dans cette voie, et leurs adhérents se disputent déjà leur production. Mais la plupart se bornent encore à rétrocéder aux Coopérateurs qui en veulent leurs terreaux de pulpes et leurs tourteaux de pépin à raison de 5 fr. les 100 K° (ils contiennent pour 7 à 12 fr. d'éléments fertilisants naturels, (d'après leur composition)). C'est évidemment une excellente affaire déjà pour les coopérateurs avisés qui savent en profiter, mais j'estime que l'œuvre de la Coopérative ne devrait pas s'arrêter là, et qu'elle devrait se prolonger jusqu'au produit *fini*, sorte de fumier artificiel à 2 ou 3 o/o d'éléments fertilisants, tel que nous l'avons envisagé pour remédier à la crise actuelle des fumiers naturels et des fumiers organiques dans les pays viticoles, crise qui ne peut que s'intensifier encore avec le développement de la traction mécanique ou électrique en Agriculture.

* *

J'ai voulu encore me rendre compte du degré d'assimilabilité relative qu'il fallait accorder à cet engrais par rapport à ceux que nous

---

(1) La Catalane, de Perpignan, en produit déjà pour plus d'un millon de kilogs par an !
(2) II,8 o/o d'acide phosphorique, et 14,25 o/o de potasse.

connaissons déjà. Et comme rien de sérieusement comparatif ne me semblait encore avoir été fait dans cette voie, j'ai organisé à la Station un essai en pots — pots de plusieurs mètres cubes d'ailleurs, dits cases de végétation — dans lequel j'ai comparé, à doses rigoureusement égales d'éléments fertilisants, les engrais ci-dessous.

Pressé par la date de ce Congrès j'ai interrogé non la vigne (c'eut été beaucoup trop long), mais une plante annuelle, à végétation rapide, la moutarde, qui est un peu pour nous comme le cobaye pour les physiologistes. Et voici le tableau des résultats que je viens d'enregistrer, en rapportant mes poids au témoin, supposé avoir produit 100 kilos de récolte :

Cases ayant reçu	Pesée en sec	Ordre de classement
Rien, témoin..............	100	8
Cyanamide...............	133	7
Engrais industriel de marc..	151	6
Terreau de marc...........	155	5
Phosphate d'ammoniaque...	166	4
Tourteau de sésame.........	166	3
Tourteau de pépin.........	173	2
Nitrate de soude..........	177	1

D'où l'on peut conclure que :

1° Les engrais de marc (terreau de pulpes et tourteau de pépin), non traités cependant selon Roos, se sont comportés à peu près comme un sel d'ammoniaque et un nitrate ;

2° Ils se sont montrés bien supérieurs à la cyanamide, analogues dans l'ensemble à un tourteau de sésame, et relativement peu inférieurs au nitrate de soude.

On ne pouvait guère leur demander mieux ! quand on réfléchit à la lenteur d'assimilation du fumier (qui dure souvent plusieurs années) et à la rapidité de cette expérience, d'ailleurs très soignée.

Le résultat n'aurait pu que s'améliorer encore si ces produits avaient été préalablement transformés en matières humiques par le procédé Roos.

Par ailleurs, M. J. Bache, administrateur de la Catalane à Perpignan, a fait ces mêmes essais en grand dans ses propriétés 1923

1924, sur vignes, abricotiers, betteraves et artichauts. Et dans le compte rendu que j'ai sous les yeux on peut lire que :

1° Sur vignes, à raison de 10 tonnes à l'hectare, malgré la lenteur (que je n'ai pas constatée) propre aux fumures organiques, l'effet sur la végétation comme sur la récolte fut remarquable, la place où l'engrais fut enfoui se trouvant marquée par un chevelu surabondant de racines ;

2° Sur abricotiers les fruits furent plus gros et plus tardifs, d'où plus value de 80 à 100 %, et poids double de récolte sur la partie ainsi fumée ;

3° Sur betteraves les résultats donnés par le tourteau de pépin furent bien supérieurs à ceux donnés par le fumier de cheval ;

4° Sur artichauts la surproduction de cette fumure fut moins marqué à l'automne, mais promettait beaucoup pour le printemps suivant.

Et l'Observateur conclut que cet engrais n'a qu'un tort : c'est d'être cédé trop bon marché aux Coopérateurs, lesquels seraient portés à l'apprécier bien davantage s'ils le payaient trois ou quatre fois plus cher !

*

Je ne crois pas avoir à insister ici sur le mode de fabrication, maintes fois décrit déjà dans les périodiques ou les tracts de nos Offices agricoles (1). J'insisterai simplement sur la nécessité absolue de la fermentation préalable de la masse, bien tassée d'abord, son arrosage régulier au purin (naturel ou artificiel), son recoupage à mi-travail, sa conservation à l'état ni trop sec, ni trop humide, et son emploi dans les deux ou trois mois qui suivent sa fabrication. Si on substitue aux scories indiquées par Roos comme adjuvant phosphaté les microphosphates préconisés par certains fabricants, il sera bon de doubler au moins la dose de chaux du purin artificiel, et même d'en ajouter en saupoudrages pendant l'édification du tas, l'élément alcalin jouant ici un rôle prépondérant.

Le produit s'emploiera comme le fumier, c'est-à-dire par enfouissement, à une dose variant de 2 à 3 kilogs par pied de vigne, selon richesses.

Il est à action lente comme le fumier, pouvant nourrir deux à trois végétations. C'est pourquoi on peut économiser la main-d'œuvre, en

____

(1) Néanmoins, à titre documentaire, on trouvera ci-après la réimpression du procédé, avec tous détails utiles.

en employant davantage à plus longs intervalles (deux ans environ). Comme le fumier il améliorera beaucoup les terres compactes, souffrant de la sécheresse, dans lesquelles il disparaitra plus lentement qu'en terres légères (1). Il convient tout particulièrement aux alluvions *argilo-calcaires* de nos plaines viticoles, à condition de ne pas l'enfouir trop tard, mais avant les grosses sécheresses.

Son équivalent comme engrais azoté sera de 20 (pour 2,5 d'azote), c'est-à-dire que 20 kilogs feront à ce point de vue autant d'effet que 100 kilogs de fumier de ferme.

** **

Pour en terminer avec les sous-produits de la vigne nous devons ajouter ici quelques mots de tout ce qui n'est pas le marc, hormis les lies.

Au sujet des feuilles je serai bref, parce que lorsqu'elles tombent normalement elles ne contiennent presque plus rien d'utile à la plante, les éléments fertilisants ayant peu à peu émigré presqu'en *totalité* dans les sarments et le corps du cep. Et de fait, leurs cendres (8 o/o des feuilles sèches) ne sont guère riches qu'en chaux et magnésie ! On peut d'ailleurs soutenir que les feuilles ne sont pas exportées mais restent sur le fond, ou y retournent avec le crottin des moutons par lesquels on les fait parfois paitre en arrière-saison. En réalité, lorsqu'il n'y a pas pâture, le vent les accumule dans les fossés, et le peu qu'elles contiennent échappe à la restitution. Ce peu est tel qu'il n'y a pas lieu de s'en préoccuper...

Il n'en est pas tout-à-fait de même des sarments, sous-produits aujourd'hui encombrants et coûteux de nos vignes. Ils contiennent environ 50 o/o d'eau au moment de la taille, et titrent seulement en sec :

> 0,54 à 0,75 o/o d'azote
> 0,23 o/o d'acide phosphorique
> 0,94 o/o de potasse.

En cet état ils sont très longs à décomposer, même si on les coupe en menus fragments. On obtient un résultat plus rapide en les broyant pour les utiliser d'abord comme litières; mais leur proportion de matières organiques convertissable en humus n'en vaut guère la peine,

---

(1) Comme les tourteaux dans nos sables littoraux.

au point de vue auquel nous nous plaçons ici. Et le mieux serait peut-être de les brûler lorsqu'ils deviennent trop encombrants (2,0 o/o de cendres), bien que ces cendres soient relativement pauvres (10,2 o/o d'acide phosphorique, et 21,5 o/o de potasse) en éléments fertilisants. Mais leur richesse en alcalins (chaux, magnésie) permettra de les répandre utilement sur le tas de marc en fermentation.

Cependant Michel PERRET réussit en 1878, sur les conseils de GRANDEAU, à les convertir en fumier par un procédé analogue à celui de Roos, mais en arrosant avec du purin naturel. Le produit obtenu était d'ailleurs aussi pauvre que le fumier de ferme, et l'on voit à sa composition qu'aujourd'hui le jeu n'en vaudrait certainement pas la chandelle.

Enfin les vinasses de distillerie peuvent ajouter encore à la restitution leurs éléments fertilisants, si on les utilise sur les vignes *voisines* du lieu de production, au lieu de les envoyer croupir dans les fossés, infecter les abords de nos villages, ou empoisonner plus ou moins nos modestes cours d'eau. Encore se fait-on souvent illusion sur la valeur fertilisante des dépôts qu'elles peuvent fournir par certains traitements d'épuration, ainsi que j'ai eu l'occasion de le constater tout récemment. Mais leur potasse pourrait ainsi faire utilement retour aux végétaux, c'est certain, et après neutralisation ces irrigations ont toujours été productrices quand on les a essayées.

Fabrication de l'engrais de marc Roos

AVEC LES MARCS DE RAISINS PRESSÉS, DISTILLÉS OU LAVÉS

Sur un emplacement horizontal — à défaut d'une plateforme cimentée entourée de rigoles aboutissant à une fosse à purin, également cimentée, sous un hangar, etc... comme il le faudrait — tasser le marc à traiter sur une première couche de 25 centimètres d'épaisseur. On tassera aussi fortement que possible (en roulant dessus un demi-muid plein d'eau au besoin), de façon à obtenir la densité normale de 800 kgs au mètre cube. On peut ainsi loger 10.000 kgs de marc par couche de 0 m. 25 d'épaisseur sur 50 mètres carrés de superficie.

Il est bon, s'il s'agit de marcs diffusés ou lavés, de les laisser s'égoutter 36 ou 48 heures avant de faire cette stratification.

On répand à la surface de ce marc ainsi tassé, et à la volée, 2 o/o de chaux ordinaire blutée ou de chaux magnésie — ou bien 4 o/o de scories de déphosphoration — ou bien 4 o/o de phosphate naturel très finement moulus (microphosphates) — ou bien 3 o/o de phosphate précipité (1). Mais jamais de superphosphate.

On pourra y joindre aussitôt, ou plus tard, au moment du recoupage du tas, 3 o/o de chlorure de potassium — ou 7 à 8 o/o de sylvinite — ou 3 o/o de sulfate de potasse. Et on commencera à arroser cette première couche avec du purin artificiel, à la pomme d'arrosoir, en employant environ 15 litres par 100 kgs de marc traité. Si le marc était très sec (marcs simplement pressés) on en utiliserait le double. Cela de façon à imbiber du mieux possible cette première couche, surtout si on est organisé pour recueillir l'excès de purin qui pourrait couler, dans une citerne ou une fosse ad hoc.

Ce purin artificiel se prépare en dissolvant 3 kgs de sulfate d'ammoniaque dans 100 litres d'eau, et en ajoutant à cette eau 1 kg. 1/2 de chaux blutée *fraichement éteinte*. Si cette chaux est un peu vieille on peut doubler la dose sans inconvénients, mais il faut éviter d'employer de la chaux carbonatée.

Avec les marcs diffuses et lavés très humides on peut utilement tripler ces doses de sulfate d'ammoniaque et de chaux, parce qu'on ne pourra pas employer autant de purin et qu'il faudra par conséquent user d'un purin plus concentré.

Si même an pouvait éteindre de la chaux vive au fur et à mesure des besoins pour fabriquer ce purin, cela ne vaudrait que mieux ; mais il faudrait alors avoir le soin de n'ajouter le sulfate d'ammoniaque qu'après refroidissement du lait de chaux ainsi obtenu. On brasserait ensuite énergiquement à plusieurs reprises pour dissoudre le sel d'ammoniaque, de façon à avoir un purin artificiel aussi actif que possible.

Ce purin peut être préparé à l'avance dans des demi-muids ou dans un bassin couvert surélevé, un peu comme il est d'usage dans certaines propriétés, pour faire et charger les bouillies cupriques commodément, de façon à rendre les arrosages du marc aussi aisés et rapides que possible (économie de main-d'œuvre).

Sur cette première couche de marc ainsi traitée on en forme une seconde de même épaisseur, que l'on tasse également, que l'on saupoudre des mêmes ingrédients dans les mêmes proportions, et qu'on arrose exactement comme la première lorsqu'elle est terminée.

Puis on superpose une troisième, une quatrième couche, etc... et lorsqu'on a utilisé tout le marc, qu'on a fait les derniers arrosages

---

(1) Le poids de ces substances pourra être basé sur l'évaluation ci-dessus du poids du marc tassé.

de la couche supérieure, on recouvre le tas de 5 à 10 centimètres de terre, argileuse de préférence, et on abandonne ce tas à la fermentation spontanée, qu'on laisse agir 4 à 6 semaines, sans se préoccuper de l'élévation de la température et des dégagements gazeux qui peuvent se produire. On remonte de temps en temps le purin écoulé sur le tas — on l'arrose de purin frais à nouveau.

Au bout de ce laps de temps on recoupe le tas transversalement et on le reforme un peu plus loin, de façon à mélanger les différentes couches et à mieux répartir les produits ajoutés.

Une fois le tas réédifié, la fermentation un instant arrêté reprend, bien qu'avec moins d'activité, et le marc devient très friable.

Au besoin, pendant cette réédification du tas, si on voyait le marc trop sec déjà, il serait bon de faire encore quelques arrosages au purin artificiel, lorsque le tas est complètement remonté, avant de remettre la terre tassée par dessus.

Six semaines après cette réédification du tas, la fermentation doit être terminée et le marc utilisable. Sa transformation en engrais est complète, intime, et le chargement sur tombereaux ou charettes pour l'emploi achèvera l'homogénéisation de cet engrais.

D'après L. Roos.

Fabrication d'un compost (1)
susceptible de remplacer ± le fumier fait :

Étager sur une plateforme cimentée entourée de rigoles aboutissant à une fosse à purin également cimentée — le tout situé si possible sous un hangar, si on se trouve sous un climat pluvieux — des lits successifs de matières organiques résiduelles diverses, telles que : balayures, TOURBE, chiffons de toute nature, sciures, fanes et feuilles de plantes fauchées quelconques, roseaux de marais, pailles grossières, fumiers divers, appaillages de cours de ferme, feuilles et herbes sèches, etc…, etc… en saupoudrant chaque lit de quelques centimètres d'épaisseur de poudre fine d'os verts ou phosphates naturels finement broyés, mélangés à volume égal avec de la chaux éteinte *fraîche*. (On peut remplacer ce mélange par des scories fines ou des phosphates précipités, et employer utilement de la chaux magnésie à la place de la chaux).

---

(1) Quand on n'a pas de marc, ou à peu près pas.

Arroser chaque lit ainsi saupoudré avec un arrosoir à pommes contenant de l'eau à 5 o/o de sulfate d'ammoniaque qui, au contact de la chaux vive ou de la chaux magnésie — ou des scories, — donnera immédiatement un purin artificiel légèrement phosphaté, très analogue à l'urine d'herbivores dans laquelle se déclarent et prospèrent les fermentations ammoniacales anaérobies qui font le bon fumier.

En recoupant le tas de temps de temps pour le remonter à côté, et en l'arrosant d'eau ammoniacale ou de son propre jus (remontage du purin), de loin en loin, on obtiendra une fermentation complète et une homogénéité suffisante dans un fumier artificiel plus riche encore que le fumier ordinaire. Le mieux sera de le faire ensuite analyser (pour la 1ʳᵉ fois) afin de pouvoir calculer la dose nécessaire par pied ou par hectare pour la culture projetée, et aussi les compléments utiles de matières fertilisantes à ajouter au moment de l'emploi si l'on veut (nitrates, superphosphates, *sels de potasse* et plâtre).

L'addition de tourbe (matière absorbante) est à recommander, et celle des sels de potasse *en fin d'opération* indispensable ; les marcs devront être *abondamment* saupoudrés de chaux éteinte ou de dolo magnésie bien fraîches ; éviter d'introduire dans les tas beaucoup de sciures, particulièrement de bois résineux, et de la terre en excès.

H. A.

M. le Président : Je remercie M. **Astruc** du rapport qu'il vient de nous présenter, dont je souligne le passage suivant :

« Le but de la présente communication sera précisément de montrer aux viticulteurs l'intérêt qu'ils peuvent avoir à être leurs propres industriels ».

Je déclare la discussion ouverte.

M. Médard a la parole et demande si les moisissures qui attaquent les marcs, diminuent leur acidité.

M. Astruc répond : Oui, mais lentement.

M. Moiset: La Catalane a préparé un projet pour la fabrication des engrais, à base des résidus de marcs travaillés pour alcool, produits tartriques, et huile dont voici les grandes lignes :

1° Accumulation au dehors des terreaux de marcs produits pendant toute une campagne ;

2° Séchage par déplacement mécanique ;

3° Pendant la période des fumures, décembre à fin février, la distillerie disposera de la totalité des terreaux produits par les marcs de la campagne précédente, elle pourra, ainsi, satisfaire les besoins des sociétaires au moment opportun ;

4º Séchage complémentaire des terreaux jusqu'à 10 o/o d'humidité et broyage très fin.

Richesse du terreaux à 10 o/o d'humidité : Azote 2,5. Potasse 0,5. Acide phosphorique 0,5, chiffres confirmés par 5 analyses provenant de 5 laboratoires différents ;

5º Formule étudiée et constituée par M. **Lagatu**, Professeur à l'Ecole Nationale d'Agriculture à Montpellier :

Azote	3
Acide phosphorique	3
Potasse...................	4

Par emploi de 650 gr. par souche cette formule apporte à la terre :

Azote....................	80 k.
Acide phosphorique......	80 k.
Potasse.................	100 k.

6º La quantité de terreau utilisée par 1000 k. d'engrais est de 747 k.

7º Produits chimiques employés pour compléter le terreau :

      Superphosohate minéral 16/18.

      Nitrate de potasse 13 azote — 44 potasse.

      Corne moulue.

8º Le mélange sera obtenu mécaniquement par un mélangeur discontinu dont le travail sera facilité par l'importante quantité de terreau sec à 10 o/o incorporé dans le mélange ;

9º Le prix de cession aux coopérateurs sera de 20 o/o au-dessous de celui du commerce pour un engrais de mêmes titres composé avec des produits chimiques de qualité égale.

L'économie ainsi obtenue sera de 250 francs par hectare avec l'avantage important d'utiliser une formule riche en humus, non acide, rapidement absorbable, qui apportera à la terre la masse qui lui manque et qui était antérieurement fournie par les fumiers.

Personne ne demandant la parole sur la question traitée par M. **Astruc** et l'ordre du jour appelant le rapport sur l' « Industrie des tartres et la viticulture », M. **le Président** donne la parole à M. **Sémichon**, Directeur de la Station Œnologique de l'Aude.

L'Industrie des Tartres et la Viticulture

Rapporteur : M. Sémichon, *Directeur de la Station Œnologique de l'Aude*

Sous le nom d'Industrie des Tartres il faut comprendre l'industrie qui produit l'acide tartrique et ses dérivés. — Cette expression est légitimée par le fait que, longtemps, la matière première de cette industrie a été limitée aux dépôts cristallins plus ou moins impurs qui se produisent dans les vases vinaires et qu'on désigne communément sous le nom de « tartre ». Le bitartrate de potasse en est le principal constituant.

Etat naturel

L'acide tartrique se rencontre dans un grand nombre de fruits et de produits végétaux ; mais le fruit de la vigne est le seul duquel on le retire en pratique industrielle.

Les raisins contiennent surtout du bitartrate de potasse, quelque peu d'acide tartrique libre et des traces de tartrate de chaux.

A leur maturité, les raisins contiennent par 100 kilos, de 400 à 700 grammes de bitartrate de potasse et de 0 à 300 grammes d'acide tartrique libre. — L'acide libre est plus abondant dans les raisins verts ou peu mûrs, mais le bitartrate y est moindre, de sorte que l'acide tartrique total, libre et salifié, subit des écarts moindres d'un cépage à l'autre que si l'on considère séparément les écarts de l'acide libre ou du bitartrate. — Cette inégalité de répartition des deux formes des composés tartriques a son intérêt dans l'application des procédés d'extraction.

On peut tabler sur les données suivantes : Cent kilos de raisin contiennent 400 à 800 gr. de composés tartriques comptés en bitartrate de potasse.

Les quatre départements du Midi viticole produisant en moyenne 30 millions d'hectol. de vin qui proviennent d'environ 40 millions de quintaux de raisin ; à la dose moyenne de 600 gr. par quintal, c'est une quantité de 24.000 tonnes de bitartrate de potasse que la vendange apporte chaque année, soit environ 20.000 tonnes d'acide tartrique. Au prix de 8 fr. le degré, c'est une évaluation de 160 millions de francs.

Assurément on ne traite pas les raisins pour en extraire l'acide tartrique. On a mieux à en faire. Les composés tartriques sont d'ailleurs trop dilués dans cette masse énorme pour rendre intéressant un traitement industriel. Mais ils y sont inégalement répartis : les pépins en sont dépourvus, peaux et rafles en contiennent fréquemment un pourcentage plus élevé que les pulpes. Il en est ainsi pour l'aramon, le carignan, le petit-bouschet, le picpoul, la clairette, le grenache, c'est-à-dire la plupart des cépages du Midi.

C'est au cours de la vinification que les produits tartriques vont se concentrer dans certaines parties où l'industrie ira les prendre.

Les Produits tartriques au cours de la Vinification.

Vinification en blanc. — Le cas le plus simple est la vinification en blanc ou rosé qui sépare de suite par égouttage et pressage le moût et le marc doux.

Le marc doux contient rafles et peaux plus riches, et environ moitié de son poids de moût. Il retiendra proportionnellement un peu plus de composés tartriques que le moût. Si on le distille en calandres après fermentation en silo, ces produits se retrouvent dans le marc brûlé, mais, par suite de l'eau de condensation qui l'imbibe, ce marc brûlé n'est guère plus riche en produits tartriques que la vendange entière.

Le moût emporte avec lui dans les tonneaux une proportion de produits tartriques sensiblement égale à celle que renfermait la pulpe. Après fermentation, le vin blanc déposera du tartre qu'on pourra récupérer.

Quelquefois, c'est le cas dans les Charentes, le vin blanc est distillé. Depuis longtemps on y extrait l'acide tartrique des vinasses sous forme de tartrate de chaux. Ce cas spécial résulte de la grande richesse en acide tartrique libre des raisins charentais, surtout de la Folle blanche, qui en contient 250 à 300 gr. par cent kilos. Cet acide très soluble passe entièrement dans le vin et se retrouve dans les vinasses qui sont plus riches que celles de tout autre cépage.

En fait, on voit que les marcs de blanc sont en général trop pauvres pour pouvoir être traités.

Vinification en rouge. — Durant le cuvage de la vendange foulée, la macération s'opère à une température qui atteint et dépasse 30 degrés ; elle provoque une répartition à peu près homogène des produits tartriques dans toute la masse. Mais, si la chaleur de la fermentation favorise leur dissolution, la production d'alcool diminue au contraire la solubilité du bitartrate. Pour comprendre ce qui se passe il faut donc connaître ces deux influences. Quant à l'acide libre il est entièrement soluble quelles que soient température et teneur en alcool.

Voici les courbes de solubilité dans l'eau à diverses températures de l'acide tartrique libre et du bitartrate de potasse [Tableaux I et II]. Voici d'autre part les solubilités comparées du bitartrate à diverses températures dans l'eau, dans un liquide à 8 degrés et dans un liquide à 10°5 d'alcool. [Tableau III].

Cas d'un vin de plaine de 8 degrés. — Si la vendange contient 700 gr. detartre par 100 kilos, soit 7 gr. par litre, à 30 degrés tout peut se dissoudre dans le moût et la masse en macération devenir sensiblement homogène. Mais quand le vin atteint 8 degrés il ne peut plus en dissoudre que 5 gr. 7. En négligeant pour l'instant les phénomènes de sursaturation, c'est une différence de 1 gr. 3 par litre ou 130 gr. par hectolitre de vin qui va cristalliser sur le marc. Or on obtient 12 à 13 kilos de marc par hectol. de vin de plaine ; le marc va s'enrichir de 130 gr. par 12 ou 13 kilos, soit 1 kilo environ par 100 kilos ; il contenait déjà 700 gr. de tartre : il renfermera donc par 100 kilos ; 1 k. 700 de produits tartriques comptés en bitartrate de potasse. Nous avons considéré que le vin est décuvé chaud aux environs de 30°.

Cas d'un vin de coteau de 10°5. — Quand la température du cuvage atteint 30 degrés, le moût pourrait tenir en solution les 700 gr. de tartre qu'il contient naturellement. Mais le vin atteignant 10°5 ne peut en retenir que 4 gr. 6 par litre ou 460 gr. par hecto. C'est donc une différence de 240 gr. par hectol. de vin qui vont cristalliser sur les 13 à 15 k. de marc que laisse au pressoir chaque hectolitre de vin : cela donne 1 k. 750 par 100 k. de marcs, plus les 700 gr. qu'ils apportent naturellement, soit 2 k. 450 par 100 kilos

Mais on ne décuve pas ces vins à 30° ; on les laisse cuver 8, 10, 15 jours et quand on procède aux décuvaisons, vendanges finies, ils sont froids. A la température de 15 à 20 degrés, le vin de 10°5 ne retient plus qu'environ 3 gr. de tartre par litre. C'est donc 400 gr. et non 240 qui vont cristalliser sur les 13 à 15 k. de marcs et le marc s'enrichira, de ce chef, de 3 kilos par 100 kilos ; avec les 700 gr. naturels on obtiendra des marcs d'une richesse de 3 k. 700 de bitartrate par 100 kilos.

On peut donc avancer que le marc d'un vin de 10°5 décuvé froid contient plus de 2 fois plus de produits tartriques qu'un marc de vin de plaine de 8 degrés décuvé chaud.

Dans la pratique industrielle on compte aujourd'hui la richesse en tartre des marcs, non pas en bitartrate de potasse mais en tartrate de chaux cristallisé, produit qu'on obtient dans le traitement industriel des marcs. Ce sel contient 4 molécules d'eau et il en faut 260 gr. pour équivaloir à 188 gr. de bitartrate de potasse.

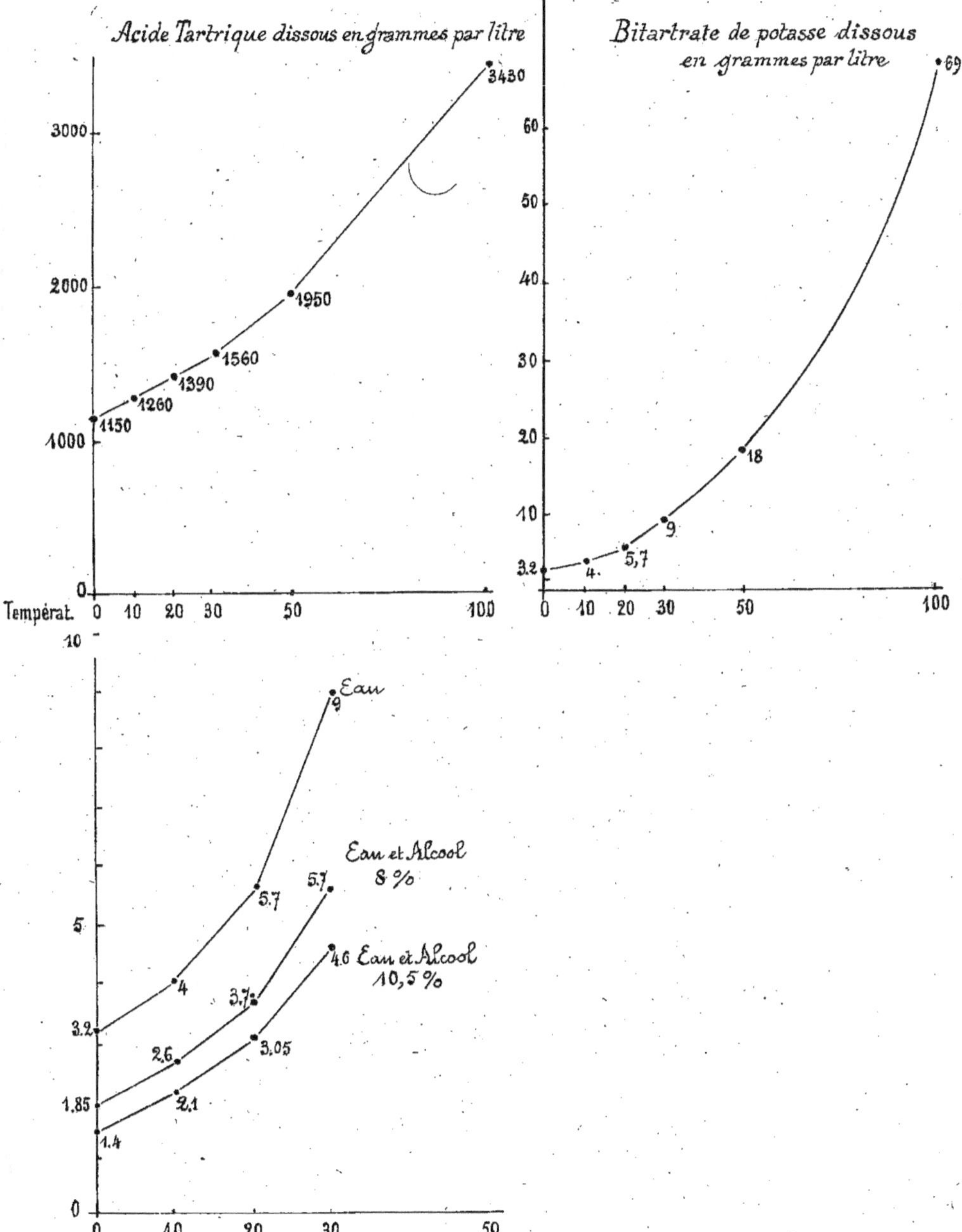

Acide Tartrique dissous en grammes par litre
Bitartrate de potasse dissous en grammes par litre
3430
3000
2000
1950
1560
1390
1260
1150
1000
Températ. 0 10 20 30 50 100
69
60
50
40
30
20
18
10
9
5,7
3.2
4.
0 10 20 30 50 100
10
Eau
9
Eau et Alcool 8 %
5,7
5.7
5
4.6 Eau et Alcool 10,5 %
4
3,7
3.2
3.05
2.6
1,85
2.1
1.4
0
0 10 20 30 50

Les données précédentes sont ainsi transformées :

Cent kilos de marc de plaine de 8° décuvés chauds renferment environ 1 k. 700 de produits tartriques exprimés en bitartrate de potasse ou 2 k. 380 comptés en tartrate de chaux cristallisé.

Cent kilos de marc de coteau de 10°5 décuvés froids renferment 3 k. 700 de produits tartriques comptés en bitartrate de potasse ou 5 k. 100 évalués en tartrate de chaux cristallisé.

C'est en effet les chiffres que l'on trouve en moyenne par l'analyse des marcs de ces origines.

Les vins des Costières, des Corbières, du Roussillon, de 12 à 13 degrés, donnent des marcs pouvant fournir 6 kilos de tartrate de chaux par cent kilos. Les marcs de mistelles et de vins doux naturels de 15 degrés peuvent même donner davantage.

CONCLUSIONS. — Ainsi cet examen sommaire nous enseigne que les vendanges tout au moins dans nos régions méridionales ne s'écartent pas beaucoup les unes des autres. Elles contiennent 600 à 800 gr. par 100 kilos de produits tartriques comptés en bitartrate. La chaleur de la fermentation est l'agent qui les dissout. Si on cuve chaud des vins de plaine, la majeure partie des produits tartriques est entraînée ; ils se cristalliseront plus tard par refroidissement dans les vases vinaires sur les parois desquels on les retrouvera. C'est la façon la plus économique de les extraire.

Si l'on attend et qu'on décuve les vins froids, le tartre cristallise sur le marc et l'enrichit d'autant plus que le vin est plus alcoolique. Le marc est alors assez riche pour qu'on puisse le traiter industriellement.

On s'explique ainsi que, dans la pratique courante, les détartreurs qui travaillent à l'abonnement et à forfait payent bien plus cher par hectolitre de contenance et par an pour détartrer les foudres d'une cave de plaine que pour détartrer ceux d'une cave de coteau ou de montagne.

Pour les mêmes raisons que nous venons d'exposer, l'extraction des tartres des marcs s'est tout d'abord implantée dans le Roussillon et les Corbières où les vins sont alcooliques, les cuvages prolongés et les décuvaisons opérées sur des vins froids.

Les matières premières de l'industrie des tartres sont ainsi naturellement concentrées :

1° Dans les tartres cristallisés sur les parois des vases vinaires ;

2° Dans les marcs riches de coteaux et des montagnes ;

Il en existe une troisième source dans les lies, surtout les lies de premier soutirage où les précipitations de bitartrate en excès sont mélangées aux dépôts de levures mortes et de matière colorante.

Notons en passant que les 30 millions d'hectolitres de vin des 4 départements du Midi qui sont consommés contiennent une moyenne de 3 gr. à 3 gr. 50 de bitartrate par litre qui ne peuvent être récupérés, soit 9 à 10.000 tonnes. Il ne reste donc sur les 24.000 tonnes que contiennent les vendanges du Midi que 14 à 15 000 tonnes récupérables dans les tartres, les marcs et les lies, soit environ 12.000 tonnes d'acide tartrique. Au prix de 8 fr. le degré, c'est une valeur de 96 millions de francs. On est très loin encore de récupérer toute cette richesse délaissée.

Nous allons examiner comment sont traitées ces trois sources de produits tartriques.

Traitement des Tartres

Les tartres bruts retirés des foudres où des cuves contiennent 75 à 92 pour cent de crème de tartre ou bitartrate de potasse.

Dans les foudres, les cristaux de tartre sont fortement agrippés au bois des douelles dont on les sépare en piquant et grattant avec des outils spéciaux. Bien des propriétaires soigneux préfèrent entreprendre ce travail eux-mêmes avec leur personnel, les ouvriers des détartreurs qui travaillent à façon occasionnant parfois des détériorations du bois, dans leur ardeur à extraire le plus possible.

Dans les cuves, le tartre ne fait qu'appliquer aux parois sans adhérer fortement ; des cloches d'air s'interposent entre le ciment et la croûte cristalline. Aussi l'extraction à chaud s'est-elle généralisée. Elle consiste à passer vivement à plusieurs reprises sur une ligne verticale la flamme d'une lampe à souder. Ce chauffage en dilatant la croûte la soulève, et on l'enlève aisément par grandes plaques. Il est nécessaire d'effectuer ce travail avec soin : si l'on chauffe trop, le tartre peut-être partiellement altéré et même il arrive que les parois des cuves peuvent être abimées.

Ces tartres bruts sont vendus aux fabricants français de tartre brut ou d'acide tartrique ou sont vendus à l'exportation.

Il ne rentre pas dans le cadre de ce rapport de décrire cette fabrication exclusivement industrielle. Il n'y rentre pas non plus de relater les luttes d'intérêts entre fabricants français et exportateurs. Je me garderai de pénétrer dans ce domaine délicat.

Mais il est utile de signaler l'extravagance des mercuriales : on y trouve la crème de tartre, produit fabriqué, cotée à 750 francs les 100 kilos, soit 9 fr. 50 le degré d'acide tartrique, alors que le tartre brut titrait 75 à 80 pour cent est coté à 2 fr. 50 le degré. Cette différence énorme n'est justifiée ni par le travail du raffinage, ni même par le travail d'extraction des tartres des vases vinaires si, comme on l'a prétendu, ce travail est déduit du prix de la marchandise dans cette cote étrange.

Il n'est pas douteux que les vignerons ont intérêt à écouler leurs tartres eux-mêmes, à les vendre en commun avec le concours de leurs coopératives. En portant aux raffineries des lots importants, ils bénéficieraient des prix bien plus élevés qu'obtiennent auprès des mêmes acheteurs les détartreurs intermédiaires.

Traitement des marcs

Si l'industrie qui travaille les tartres extraits des vases vinaires est très ancienne, ce n'est qu'à une époque plus récente qu'on a cherché à extraire le tartre des marcs.

Nous avons vu que les marcs doux provenant de la vinification en blanc ne contiennent guère plus de produits tartriques que la vendange elle-même, soit 600 grammes à 1 kilo en bitartrate ou 1 kilo à 1 k. 500 en tartrate de chaux cristallisé. — Exceptionnellement certains cépages riches en acide tartrique libre, comme ceux des Charentes, arrivent à une teneur pouvant fournir 2 kilos à 2 k. 5 de tartrate de chaux cristallisé. C'est là une dose pauvre voisine de celle des marcs fermentés des plaines du Midi décuvés chauds. Elle ne mérite pas les frais d'une installation industrielle. Le procédé indiqué pour traiter ces marcs serait l'extraction du sucre et des produits tartriques par l'eau froide ou mieux par l'eau chaude, la distillation après fermentation, et la récupération des tartres dans les vinasses.

Dans la région méridionale, on préfère laisser ces marcs fermentés à sec en silos et en récupérer l'alcool par distillation en calandres. Les produits tartriques sont perdus.

Il est bien plus intéressant de traiter les marcs fermentés qui, nous l'avons vu contiennent 1 k. 7 à 3 k. 7 de produits tartriques par 100 kilos, comptés en bitartrate de potasse, pouvant donner 2 k. 350 à 5 ou 6 kilos de tartrate de chaux cristallisé.

Ces marcs contiennent aussi de 3 à 7 litres d'alcool par cent kilogs, la teneur en alcool variant dans le même sens que la teneur en tartre.

Alcool et tartre. — On a un profit manifeste à retirer d'abord l'alcool qui représente une valeur beaucoup plus élevée. Il faut donc combiner la distillation des marcs et l'extraction du tartre.

Faisons remarquer de suite qu'on devra éviter à tout prix l'écueil qui consiste à réduire le rendement en alcool pour obtenir un peu plus de tartrate de chaux, le premier ayant une valeur double ou triple du second. C'est en effet une faute très courante. Si l'on prenait la peine, peu coûteuse, de déterminer la richesse en alcool des marcs mis en œuvre, on verrait très nettement que bien des industriels et des coopératives — je ne dis pas tous — obtiennent une recette alléchante en tartrate de chaux, sans se rendre compte que leur façon de travailler leur fait perdre en alcool une recette presque égale.

Tout le problème industriel du traitement des marcs doit donc s'établir sur ce problème de travail : *Recueillir tout l'alcool d'abord, et recueillir ensuite le tartrate de chaux qu'on pourra extraire.*

Deux méthodes se présentent pour extraire des marcs les produits tartriques : 1° Les dissoudre par la chaleur et les faire cristalliser ensuite sous forme de bitartrate ou de tartrate de chaux ; 2° Libérer l'acide tartrique de ses combinaisons par l'addition d'un acide minéral. l'entraîner par un lavage à l'eau froide et le précipiter sous forme de tartrate de chaux.

Nous allons chercher à greffer ces deux méthodes sur les méthodes usuelles d'extraction de l'alcool des marcs sans nuire à cette opération primordiale.

1° *Traitement par la chaleur*. — Il y a fort longtemps que dans les pays de marcs riches, les marcs distillés en calandres pour en retirer l'eau-de-vie ou le trois-six de marc sont repris dans des chaudières où on les fait bouillir près d'une heure avec de l'eau. On dissout ainsi la crème de tartre, qui, nous l'avons vu, est bien plus soluble à chaud qu'à froid. Ces eaux refroidies laissent déposer le tartre cristallisé dans des cuves ou sur des branchages. Les eaux-mères sont réutilisées aux opérations suivantes :

Ce procédé a des défauts :

L'acide tartrique libre, plus rare il est vrai dans les marcs de vins riches est perdu. Les eaux-mères deviennent assez vite le siège de fermentations visqueuses ou putrides et ne peuvent servir indéfiniment. Quand on est contraint de les jeter, c'est une perte appréciable. Enfin les marcs, même avec deux ébullitions ne sont pas complètement épuisés. Une troisième serait trop onéreuse en raison de la dépense de combustible.

Le procédé napolitain économise du charbon. Il consiste à conjuguer deux chaudières dans lesquelles le marc n'est plus traité à la vapeur, mais directement noyé dans l'eau. Pendant l'ébullition, l'alcool distille et le tartre se dissout. Pour le reste, mêmes défauts que ceux que je viens de signaler.

Dans le Roussillon, on rencontrait, il y a 25 ou 30 ans, des installations qui traitaient les marcs en cuves pour en extraire des piquettes à l'eau froide. Ces piquettes distillées donnaient l'alcool bon goût. Les marcs lavés étaient repris et soumis à l'ébullition en chaudières, comme nous venons de le décrire, en utilisant les vinasses.

Tous ces procédés sont voisins et présentent les mêmes défauts de pertes importantes.

Le procédé bien plus perfectionné que j'ai proposé consiste à traiter les marcs directement à l'eau bouillante, dans une série de diffuseurs hermétiquement clos, où les marcs sont complètement épuisés d'alcool, de bitartrate et d'acide tartrique libre. Ces piquettes bouillantes vont directement à la distillerie en traversant un bac jaugeur ; leur calorique est ainsi utilisé. On obtient des alcools bon goût et, dans les vinasses, on précipite les produits tartriques sous forme de bitartrate ou de tartrate de chaux. On a ainsi la totalité de l'alcool et la totalité des produits tartriques. Il faut seulement prendre la précaution, comme dans les procédés précédents d'ailleurs, de ne pas employer d'eau calcaire ou, si elle l'est, de la neutraliser avec un acide afin d'éviter la formation de tartrate de chaux qui serait immobilisé dans les marcs.

2° *Traitement à froid par les acides*. — Il y a environ 25 ans que MM. Micheloa et Julio Pons ont introduit dans le Roussillon le traitement des marcs aux acides qui consiste, en gros, à extraire l'alcool et les produits tartriques par des lavages méthodiques dans de grandes cuves avec de l'eau froide acidulée d'acide chlorhydrique. Ces piquettes acides sont traitées avec un lait de carbonate de chaux, sous forme de cristaux, lesquels se déposent dans des cuves à décantation. Les eaux alcooliques décantées vont à la distillerie et les cristaux de tartrate de chaux sont essorés et séchés.

L'économie de ce procédé se caractérise d'un mot ; on sacrifie une partie de l'alcool à l'extraction des produits tartiques. — Cela se comprenait il y a 25 ans quand l'alcool était à 60 francs l'hectolitre et le tartrate de chaux à 120 ou 150 francs au moins les cent kilos. —

Ce procédé doit être soigneusement révisé depuis que la loi de 1916 a donné bien plus de valeur aux alcools naturels qui sont aujourd'hui à 1.400 francs l'hectolitre, tandis que le tartrate de chaux vaut 400 ou 450 francs.

Épuisements des marcs. — J'ai eu l'occasion, il y a 2 ou 3 ans, dans un travail sur l'Industrie de la Distillation, de mettre au point les différences de rendement en alcool qu'on obtient par les systèmes rationnellement pratiqués des piquettes ou des calandres. Il est établi que l'épuisement des marcs à l'eau froide dans la fabrication des piquettes, même très bien conduit, laisse un déchet d'alcool sensible qu'on n'a pas à supporter quand on traite directement le marc en calandres. L'intervention souvent obligatoire du silo dans cette dernière fabrication donne un déchet qui peut-être réduit bien au-dessous du déchet de fabrication des piquettes quand le silo est bien fait. Quant à l'intervention du silo dans la fabrication des piquettes, il est désastreux et cause un déchet qui peut aller à 25 ou 30 pour cent.

La préférence pour les alcools de piquettes se légitimait avant la loi de 1916 parce que le prix du 3/6 bon goût était très sensiblement plus cher, parfois de 30 à 50 p. o/o que le 3/6 de marc. Depuis que la loi de 1916 a généralisé l'emploi des alcools rectifiés extra-neutres d'origine naturelle, notamment pour la fabrication des spiritueux et des liqueurs, les différences de prix entre les esprits de marc qui vont la plupart à la rectification et les esprits bon goût est beaucoup plus faible; si bien qu'à richesse égale des marcs mis en œuvre, les alcools étant vendus le même jour, les distilleries de marc qui emploient les appareils modernes, munis des organes de régulation et de contrôle, assurant un épuisement parfait, font plus de recettes que les distilleries de piquettes même les mieux conduites.

J'ai donc raison d'avancer que l'adjonction de l'extraction des produits tartriques, quand on s'astreint au traitement aux acides, à froid, cause d'abord un déchet d'alcool résultant du procédé choisi.

Dans ce système, l'épuisement à l'eau acidulée est-il meilleur ou moins bon que l'épuisement à l'eau froide par déplacement lent de bas en haut ?

L'addition d'acide, en rendant le liquide plus lourd, oblige à le faire circuler de haut en bas. De ce fait le lavage est moins régulier et l'épuisement moins bon. Aussi les installations les plus attentives ont-elles renoncé au déplacement pour opérer par lixiviation successives au moyen d'émulseurs actionnés par un compresseur d'air qui mélangent intimement liquide et marc dans chaque cuve avant de faire passer le liquide dans la cuve suivante. On a prétendu que ces injections d'air continues causent une légère évaporation d'alcool. La richesse alcoolique de ces liquides est si réduite qu'une différence d'un dixième ou d'un demi dixième de degré, difficile à apprécier exactement dans la pratique industrielle, devient un déchet très sensible quand on l'applique à de pareilles masses. Il n'est guère possible d'apporter sur ce point une affirmation nette. On ne peut juger que par la richesse initiale des marcs et par la quantité d'alcool définitivement recueillie, sans préciser si la perte incombe à l'épuisement par lavage, à l'évaporation par les émulseurs où aux soutirages et brassages nombreux que nécessite la fabrication du tartrate de chaux.

Dans l'ensemble, on peut dire que le déchet d'alcool est au moins égal à celui qu'on subit dans la fabrication courante des piquettes.

Ajoutons que l'action de l'acide donne un alcool de qualité moindre, parfois très inférieure, et que, d'une façon très générale, l'adjonctino de ce système d'extraction des composés tartriques oblige à rectifier ou à épurer les alcools.

Ayant ainsi examiné l'épuisement des marcs en alcool, examinons leur épuisement en produits tartriques.

J'ai exposé les variations de solubilité de la crème de tartre dans l'eau et dans les liquides alcooliques. Il en résulte qu'un courant d'eau froide est incapable d'entrainer tout le bitartrate des marcs. On a tourné la difficulté en y ajoutant de l'acide chlorhydrique qui libère l'acide tartrique et forme du chlorure de potassium. Cet acide, infiniment plus soluble dans l'eau froide peut être entrainé bien plus facilement dans la piquette.

Cette addition d'acide a de lourdes conséquences ; Le ciment et le béton des cuves est très vivement attaqué et l'on a vu des installations grandioses, établies avec une incompréhensible légèreté, dans lesquelles, dès le début de la première campagne, les piquettes acides cheminant à travers le béton allaient sourdre dans le sol à 60 mètres des cuves, si bien qu'on se demandait quel magicien, d'un coup de baguette, avait donné le jour en plein champ à cette source abondante de vin rosé ? Il faut que les cuves soient construites avec le plus grand soin, rendues bien étanches par une couche épaisse de ciment de très bonne qualité, et qu'elles soient revêtues d'un isolant inattaquable aux acides : brai, goudron, bitume, dissous dans un solvant approprié ou appliqué à chaud. Certains revêtent intérieurement les cuves de briques plates imperméables et n'ont plus qu'à assurer l'étanchéité des joints. Les premiers industriels se servent de grandes cuves en bois qu'ils goudronnaient tous les ans.

Pour la même raison, les scellements, les robinets, les tuyauteries, les pompes doivent être adaptés à ce travail, à ce contact dangereux.

Dans la circulation de la piquette acide, il est particulièrement difficile, de faire un lavage régulier dans toutes les parties de ces grandes cuves qui atteignent parfois 1000 et 1200 hectolitres chacune. L'acide plus lourd a toujours tendance à se réunir vers le fond au lieu de se diluer dans toute la masse.

L'usage des émulseurs à air comprimé apporte à ce point de vue un sérieux progrès sur l'emploi des pompes. Le nombre de cuves par batterie doit aussi être augmenté puisque la richesse du liquide au lieu de varier régulièremedt du haut en bas de chaque cuve comme dans la fabrication courante des piquettes est rendue homogène dans chacune par le brassage continu. La richesse du marc étant t, celle du liquide t' après brassage elle tend à devenir $\dfrac{t + t'}{2}$; ce calcul répété 2, 3, 4... 10 fois montre qu'il reste toujours dans le marc un résidu d'autant plus faible que les cuves de la batterie sont plus nombreuses. C'est pourquoi on tend à remplacer les batteries de 5 cuves de fabrications ordinaires de piquettes par des batteries de 10 cuves. L'un des avantages du système des émulseurs et qu'une batterie de 10 cuves a une puissance de travail beaucoup plus grande que deux batteries de 5 cuves avec le système courant.

Quelle dose d'acide faut-il employer pour libérer tout l'acide tartrique ? — On a une tendance générale à employer plus d'acide qu'il n'en faut, ce qui ne sert à rien si on néglige les brassages ; comme conséquence on obtient une usure beaucoup plus grande des cuves et du matériel sans profit. De plus on verse l'acide sans considération sur la cuve de tête, sur une cuve intermédiaire, ou sur la cuve de queue.

Après des essais répétés je suis arrivé à fixer que la quantité d'acide chlorhydrique suffisante est entre le double et la triple de la dose équivalente au tartre contenu dans les marcs, si les brassages sont bien faits et si l'acide est introduit dans la batterie a point voulu. Ce travail demande un contrôle chimique constant auquel les installations existantes ont le tort de ne pas s'astreindre, le plus souvent. L'étendue de ce rapport ne permet pas d'exposer en détail ce contrôle technique.

Précipitation du tartrate de chaux. — J'en ai fini avec la partie de
beaucoup la plus délicate de la fabrication. Ces piquettes acides sont
additionnées d'un lait de carbonate de chaux pur avec lequel elles
sont malaxées dans les cuves à saturation. La dose de carbonate à
ajouter doit être sans cesse déterminée par des essais. Il faut neutraliser assez pour précipiter tout l'acide tartrique, mais pas complètement car il se précipite ensuite des composés gris ou noirs par suite
de la combinaison de la chaux avec les tanins et la matière colorante.
Il en résulterait un tartrate appauvri et coloré de moindre valeur
commerciale.

Séparation des cristaux. — Cette bouillie dépose les cristaux de
tartrade en séjournant suffisamment dans les cuves à décantation. Le
liquide qui contient l'alcool est envoyé à la distillerie ; les cristaux
humides sont passés à l'essoreuse puis au séchoir et mis en sacs.
 Dans ces dernières parties de la fabrication il est deux précautions
essentielles : Il faut aller vite. Si les cristaux restent en tas humides
trop longtemps, il peut se déclarer une fermentation qui les altère ;
c'est la fermentation propionique classique de Pasteur. Il faut surveiller la température au séchoir ; si elle est trop élevée, il peut y avoir
commencement de décomposition. Enfin, dernière observation, les
marcs très riches donnent parfois des précipités glaireux très gê-
nants pour l'essorage. Il y a pour les éviter quelques précautions à
prendre.

Conclusions. — Telles sont, brièvement exposées, les directives
générales de l'extraction des produits tartriques des marcs. On doit en
retenir que le procédé aux acides, le plus couramment adopté, ne
donne pas toute satisfaction. Il exige une grosse installation qui n'est
applicable qu'aux entreprises de grande envergure. Il cause des dégra-
dations constantes de matériel exigeant des réparations continuelles.
Surtout il oblige à sacrifier une partie non négligeable d'alcool et
diminue la qualité de celui qu'on recueille.
Aussi certaines entreprises ont-elles essayé d'extraire l'alcool
d'abord et les produits tartriques après seulement. Extraire les
piquettes à l'eau froide d'abord et opérer ensuite une seconde lixiviation à l'eau acidulée en utilisant les vinasses est une grande complication qui conduit à doubler à peu près le nombre des cuves ce
qui est très onéreux.

Aussi pensons-nous qu'on reviendra au traitement des marcs en calandres, quitte à rectifier les eaux-de-vie obtenues ; on pourra ensuite traiter le marc brûlé à l'eau acidulée dans des cuves spéciales si l'on veut en extraire du tartrate de chaux. On aura ainsi la totalité de l'alcool et la totalité des produits tartriques sans que l'un nuise à l'autre.

Mais le procédé le plus parfait demeure celui que j'ai préconisé : le traitement des marcs en diffuseurs clos à l'eau bouillante, distillation donnant tout l'alcool en bon goût et concentration des produits tartriques dans les vinasses d'où l'on peut retirer le tartrate de chaux avec beaucoup moins d'encombrement et d'usure de matériel.

Traitement des lies

Le problème est un peu plus compliqué quand il s'agit d'extraire les produits tartriques des lies.

Traitement des lies bourbeuses. — On sait que les dépôts des foudres ou des cuves, surtout ceux qu'on en retire au premier soutirage sont des liquides bourbeux qu'on laisse déposer dans des fûts ou des comportes pour décanter le plus possible de vin clair. Le reste est livré aux marchands de lies ou passé au sac sur le pressoir pour en extraire du vin de seconde qualité. La matière pâteuse retirée des sacs est connue sous le nom de « lie verte » parce que, mise en tas, il s'y développe en surface une moisissure verte.

J'ai montré, il y a 12 ou 15 ans, que, pendant le séjour des lies en fût ou en comporte, il s'opère un véritable échange chimique entre le bitartrate de potasse du vin et les phosphates alcalino-terreux concentrés dans les levures mortes qui se désagrègent ; de telle sorte qu'il se produit du tartrate de chaux insoluble qu'on retrouve dans les lies et du phosphate acide de potassium soluble qui est, avec la grosse diminution de crème de tartre, un caractère analytique très précis du vin de lie qu'on peut aisément distinguer du vin normal.

Les lies ont donc pour caractère de contenir à la fois du bitartrate de potasse et du tartrate de chaux. Les lies vertes, séchées à l'air, devraient donc être estimées, non pas à leur degré d'acidité, non pas à la casserole ; méthodes qui ne tiennent compte que du bitartrate de potasse, mais par le procédé Goldemberg qui dose l'acide tartrique total.

Les marchands de lies qui achètent les lies bourbeuses à la comporte, souvent à l'abonnement, opèrent comme les grands propriétaires : ils passent ces liquides bourbeux dans des sacs sur le pressoir pour en extraire le vin de lie qui est presque toujours livré au commerce de consommation. Je n'ai pas besoin d'insister sur le rôle néfaste que ces vins de lie jouent sur le marché. C'est un facteur de baisse. Ils sont souvent mouillés, soit que les vignerons ajoutent à leurs lies les rinçages de leurs vases vinaires, soit que les marchands de lies les allongent pour faciliter le filtrage en sacs sur le pressoir. Ces vins de lies devraient être distillés.

Traitement des lies vertes. — Les lies vertes contiennent encore environ 50 o/o de leur poids de vin, c'est-à-dire qu'elles ont sensiblement la même richesse en alcool que les marcs fermentés sortant du pressoir. Leur séchage à l'air cause donc une perte très importante d'alcool. Les lies sèches sont livrées aux raffineurs.

L'importance des quantités de lies livrées à l'industrie est assez variable d'une année à l'autre. Leur richesse en produits tartriques varie aussi. Abstraction faite du tartrate de chaux ravi à la crème de tartre du vin pendant les décantations et dont l'importance dépend de la durée du séjour des lies bourbeuses en fûts ou en comportes, le bitartrate potassique des lies a la même origine que le tartre cristallisé sur le flanc des foudres. Il est plus abondant s'il provient de vins décuvés plus chauds ; il est proportionnel à la différence entre les températures extrêmes que le vin a subi depuis la décuvaison.

Les lies sèches contiennent 15 à 30 o/o de produits tartriques, comptés en bitartrate ; les plus riches proviennent des vins de plaine à cuvage très court, les plus pauvres, des vins les plus corsés du — Roussillon.

Le prix des lies est également dans les mercuriales l'objet de cotes étranges ; la valeur du degré est sensiblement moitié que dans les tartres et peut être l'objet des mêmes critiques.

Le séchage des lies vertes à l'air exige une dépense de main-d'œuvre très onéreuse. Disposées en petits fragments sur des toiles ou des aires en ciment, il faut les rentrer chaque fois que le temps menace. Si l'on tombe sur une période humide, il est difficile d'éviter le développement des moisissures, d'où des pertes très sensibles. Ces dépenses et ces risques légitiment dans une certaine mesure une grande différence de prix entre les lies vertes et les lies sèches. Enfin, répétons-le, durant ce séchage il y a une grosse perte d'alcool.

Traitement des lies sèches. — Les lies sèches sont traitées par les raffineurs pour en extraire les composés tartriques sous forme de tartrate de chaux. C'est un procédé semblable à celui que nous avons décrit pour le traitement des marcs.

Il y a cependant un très sérieux écueil. L'eau acidulée ne peut donner une solution claire comme la piquette de marc sans une filtration retenant toutes les matières étrangères insolubles. Cette filtration est très sérieusement entravée par des matières visqueuses. Les fabricants se sont ingéniés à les détruire par divers systèmes de rotissage, de chauffage sous pression, etc..., qui demandent un doigté dont ils sont assez jaloux et qu'il serait d'ailleurs trop long de décrire ici.

On aboutit ainsi au tartrate de chaux, matière première de la fabrication de l'acide tartrique absolument comme dans le traitement des marcs.

Résumé. — En résumé ce traitement des lies est à 3 échelons : les vignerons, les marchands de lies et les raffineurs qui traitent respectivement, les lies bourbeuses, les lies vertes et les lies sèches.

On peut dire que les raffineurs se heurtent à des difficultés sérieuses de fabrication, que les marchands de lies ont des dépenses exagérées de main-d'œuvre et des pertes importantes d'alcool, que les vignerons ont des pertes notables d'argent en laissant à d'autres des profits qu'ils pourraient recueillir.

Le traitement rationnel des lies par les Coopératives de vignerons peut couvrir un, deux ou trois de ces échelons en fabriquant les lies vertes, les lies sèches, ou en poussant jusqu'à la fabrication du tartrate de chaux.

Le premier bénéfice, commun aux trois systèmes est d'éliminer les vins de lies du marché en les distillant.

Les marchands de lies, eux aussi, cherchent à se substituer aux raffineries et à gagner davantage en organisant chez eux la fabrication du tartrate de chaux.

Que ce soit au profit des plus diligents, cette industrie peut être l'objet de progrès très notables sur les trois points suivants :

Suppression des pertes d'alcool et de produits tartriques durant le séchage à l'air.

Suppression de frais de main-d'œuvre très onéreux.

Atténuation ou suppression des difficultés de filtration dans la fabrication du tartrate de chaux.

Suppression des pertes d'alcool de la main-d'œuvre. — Des industriels ont cherché à supprimer les pertes d'alcool en séchant les lies vertes dans des étuves à air chaud ou à vapeur sèches attelées à une pompe à vide et à un condenseur recueillant l'alcool évaporé. Ce système qui a donné des résultats a été abandonné en raison des grosses dépenses de main-d'œuvre nécessitées par la répartition des lies vertes en petites mottes sur les claies de l'étuve.

Il existe un système, tout à fait recommandable qui supprime à la fois, les vins de lie, les pertes d'alcool et les frais de main-d'œuvre. Il consiste à distiller directement les lies bourbeuses, sans les passer au sac et au pressoir, dans des alambics à colonne inclinée qui fonctionnent parfaitement, même avec des lies bourbeuses contenant 25 o/o de matières sèches. On obtient des eaux-de-vie ou des 3/6 de très bonne qualité sans aucune perte d'alcool.

Les vinasses peuvent aller directement à la fabrication du tartrate de chaux. Aucune nécessité de les sécher pour les transporter chez les raffineurs. C'est en vérité une opération très onéreuse et inutile si on peut procéder sur place à la fabrication.

Fabrication du tartrate de chaux. — L'attaque des vinasses bourbeuses à l'eau acidulée pour dissoudre les composés tartriques laisse une insoluble volumineux, qu'il est difficile de séparer par filtrage.

On a prétendu que les matières visqueuses qui s'opposent au filtrage sont des substances pectiques. C'est une erreur. Mes travaux sur les matières pectiques m'ont convaincu que les lies n'en contiennent que des traces. Ces substances visqueuses ne précipitant pas par les sels de chaux comme les pectines. Elles ont tous les caractères chimiques des dextranes et proviennent soit des produits de désagrégation des levures mortes, soit de la végétation des moississures sur les lies vertes. On les trouve bien plus abondantes dans les lies des vins de vendanges botrytisées. Ce sont ces matières qui donnant au liquide une consistance visqueuse qui s'oppose à la filtration.

Leur pseudo destruction ou mieux leur coagulation par la chaleur produit une grande amélioration. D'où les deux procédés signalés plus haut de rôtissage dans un trummel tournant ou de chauffage en autoclave sous pression de 3 ou 4 kilos.

La connaissance des propriétés de ces substances visqueuses qu'il n'est pas possible de décrire dans ce rapport peut conduire à des méthodes plus simples pour séparer le tartrate de chaux des impuretés.

Conclusion. — Même si on ne veut pas pousser la fabrication jusqu'à l'obtention du tartrate de chaux, les installations des coopératives et des marchands de lies réaliseront un grand progrès en distillant les lies bourbeuses directement et en pressant les vinasses au sac. Les liquides obtenus donneront directement le tartrate de chaux par addition d'acide et de craie. Les lies vertes résiduaires pourront être passées à un séchoir industriel si leur teneur en tartrate de chaux légitime ce travail. On pourra toujours vendre ces lies sèches aux raffineurs si on ne veut pas les traiter.

Débouchés commerciaux

Le bitartrate de potasse et le tartrate de chaux sont l'objet d'une importante consommation dans la fabrication de l'acide tartrique, dans la panification, la biscuiterie où la crème de tartre additionnée de bicarbonate de soude remplace la levure de boulangerie pour la levée de la pâte, dans la fabrication des boissons gazeuses, des émétiques, des produits de synthèse et de certains produits plastiques.

Il ne peut rentrer dans les limites de ce rapport déjà long d'apporter à cet égard des statistiques.

Dans les usages commerciaux c'est la méthode Goldemberg, précisée dans ses détails au cours de divers congrès, qui est la base d'appréciation de la valeur des produits tartriques.

Les pays viticoles possèdent la source essentielle des matières premières de l'industrie des tartres. Il importe que la viticulture française en profite au mieux de ses intérêts et des intérêts nationaux et n'abandonne pas la place aux nations viticoles concurrentes.

M. le **Président** : Je remercie M. **Sémichon** du rapport si documenté qu'il vient d'exposer, et qui ouvre des horizons nouveaux et intéressants.

Je donnerai la parole à ceux d'entre vous, qui auraient quelques observation à faire, ou quelque renseignement complémentaire à demander au rapporteur.

M. de **Boixe** : Ne serait-il pas préférable de substituer au chalumeau utilisé pour obtenir le tartre des cuves le traitement au carbonate de soude ? N'existe-t-il pas un revêtement pour cuves, imperméable aux acides ?

M. **Semichon** : La dissolution du tartre par le carbonate de soude serait bien lente et aurait en outre le grave inconvénient de fournir ce tartre sous une forme très différente, au point de vue commercial.

Quant au revêtement pour cuves, inattaquable aux acides, on peut utiliser de petites plaques de brai, jointées à l'aide d'une préparation spéciale à base de ciment de bonne qualité.

M. **Maxime Azémar** désire exposer les résultats obtenus par le traitement des lies brutes, à la Coopérative de distillation de Puilacher.

M. Azémar :

Si je me permets de prendre la parole après le rapport si documenté et si intéressant que vient de soutenir M. **Sémichon**, le si distingué Directeur de la Station Œnologique de l'Aude, c'est pour vous dire, Messieurs, toute notre inquiétude au sujet des vins de lies et surtout les expériences pratiques, que nous avons faites, depuis le début de l'installation de notre Coopérative de distillation, par la distillation directe dans les calendres des lies bourbeuses.

A la Confédération Générale des Vignerons, M. **Coste** nous faisait un rapport en février 1925 sur des vins de lies, pour consommation de bouche, à des prix très bas. Notre attention très fortement retenue, nous donnions mission à nos délégués à la Commission consultative interministérielle de faire des réserves au suj t des vins de lies et ceux-ci en séance du 2 et 3 mars 1925 demandaient en troisième résolution.

« Modification à apporter au décret du 19 août 1921 ».

« Que l'article 1er du décret du 19 août 1921 soit complété de la façon suivante : »

« Ne peut être considéré comme vin propre à la consommation » :

« Le liquide extrait des lies bourbeuses et celui obtenu par le pressurage « de ces lies ».

Nous n'avons pas obtenu satisfaction et nous ne l'obtiendrons pas tant que le vin restera à des prix élevés. Malgré tout nous avons renouvelé ce vœu au Congrès de la Fédération viticole de France et d'Algérie, dont les assises se sont tenues cette année à Marmande. Nous ne nous décourageons pas. Je vous dirai que toutes les raisons qui font que nous devons poursuivre la disparition du marché de ces vins de lies, vous les connaissez tous, et M. **Sémichon** vient avec son autorité de vous les dire encore.

Je me permettrai seulement de vous indiquer les quelques résultats pratiques que j'ai obtenus dans notre Coopérative de Puilacher, où nous ne traitons qu'une très petite quantité de vins de lies (malgré cela toutes les lies de tous les viticulteurs de la commune qui sont sans exception tous adhérents) et cette opération s'effectue avec les mêmes calendres qui nous distillent les marcs. Si nous devons faire disparaître ces lies, nous ne devons point les jeter, rien ne doit se jeter et nous devons tâcher d'en retirer un juste bénéfice.

La Coopérative constituée en 1923, nous avons commencé la même année la distillation des lies bourbeuses.

Hectos de lies distillées	Rendement alcool pur par hl. de lies	Prix de l'alcool net de tous frais	Prix hecto lies
1923....... 284 fr.	6 lit. 20 ×	615 fr. =	38 fr. 10
1924....... 334	6 lit. 04 ×	229 fr. 5 =	13 fr. 85
1925....... 460	5 lit. 02 ×	564 fr. =	28 fr. 30
1926... ... 217	6 lit. 06 ×	1.210 fr. =	73 fr. 10

Si nous examinons ce tableau, 1925 a donné un faible rendement à cause d'un mauvais bouilleur. La distillation par calendres se fait d'une façon normale sans abimer les appareils autant que certains le prétendent. Je crois que l'on doit obtenir un meilleur rendement d'alcool par une dilution plus grande des lies au moment de la mise en calendres. Les prix que j'ai payés à mes coopérateurs ont été toujours au-dessus de ceux que paient le commerce à l'exception de ceux de cette année.

Voyant au sortir des calendres couler les vinasses qui étaient jeté au ruisseau en pure perte, j'ai fait l'expérience suivante pour la première fois ; je vais vous la décrire et vous dire les résultats qu'elle m'a donnés.

J'ai recueilli dans des bassins creusés en terre les vinasses, je les ai laissé refroidir et décanté grossièrement. Je savais que dans l'eau qui s'écoulait il était perdu une certaine quantité d'acide tartrique, mais je ne pouvais la doser n'étant pas chimiste. Les matières bourbeuses ont été séchées au soleil, le tout, après séchage, fut bien mélangé pour rendre le tas homogène.

Trois analyses ont été faites :

N° 1............ 8°5 o/o d'acidité tartrique totale.
N° 2............ 8°7 o/o .   —
N° 3...... .... 8°5 o/o   —

J'avais donc jeté pas mal d'acide tartrique car les lies bourbeuses doivent contenir 18° à 22° o/o d'acide tartrique totale.

J'ai fait faire aussi une analyse pour en connaître la teneur en trois éléments fertilisants : Azote, acide phosphorique, potasse. Je vous donnerai la raison qui m'a fait agir ainsi.

Voici l'analyse :

Azote organique........... 3,10
Acide phosphorique total.. 1,20
Potasse soluble........... 2,82

Ces analyses faites, je me suis demandé le meilleur parti à prendre. J'ai été assez heureux de vendre à un marchand de lies, ces lies sèches au prix de 40 francs les o/o, c'est-à-dire environ 5 francs le degré, acidité tartrique totale. Ce que je considère comme un très beau résultat, étant donné que les lies ne sont vendables qu'à 15 o/o d'acidité tartrique totale. Ne croyez pas pourtant que cela soit pour me faire plaisir, mais ayant des lies d'une teneur très riche, le marchand les a mélangées et ramenées à une teneur de 16 o/o qu'il a vendu à 6 fr. 50 le degré quand il me les achetait à 5 francs. Bonne opération commerciale pour lui que je ne pouvais discuter.

Au poids, j'ai eu un rendement : 6.150 kilos soit :

$$6.150 \text{ kilos} \times 40 \text{ les o/o} = 2.450 \text{ francs.}$$

Le travail déduit, je puis considérer un bénéfice pour mes coopérateurs de 10 francs par hecto de lies. Ce qui porte mon prix des lies pour 1926.

$$73 \text{ fr. } 10 + 10 \text{ francs} = 83 \text{ fr. } 10.$$

Je sais bien que mon prix n'égale point celui du commerce, qui a payé, non pas au début, mais en février-mars plus de 100 francs l'hecto des lies, qui ont donné des vins de composition douteuse dont la moindre qualité est d'être généralement mouillée.

Je crois, Messieurs, que vous me permettrez de dire qu'avec mes coopérateurs nous avons fait œuvre utile.

Je poursuivrai mes expériences l'an prochain, car je crois bien et M. **Sémichon** vient de m'ancrer dans mon idée, qu'avec une installation peu coûteuse, avec un certain tournemain, qu'une Coopérative de peu d'importance peut non seulement récupérer toute l'acidité tartrique totale par traitement des vinasses à l'acide et le liquide par la craie ; mais que les matières solides résidus, séchées et débarassées de toute acidité deviendront un excellent engrais dont je vous ai donné l'analyse et qui pour leur teneur en trois éléments sont achetées en ce mament par le commerce 20 fr. les o/o pour faire des engrais revendus bien plus chers à nous, viticulteurs.

Vous pourriez m'objecter que les prix de toutes ces matières ne resteront pas aussi élevés, je le souhaite pour nous tous ; mais je crois bien que nous aussi ayant plus de vin, traitant ainsi plus d'hectolitres de lies, en retirant tout ce qu'elles contiennent par des procédés plus appropriés, le bénéfice ne devra pas être négligé.

Donnant ainsi un bénéfice, les lies disparaîtront du marché par l'effort de nos Coopératives comme ces mêmes Coopératives de distillation ont fait disparaître les piquettes par la distillation des marcs.

La discussion sur le sujet traité par M. **Sémichon** est épuisée.

M. le Président, rappelle que M. **Daudé-Bancel** a soumis à la séance de la veille, un vœu se rapportant au développement de la production et de la consommation du raisin sous formes autres que le vin. Ce vœu renvoyé pour étude complémentaire de sa rédaction, a été modifié, et finalement rédigé comme suit :

Le Congrès de Viticulture à Montpellier, en juin 1927, déclare qu'il y a lieu d'intensifier la consommation des raisins, en vue de les utiliser sous forme de denrées alimentaires, et de leur fournir des débouchés intéressants dans les colonies et surtout dans les pays secs.

Ce vœu est adopté à l'unanimité.

L'ordre du jour étant épuisé, M. **le Président** lève la séance.

Séance du soir

La séance est ouverte sous la Présidence de M. **Paul**, Président de la Société départementale d'Encouragement à l'Agriculture de l'Hérault, désigné par M. **Cathala**.

M. **le Président Paul** : Je vous remercie de l'honneur que vous me faites en m'appelant à présider cette dernière séance du Congrès.

L'ordre du jour en est particulièrement chargé, et sans plus tarder je donne la parole à M. **Pastre**, pour la lecture de son rapport sur l'*Exportation des Vins de consommation courante*.

L'Exportation des vins de consommation courante

Rapporteur : M. Gaston PASTRE, *secrétaire-général adjoint de la C. G. V.*

—

Les viticulteurs sont parfois oublieux, je veux dire par là que les années de misère semblent être trop sorties de leurs mémoires. Lorsqu'on leur parle présentement de l'exportation des vins de consommation courante, trop de nos collègues répondent que la France produit à peine assez de vin pour sa propre consommation. Or, cela est vrai cette année, mais nous n'aurions pas besoin de remonter bien loin dans le passé pour montrer combien était grande l'angoisse de nos compatriotes alors que les vins, qui avaient débuté à environ 80 francs l'hectolitre descendaient à 50, 40 et même 30 francs. En réalité, années satisfaisantes et années de misère se succèdent pour nous, viticulteurs, avec une étrange facilité et c'est précisément quand les temps sont satisfaisants qu'il faut songer à nous prémunir contre les retours offensifs de notre vieille détresse.

I

Les raisons et les motifs qui militent en faveur de l'exportation

a) L'augmentation de la surface plantée en vigne est probable en France ; elle est certaine en Algérie. D'autre part, le rajeunissement progressif du vignoble français a été entrepris dans presque toutes nos régions viticoles et en particulier dans la zone méridionale, où il se poursuit avec méthode et activité. Il est donc logique de prévoir des récoltes futures considérables. Nous pourrons même avoir des récoltes pléthoriques. La consommation est appelée à se développer dans une proportion de plus en plus satisfaisante. D'heureux symptômes nous l'indiquent. Cependant la population française n'augmentant pas sensiblement — le chiffre peu élevé des naissances en témoigne — il est à craindre que le marché intérieur ne soit plus capable un jour d'absorber la totalité de la production nationale.

Or, le marché des vins est d'une sensibilité extrême. On peut le comparer à une balance de précision. De par la loi de l'offre et de la demande, il est désemparé très facilement. Quelques millions d'hectolitres au delà des besoins normaux font baisser les cours. Et sans que l'effet soit en proportion directe de la cause cette baisse se précipite rapidement, en particulier sur nos marchés méridionaux, car bien que l'aire de la vigne tende à se déplacer, les vins communs étant récoltés principalement dans les plaines à grand rendement de France et d'Algérie, *le bloc méditerranéen*, comme dit M. Prosper Gervais, domine de tout son poids, depuis l'invasion phylloxérique, le marché des vins de consommation courante.

Divers remèdes ont été proposés pour servir de soupape de sûreté au marché des vins de consommation courante et créer un équilibre stable entre la production et la consommation. Nous n'avons pas à les examiner ici ; rappelons simplement pour mémoire : le privilège des bouilleurs de cru et le vinage, les coopératives de distillation, le carburant national, le contingent, l'interdiction des plantations nouvelles ou tout au moins la limitation des plantations ; cette limitation ayant pour corrolaire le contingentement de l'exportation algérienne en France.

L'exportation serait, semble-t-il, une solution élégante du problème. Si nous pouvions exporter 2 ou 3 millions d'hectolitres de vin, de consommation courante, lorsque la récolte est trop abondante, le marché serait soulagé, les cours redeviendraient normaux et tout danger serait pour un temps écarté.

b) Cette exportation, améliorant notre change dans une proportion notable, nous aiderait à assainir notre situation financière et monétaire, partant aurait la plus heureuse influence sur le relèvement de notre pays.

II

Le Problème de l'Exportation des Vins est un Problème délicat

L'exportation est un problème difficile et complexe qui fait entrer en jeu les questions les plus graves de l'économie politique et qui amène des conflits entre les écoles et les économistes. Ce problème demande à être étudié avec minutie et impartialité, car dans la matière qui nous occupe, la France n'a jamais eu, à proprement parler, une politique du vin.

III

Le passé de l'Exportation

a) L'exportation des vins, même à l'époque où elle a été la plus florissante, fut toujours relativement faible. On trouvera dans les annexes de ce rapport les statistiques qui en témoignent. En 1873, où le maximum était atteint, nous exportâmes 3.981.431 hectos dont 35 o/o environ de vins ordinaires. Nos principaux clients étaient à cette époque : l'Europe du Nord et du Centre, l'empire Britannique, les États-Unis, l'Amérique latine, l'Empire russe.

b) MM. Prosper GERVAIS et Paul GOUY nous ont montré, dans un très remarquable ouvrage, auquel nous avons fait de larges emprunts, que de 1850 à 1914 la population des États civilisés avait augmenté des 2/3 ; que le trafic mondial avait quintuplé ; que la consommation générale avait au moins triplé. Or, il se trouve que pendant la même période et surtout depuis la crise phylloxérique, l'exportation des pays viticoles n'a cessé de diminuer. Si nous traçons un graphique, nous voyons la courbe aller sans cesse en fléchissant. Pour aussi paradoxal que la chose paraisse, la consommation du vin n'a pas augmenté en proportion de la richesse générale. Présentement, nos exportations moyennes atteignent péniblement deux millions d'hecto-litres, dont environ 600.000 hectolitres de vins ordinaires. Depuis l'époque de leur maximum, elles ont donc diminué de 50 o/o. Et tous les pays producteurs de vins sont dans une situation semblable.

c) Quelles sont les causes de cette situation anormale et alarmante ? Nous pouvons en noter trois principales, en négligeant les secondaires.

1° La première, celle sur laquelle nous attirons votre bienveillante attention, car elle commande toutes les autres, c'est le rétrécissement constant des débouchés à cause des droits de douane presque pro-hibitifs, qui, dans la plupart des pays civilisés, frappent les vins de consommation courante comme les vins fins. Malgré l'aridité des chiffres, voici les tarifs qui sont actuellement en vigueur dans quel-ques-uns des pays où nous tentons d'exporter. Depuis l'époque où nous rassemblions les documents qui ont servi de base à ce rapport, quelques chiffres ont pu varier, mais d'une façon si faible que cette variation ne peut affecter l'ensemble de notre thèse.

Australie :

Vins non mousseux y compris vins médecinaux et vermouths.

	Tarif de préférence britannique	Tarif intermédiaire	Tarif général
b) En bouteilles...	0 15	0 15 sh.	0 § 12 sh.
a) En fûts........	0 12 sh. 6 d.	0 12 sh. 6. d.	0 14 sh.

Belgique :

Les vins (dus à la fermentation alcoolique du jus du moût de rai-sin frais) sont passibles d'un droit d'assise de 60 francs par hecto importés en bouteilles et de 20 francs par hecto ceux importés autre-ment.

Les droits sur les vins portent sur la quantité nette sans préjudice du degré alcoolique s'il y a lieu ; sont considérés comme liqueurs, les vins contenant 21 o/o d'alcool ou plus.

Le moût de vin (jus de raisin non fermenté) stérilisé sans alcool et logé en bouteilles n'est passible que du droit d'assise de 20 francs l'hecto, afférent aux vins importés autrement qu'en bouteilles, à la condition par l'importateur de produire les justifications et de se con-former aux mesures jugées nécessaires pour empêcher la fraude.

Cœeficient de majoration fixé au chiffre 3 est applicable unique-ment aux taux de 60 francs et de 20 francs l'hecto, actuellement perçu suivant que les vins sont importés en bouteille ou autrement. Ces taux sont portés respectivement à 180 francs et 60 francs l'hecto.

Par contre, sont maintenus aux taux actuels, tant le droit supplémentaire (18 francs par degré et par hecto) sur les vins importés autrement qu'en bouteilles titrant plus de 15° de l'alcoomètre Gay-Lussac à la température 15° centigrade, que la taxe additionnelle de 16 o/o à percevoir sur le montant de la somme résultant de l'application du dit droit supplémentaire.

Bolivie :

Vins blancs en bouteilles, ordinaires......	douzaine	7 b. 20 c.
ou autres contenants...........	litre	0 b. 60 c.
Vins rouges en bouteilles, ordinaires......	douzaine	6 b.
ou autres contenants........	litre	0 b. 50 c.

Brésil :

Taux *ad valorem*

Vins non dénommés titrant 14 o/o en fûts.	240	
		50 o/o
en récipients autres........	220	

Chili :

Vins rouges et blancs en bouteilles..	12 bouteilles.	22 fr. 60
en récipients autres.....	litre......	2 fr. 26

Plus une augmentation de 10 o/o établie par la loi du 12 février 1912.

Canada :

Vins non mousseux rouge et blancs (non compris les vins de liqueurs).

1. En bouteilles (caisses de 12 bouteilles ou de 24 1/2 bouteilles) 0 h. k. 30 tis. par caisse.
2. En fûts (gallon impériale)...... 0 h. k. 035 tis. par gallon.

Colombia :

Vins rouges et blancs jusqu'à 15° en fûts, barils ou dames-jeannes..................... 0 fr. 103 au kilog.
En bouteilles..................., 0 fr. 155 par hect.

Cuba :

Vins rouges en fûts..........................	4 dollars 50
En bouteilles.......................	13 —
Vins blancs en fûts......................	7 —
En bouteilles.......................	20 —

plus 2 dollars par hecto comme impôt spécial
du timbre.

Danemark :

Vins, y compris vins de fruits à grappe, vins de
raisin, vins d'autres fruits et lies de vin, liquides
hydromel.

a) Vins mousseux....................	litre 6 couronnes.
b) Autres........................	litre 4 couronnes.
En bouteilles, dames-jeannes, etc......	

En autres récipients, contenant moins de 14°
d'alcool............................. kgr. 0 c.75 ores kgrs
droits au brut.

Equateur :

Vins en genénéral et en caisse, à l'exception	
des vins mousseux....................	0 fr. 25
Champagnes et mousseux................	1 fr. 25

Réfaction de 50 o/o pour les vins italiens.

Espagne :

	Base	Tarif 1	Tarif 2
Vins en fûts ou autres contenants similaires...	hecto.	225	75
Les mêmes en bouteilles................	—	300	100

Ethiopie :

Droits de 8 o/o sur la valeur marchande des
vins au lieu de leur destination.

Grande-Bretagne :

	Base	Plein	De Préférence
		Gallon 02 s 6 d	60 °/₀ de droit plein
N'ayant pas plus de 30 degrés d'esprit de preuve non mousseux importé en bouteilles, droit additionnel.........	—	02 s 0 d	50 °/° de droit plein

Grèce :

	Base	Droits en espèces métalliques	En billet de banque
a) Moûts et vins en fûts ou autres récipients...........	100 ocq.	200 drach.	290 drachm.
b) Vins non mousseux en bouteilles..................	—	300 —	435 —

Guatemala :

	Base	
Vins rouges de table en fûts...............	litre	0 fr. 60
En récipients outres que le vin.........	litre	0 fr. 75

Haïti :

	Base	
Vins rouges et blancs, barrique 60 gallons (225 l.)	barrique	20 fr. (1).
En caisse de 12 bouteilles.............	Caisse	2 fr. 50.

Italie :

	Base	Tarif général	Tarif convention.
Vins de toutes sortes (doivent être accompagnés d'un certificat d'origine).			
En futailles (y compris le récipient)....	hecto	20 fr.	12 (1)
En bouteilles.......................	100 b.	60 fr.	20

---

(1) Les vins français importés en barriques paieront un cinquième des droits actuels.

(1) Nouveau droit conventionnel établi par décret royal du 31 décembre 1903.

Japon :

	Base	
Vins non mousseux titrant maximum 14º.....	100 litres	15 yens
En fûts ou barriques 15º maximum.......	—	5 —
Autres...............................	—	20 —

Mexique :

Vins rouges ou blancs en récipients bois......	kgr. brut.	0 fr. 55
En récipients de verre..................	kgr. net	1 fr. 25

Norvège :

	Base	Tarif maxim.	Tarif minim.
Vins en bouteilles mousseux........	litre	3 fr. 50	2 fr. 10
Autres......................	—	1 fr. 98	0 fr. 98
Vins en fûts ou cruchons jusqu'à 21º.	—	1 fr. 12	0 fr. 483

Pays-Bas :

Vins non fermentés, non vinés, vins doux 15º
maximum par hecto..................... 24 florins;

Indes Néerlandaises :

	Base	
Vins en fûts..............................	hecto	9
En bouteilles.......................	—	10.50
Mousseux........................	100 bout.	21

Pérou :

	Base			
Vins blancs Sauternes (en bouteilles).....	litre	0 1 0 sh	54 cent.	
Barsac et autres V.Bl. (en récipients autres)	—	0 0	45	
Bourgogne, rouges et blancs, Bordeaux et similaires, en bouteilles.............	—	0 0	46	
En récipients autres...............	—	0 0	19	

Perse :

	Base	
Vins non mousseux.................	Batman buot	4 kg.

Portugal :

	Base	Tarif max. escudos	Tarif. min. escudos
En récipients d'une qualité supérieure à 2 l	kgs	0.40	0.20
En récipients non dénommés................	—	0.80	0.40
Moûts concentrés....................	—	2 »	1 »

	Base	Taux escudos
Vins de liqueurs et vins en bouteilles.....	décalitre	0.20
Vins non dénommés...................	—	0.05

République Argentine :

	Base	Droits
Vin de toute sorte en bouteilles..........	Bouteille	1 fr. 25
Vin demi-fins....................	—	0 fr. 60

Costa-Rica :

	Base	
Vin pour la table titrant moins de 15° en tonneaux ou dames-jeannes..........	kilogr.	0.15
En bouteilles.................	—	0.08

République Dominicaine :

	Base	
Vins ordinaires en fûts.................	litre	0 piastre 15 cent.
En bouteilles et flacons...........	—	0 piastre 30 cent.
Vins rouges ordinaires 12° au plus en fûts..	—	0 piastre 10 cent.
En bouteilles................	—	0 piastre 20 cent.

Surtaxe de 25 %, au-dessus de 12°.

Honduras :

Vins rouges et blancs et doux ordinaires.

En bouteilles................	0 fr. 75 au 1/2 kg. brut.	
En autres récipients............	1 fr. 75	— —

Liberia :

	Base	
Vins ordinaires...................	quart	0 dollar 06 cent.

Salvador :

Vins blancs de table................	droit au kgr. 0 fr. 25	

Roumanie :

Vins, moûts et jus de raisin de toute sorte.

	Base	
a) En toute sorte de contenants excepté en bouteilles ou en cruchons.....	100 k.	900 léi
b) En bouteilles ou en cruchons......	—	1.000 léi.

Serbie :

	Base	Tarif conventionel
En fûts titrant jusqu'à 14°...............	100 kg.	18 fr.
En bouteilles.........................	—	40 fr.

Suède :

	Base	
Vins jusqu'à 14° d'alcool, en fûts.........	kgr.	0 cour. 34 ores
En autres récipients..............	—	0 cour. 69 ores

En fûts de moins de 50 kg: 20 %; de 50 kg. et plus, 18 %.

Suisse :

	Base les 100 kilogr.
Vins et moûts en fûts jusqu'à 13° d'alcool inclusivement et moûts...............	32 fr.
Vin naturel de 13°1 et au-dessous........	50 fr.
Vin sans alcool, en fûts...............	30 fr.
En bouteilles......................	50 fr.

Tcheco-Slovaquie :

La taxe de manipulation à l'importation est réduite en vertu de la convention.

	Base 100 kilos	Coefficient de m jorat.
Vins, en tonneaux......................	60 couronnes	7
en bouteilles......................	75 couronnes	13

	Taux ad valorem de la taxe
du 15 août 1923.	
Vins en tonneaux......................	1/2
En bouteilles......................	2

Union douanière Sud-Africaine :

	Base	
Vins non mousseux ne dépassant pas 20 °/°	hectol.	110 fr. 04
Plus de droit additionnel de 15 °/₀	ad valorem.	

Uruguay :

	Base	
Vins autres que fins, en bouteilles ou fla-cons..............................	litre	0 pesetas 23
Vins ordinaires en cercles.............	—	0 pesetas 06

Venezuela :

	Drert ou kg. brut
Vins rouges, maximum 14°.............	0 fr. 25
Vins blancs en fûts, maximum 18°.......	0 fr. 25

En un mot, et pour ne pas alourdir cette étude par trop de chiffres, nous pouvons dire que ces tarifs sont quasi prohibitifs.

Comme le notait un de nos économistes, une pièce de vin payait en moyenne ces dernières années, en Danemarck, 154 fr. 50, en Suède, 225 fr. 50, en Norvège, 287 fr. 50, en Hollande, 218 fr. 33, en Suisse, 207 fr. 36, en Angleterre, 296 fr. 17, en Espagne, 323 fr. 80. Alors qu'une pièce de vin qui vient d'Espagne en France ne paye que 72 fr. 13 de notre monnaie et 43 fr. 10 en francs espagnols. Et c'est nous qu'on accuse d'intransigeance protectionniste.

Citons maintenant un cas concret qui montre bien l'influence néfaste de tarifs aussi draconiens sur la consommation du vin.

A la fin du siècle dernier, l'Uruguay frappait les vins étrangers de tarifs très élevés : du coup, la consommation était tombée à un litre par tête et par an. Quelques années plus tard, les tarifs furent très sensiblement abaissés, presque supprimés en fait. La consommation s'éleva à 20 litres par tête et par an. Les anciens droits de douane ayant été rétablis, la consommation fléchit rapidement et tomba à un litre par tête. Est-il un exemple plus frappant ?

Il est bon de faire remarquer que ces droits de douane frappent, en outre, indistinctement tous les vins, indépendamment de leur valeur vénale. A supposer que certains vins de grande marque puissent les supporter, ce qui est douteux, les vins ordinaires ne le peuvent pas.

Il en résulte que, seuls, les possesseurs de grosses fortunes peuvent boire nos vins ; les classes moyennes et à fortiori ce qu'on est convenu d'appeler les classes laborieuses, en sont totalement privées. Or, nos vins de consommation courante constituent, nul ne l'ignore, une boisson populaire au premier chef.

2° La deuxième cause qui retiendra notre attention est liée aux campagnes violentes des ligues de tempérance et des ligues antialcooliques, qui, dans plus d'un pays, ont conduit la population à confondre le vin avec l'alcool, d'où des restrictions sensibles de consommation et, dans certains Etats, la prohibition absolue.

Saluons en passant l'activité de la ligue antiprohibitionniste à qui la Confédération Générale des Vignerons a donné le plus large appui et dont nous avons le droit d'attendre les meilleurs résultats.

3° La troisième cause, enfin, est que, depuis la crise phylloxérique, de nouveaux concurrents sont entrés en ligne. Certains pays, hier nos clients, sont aujourd'hui des pays producteurs, tels l'Argentine, l'Australie, le Chili, la Californie, où la viticulture rencontrant un sol favorable et des conditions climatériques qui le sont aussi s'est développée rapidement.

IV

L'Importation des Vins étrangers en France.
Les zones et les ports francs

La situation présente

a) Certains économistes, dans le but de développer nos exportations et de faire de nos vins ce que l'un d'entre eux a appelé un article de trouée, ont demandé qu'il leur soit permis d'importer en franchise des vins étrangers destinés à améliorer par le coupage nos vins nationaux destinés à l'exportation ; ils estiment ainsi pouvoir présenter à la clientèle étrangère des vins d'un type approprié à ses goûts.

Cette thèse, qui peut être favorable aux intérêts privés de quelques maisons d'exportation françaises où étrangères, est dangereuse au premier chef pour nos populations viticoles, en particulier pour les viticulteurs méridionaux et algériens, principaux producteurs des vins de consommation courante, et quel que soit notre respect pour l'opinion des économistes éminents qui l'ont présentée, il est de notre devoir de la combattre énergiquement.

Dire que nous avons besoin de vins étrangers pour préparer notre vin d'exportation est à notre sens une erreur et presque une gageure.

Le commerce trouve en France et en Algérie tous les vins naturels qui lui sont nécessaires pour satisfaire le goût des consommateurs. Il trouve dans notre vignoble national toute la gamme des vins nécessaires à ses coupages.

Il ne faut pas dire que nos vins n'ont pas assez de « corps pour être exportés. Depuis quelques années, la vinification a fait chez nous d'immenses progrès, en particulier sous l'heureuse influence des coopératives de vinification. Vinifiés avec soin, nos vins de consommation courante peuvent aller à l'exportation avec ou sans coupage et soutenir victorieusement la concurrence avec les vins d'Espagne, d'Italie, de Grèce, de Turquie ou de Portugal. Il y a plus : de récentes expériences, qui ont été multipliées avec succès, montrent que des vins de 9 à 10°, convenablement vinifiés, résistent au climat des tropiques. Exporter des vins remontés artificiellement à un haut degré, comme l'a proposé, voici trois ans, une haute personnalité du commerce, a pu avoir jadis son utilité ; c'est une méthode qui n'est plus en rapport avec la science vinicole moderne. Sans compter que ces vins à haut degré sont propres à donner des armes aux sociétés de tempérance.

b) Corrolairement, et bien que la question ne puisse être discutée ici, nous ne voyons aucun avantage à la création de zones franches et de ports francs.

V

Plan de l'étude de nos possibilités d'exportation des vins.

Pour mener à bien l'étude de l'exportation des vins de consommation courante, une première action devra traiter de nos colonies à savoir des pays dont nous pouvons modifier nous-mêmes dans une large mesure les tarifs douaniers. Dans une deuxième section, nous passerons en revue les pays dont la porte est entr'ouverte et dans lesquels des tarifs douaniers favorables peuvent nous être accordés si nos négociations diplomatiques et commerciales sont bien conduites. La troisième section traitera des Etats abstinents et examinera rapidement, sans vouloir empiéter sur les attributions des autres rapporteurs, comment on peut modifier par une propagande bien conduite les fausses opinions que ces pays ont de nos vins.

EXPORTATION AUX COLONIES

a) Nos colonies peuvent absorber des quantités considérables de vins ordinaires, non seulement nos vieilles colonies comme les Antilles et la Réunion, mais aussi les autres. Les Annamites, les Malgaches, les indigènes de l'Afrique en consomment, et, à partir de ce moment, délaissent les boissons alcooliques importées ou de cru.

C'est ainsi que, dans nos possessions coloniales, nous assistons à une sorte d'éveil de la consommation du vin. Un des vice-présidents de la C. G. V. dont tous les économistes ont pu apprécier la haute compétence, M. Burguin, disait un jour que, dans l'Afrique du Nord, les populations musulmanes elles-mêmes, sous l'influence de la guerre, semblaient vouloir consommer du vin, ce qu'elles ne faisaient pas auparavant. Certains orientalistes ont même prétendu que la prohibition du Coran n'était pas aussi absolue que ce qu'on avait bien voulu le dire. Nous avouons notre incompétence absolue en cette matière. Mais la chose valait d'être signalée.

Quoiqu'il en soit, le *Bulletin de l'Agence Générale des Colonies* (numéro juin-juillet 1925 nous donne la statistique des vins français importés dans nos colonies pendant une période décennale.

Sénégal	171.078	hectolitres
Haut-Sénégal, Niger	25.939	—
Guinée française	30.974	—
Côte-d'Ivoire	14.763	—
Dahomey	17.569	—
Gabon	17.771	—
Moyen-Congo, Oubanghi-Chari	18.845	—
Réunion	86.579	—
Madagascar et dépendances	239.647	—
Côte française des Somalis	12.304	—
Etablissements français de l'Inde	6.072	—
Indo-Chine	511.381	—
Saint-Pierre et Miquelon	16.296	—
Guadeloupe et dépendances	100.973	—
Martinique	94.206	—
Guyane française	121.950	—

Nouvelle Calédonie................ 202.590   —
Etablissements français en Océanie... 202.590   —

Les colonies ont donc fait une consommation de 1.703.571 hecto-litres de vins de France pendant une période de dix années. Ces chiffres sont intéressants, car ils nous montrent qu'avec certaines de nos possessions, le commerce des vins est très actif. Toutefois, il est nécessaire de tenir compte de la guerre : cinq de ces années, c'est-à-dire la moitié de cette période, nous paraissant avoir apporté une perturbation dans l'appréciation de ces chiffres.

Ce sont là, certes, de simples indications et il est impossible de citer le chiffre auquel pourront s'élever nos exportations dans nos colonies. Mais ces indications, ces symptômes, sont si encourageants que nous pouvons nous y arrêter avec complaisance.

b) L'exportation dans nos colonies dépend uniquement d'une bonne politique coloniale et commerciale. Nous demandons donc au Ministère compétent, et sans vouloir rien empiéter sur ses attributions, d'intervenir, de négocier des accords, de faire établir des tarifs favorables et aussi peu variables que possible. En un mot, de prendre une série de mesures qui permettront à nos vins ordinaires de devenir la boisson courante de nos possessions d'outre-mer.

VII

L'action du Gouvernement et l'exportation des vins

La viticulture représente une des principales richesses de la France, puisqu'elle possède à elle seule les 3/7e de la production mondiale. C'est dans la production des vins que nous affirmons notre supériorité. C'est la culture de la vigne, ne l'oublions pas, qui enracine le mieux l'homme à la terre, c'est dans nos pays viticoles que les populations sont le plus attachées au sol natal (1).

Le Gouvernement a donc le devoir de faciliter l'exportation du vin, non seulement des vins fins, mais des vins ordinaires. Nos vins ordinaires sont une boisson de luxe populaire, suivant la très heureuse expression de MM. Gervais et Gouy. Mis à la portée des

____

(1) Voir sur la matière « Viticulture et Syndicalisme », par M. J.-L. G. Pastre, dans la *Revue Hebdomadaire* du 11 avril 1925.

classés moyennes et même des classes laborieuses, ces vins de consommation courante doivent avoir une clientèle de plus en plus nombreuse et fidèle. Et cette clientèle peut s'étendre hors des pays de race latine. Ceux d'entre nous qui ont combattu auprès des troupes britanniques et américaines ont vu combien nos alliés, si différents de nous par la race et les mœurs, appréciaient les vertus de notre vins. Ils étaient aussi friands de notre boisson nationale que nos propres soldats. Ajoutons, car la chose est d'importance, que vins fins et vins ordinaires ne sont pas des frères ennemis. Au contraire, ils se complètent, et la consommation des uns entraîne toujours la consommation des autres dans une proportion directe. Il a été dit que les vins ordinaires sont les ambassadeurs des vins de marque : rien de plus exact.

Nous demandons donc, en toute logique et en toute justice, que nos vins ordinaires acquittent dans les pays étrangers des taxes extrêmement modérées, calculées de manière à ne pas entraver nos exportations.

A la Commission Consultative interministérielle de la Viticulture, M. le Colonel Mirepoix, président de la C. G. V., abordant la grave et délicate question de la double tarification douanière des vins allant à l'exportation, a exposé succintement la thèse de la C. G. V.

Théoriquement et en vertu de cette idée que les vins ordinaires sont les ambassadeurs des vins de marque, il y aurait le plus grand avantage, et il serait de stricte justice, d'obtenir que les vins allant à l'exportation soient frappés par les pays étrangers de droits *ad valorem*. Il est illogique de frapper de la même manière un vin de consommation courante et un vin de grande marque dont les valeurs mobiles sont si différentes. La question a été posée une fois, à notre avis. La Belgique avait offert des droits d'entrée très réduits pour les vins coûtant moins de 120 francs l'hectolitre à la production et, chose extrêmement intéressante, elle voulait favoriser la consommation des vins ordinaires pour combattre l'alcoolisme. C'est un fait d'expérience qu'on a mis cent fois en lumière, mais sur lequel il faut revenir sans cesse : le vin est le meilleure antidote de l'alcool.

Nos collègues représentant les vins de marque sont en grande majorité opposés à une tarification *ad valorem*. Leurs craintes sont, à mon avis, vaines. Le jour où une nation étrangère recevra facilement nos vins, de consommation courante, les vins de marque suivront automatiquement, même s'ils sont frappés de tarifs plus élevés. Quand la petite bourgeoisie d'un pays voisin boira nos vins normaux du Midi et de l'Algérie, les classes riches se retourneront, n'en doutons point, vers la Bourgogne, la Champagne, le Bordeaux.

Remarquons que dans tous les tarifs douaniers, en particulier dans les nôtres, quand les marchandises ne sont pas frappées de droits *ad valorem*, elles le sent de droits spécifiques qui varient avec la qualité. M. le Colonel Mirepoix faisait justement observer que les tissus de coton payent moins que les tissus de soie et que les fils de coton ou de lin payent d'autant plus par cent kilos qu'ils sont plus fins et plus coûteux. Je pourrais multiplier les exemples.

Par conséquent, même si nos vins ne devaient pas être frappés de droits, *ad valorem*, nous demanderions une différenciation dans les taxes, la taxe qui frappe les vins de consommation courante devant être beaucoup moins élevée que la taxe qui frappe les vins de luxe. Il est bon maintenant de faire observer que, par l'exagération des droits de douane, les pays importateurs ont nui à leurs propres intérêts. Les taxes trop élevées deviennent vite prohibitives et leur rendement ne tarde pas à être nul. Une taxe moyenne est au contraire productive. C'est un point d'économie politique bien connu que Bastiat avait mis en lumière dès 1845, avec sa maîtrise accoutumée.

En outre, ces exagérations douanières ont poussé à la fraude à la fabrication de liquides innommables qui n'ont de vin que le nom. Tous ceux qui ont voyagé à l'étranger, dans l'Amérique du Sud en particulier, ont vu servir, sous le nom de vin de France, des boissons imbuvables. antihygiéniques au premier chef.

Signalons que dans la négociation des accords commerciaux, les agriculteurs et principalement les viticulteurs ont été trop souvent sacrifiés aux articles de luxe.

Pour nous résumer, nous demandons que l'expansion de nos vins à l'étranger soit facilitée dans toutes nos conventions douanières et en particulier par ce que j'appellerai le principe de loyale réciprocité et d'égalité.

Nous demandons que si la France paye 10 o/o pour une denrée de consommation courante importée de tel pays, le vin ordinaire français exporté dans ce même pays ne paye également que 10 o/o.

Nous demandons que, si des aliments exotiques de consommation courante entrent en franchise chez nous, notre vin commun jouisse également et par réciprocité de cette même franchise dans les pays importateurs.

Nous n'avons pas à donner de conseils à notre diplomatie ni même des directives, ce serait sortir de notre compétence. Mais nous voudrions que les agriculteurs soient toujours représentés à la Commission des cœfficients douaniers et que corollairement, les grandes associations agricoles et viticoles soient toujours consultées avant la conclusion de tout traité de commerce. Nous ne voulons plus être scandaleusement sacrifiés, comme nous l'avons été dans le traité de Versailles.

N'oublions pas enfin que les droits élevés de circulation qui frappent notre vin sur notre propre territoire sont d'un bien mauvais exemple pour les étrangers. Logiques avec nous-mêmes nous souhaitons l'abaissement de ces droits à un taux raisonnable, 5 francs par hectolitre, par exemple. Il faut en finir avec une fiscalité malfaisante qui, semblable bientôt à celle de l'empire romain, appauvrira le pays sans enrichir le trésor.

Sans vouloir passer en revue tous les pays dans lesquels nous pouvons exporter, ni examiner les conventions douanières qui nous lient avec eux, ceci ne pouvant guère être fait que dans un gros volume et non pas dans un modeste rapport, l'étude des statistiques et la lecture aussi des conventions douanières montrent que si notre diplomatie, aidée par nos commerçants et nos associations viticoles, fait un effort suffisant, nous pourrons développer nos exportations.

Tout d'abord en Suisse et en Belgique, c'est une question d'accords douaniers que notre amitié séculaire avec la Suisse doit faciliter et que notre fraternité d'armes avec la Belgique doit rendre plus aisé encore. Tous ceux qui ont lu le rapport très documenté de M. Malaquin se souviennent qu'à l'exposition de Liège en 1905, les Sociétés d'agriculture de l'Hérault, du Gard, etc... avaient ouvert des bars de dégustation : l'affluence de la foule montrait combien le Belge deviendrait pour nos vins ordinaires un consommateur régulier si ce vin était mis à portée de sa bourse.

Il y a quatre ans, M. Combemale, président du Syndicat Montpellier-Lodève, et moi-même, délégué par la C. G. V. à la Foire de Bruxelles, faisions les mêmes constatations.

Pour la Belgique, réduction des droits de douane et amélioration du régime des transports, tout le problème est là. Puis viennent la Rhénanie et l'Allemagne : ici nous avons le droit de parler haut et clair et d'exiger un traitement de faveur.

En Suisse, en Belgique, en Rhénanie, en Allemagne, les classes populaires aiment le vin, celles mêmes qui n'en boivent pas habituellement en prennent très facilement le goût dès qu'il leur est présenté. Tous ceux qui ont voyagé dans ces pays ont pu s'en rendre compte.

Pour l'exportation de nos vins, c'est là, à notre avis, que nous trouverons nos meilleurs clients dès que les barrières douanières seront moins élevées.

Viennent ensuite l'Angleterre et les Dominions, la Scandinavie, la Hollande et les Iles de la Sonde, l'Europe Centrale la Tchécoslovaquie et la Pologne. Dans ces derniers pays, il faudra tenir compte du change. Il est bien certain que dans les pays à finances avariées et compromises les exportations ne pourront prendre une certaine ampleur que tout autant que la situation financière sera améliorée. Nous passons sous silence la Russie. Présentement c'est le parti le plus sage.

VIII

La propagande dans les pays dont la porte est entr'ouverte dans les pays Abstinents

Nous n'avons pas à nous occuper tout spécialement de la propagande, puisqu'elle sera traitée ailleurs avec toute l'ampleur nécessaire. Il est cependant quelques indications qui entrent dans notre sujet.

Le vin est la boisson classique des rivages méditerranéens foyers de toute haute civilisation et de toute culture. Il sera bon de montrer par l'exemple de notre population viticole et par l'opinion de nombreuses sommités scientifiques que le vin est le meilleur antidote de l'alcool. Partout où l'on boit du vin, on boit peu d'alcool. Là où la consommation du vin se développe, la consommation de l'alcool diminue. Nos populations méridionales qui boivent du vin, qui en boivent largement et qui sont saines et vigoureuses, ne consomment par tête d'habitant et par an que 80 centilitres d'alcool environ. Par contre, dans les départements éloignés des centres viticoles, là où la population ne boit pas de vin, nous voyons la consommation de l'alcool s'élever par an et par tête à 11 et même 13 litres. En résumé, répandre la consommation du vin ordinaire, c'est combattre l'alcoolisme. Mais lorsque nous parlons d'alcoolisme, il est bien entendu que c'est uniquement l'abus de l'alcool que nous visons. «Rien de trop», dit la sagesse antique. L'homme doit savoir user sans abuser. Nous voulons dire par là que les bonnes eaux-de-vie, consommées avec modération, ne présentent nul danger, et qu'une telle consommation n'a rien à voir avec l'alcoolisme.

La propagande devra se préoccuper de faire connaître nos vins de France et d'Algérie à l'étranger, en faisant pour eux ce que nos Sociétés de consommation anglo-saxonnes ont fait pour le thé et le café.

Enfin lutter contre la prohibition est un impérieux devoir. Soutenons de toutes nos forces la Ligue antiprohibitionniste.

VIII

Quelques propositions annexes

a) Il nous appartiendra encore de développer les banques d'exportation qui permettront au commerce français d'engager des capitaux dans des crédits à long terme à l'étranger. Il faudra que nos banques créent à l'étranger des succursales de plus en plus nombreuses.

b) Nos grandes associations viticoles, nos coopératives, devront étudier la création de bureaux à l'étranger. Elles devront se demander si elles n'auraient pas intérêt à entretenir dans les pays où nous voulons exporter des agents spéciaux Non pas que nous ayons l'intention de supplanter le commerce, organisme indispensable à la vie des Etats modernes, mais on peut concevoir les organisations qui travailleront à côté de lui, en collaboration plus ou moins étroite suivant le cas. Commerce et viticulture ont parfois des intérêts divergents, plus souvent ils ont des intérêts communs. Efforçons-nous d'atténuer ce qui nous divise et occupons-nous de ce qui nous unit.

c) Pour faciliter l'exportation, nous demandons des tarifs de transports spéciaux, en particulier des tarifs de chemins de fer en ce qu regarde la Suisse, la Rhénanie, l'Allemagne, la Belgique.

d) Primes à l'exportation. C'est là un procédé artificiel empirique délicat et complexe, un peu démodé et certes très critiquable en bien des cas. Cependant, il y aura lieu d'étudier de très près si dans certaines circonstances et pour un temps déterminé nous n'aurons pas à établir de primes à l'exportation.

e) Nous demandons enfin que nos honorables commerçants qu'on a vraiment par trop brimés depuis quelques années, soient débarrassés des entraves administratives qui paralysent leurs tentatives. Il faut qu'on renonce aussi à les accabler de taxes aussi odieuses que vexatoires, et qui tueront, si nous n'y prenons pas garde, notre commerce.

Nota. — Nous n'avons pas cru devoir parler ici des vins sans alcool. Ce serait, ce semble, sortir de notre cadre.

Conclusion

Gardons-nous d'un optimisme exagéré. Certains économistes très éminents entrevoient des exportations s'élevant à des chiffres tels que nous aurions besoin d'augmenter notre production au moins d'un bon tiers pour y faire face ; nous hésitons à les suivre. Pour le moment, tous les espoirs demeurant certains permis, nous avons des ambitions plus modestes, mais nous espérons secrètement qu'elles seront dépassées.

Exportons nos vins dans nos colonies, nous avons essayé de le montrer, la tâche sera relativement aisée.

Pour les autres pays, grâce à des conventions douanières avantageuses, développons nos exportations tâchons de lutter heureusement contre nos concurrents qui d'ailleurs présentement n'exportent guère plus que nous

Si nous trouvons auprès des Pouvoirs Publics l'appui sur lequel nous croyons devoir compter, si nous savons aussi nous aider nous-mêmes, nous parviendrons à développer nos exportations de manière satisfaisante.

Ainsi nous n'aurons plus à craindre la surproduction, terreur de nos populations viticoles.

En apportant sur les marchés extérieurs la boisson qui a soutenu et vivifié nos soldats pendant la grande guerre, cette boisson que nous avons bien le droit d'appeler le Vin de la Victoire, non seulement nous servirons nos populations viticoles qui sont si dignes d'intérêt, mais corollairement nous travaillerons au relèvement de la France.

Mais tout ceci est lié à un problème économique d'ensemble qui s'appelle la Politique du Vin.

L'importation des vins français en Allemagne

Le *Journal Officiel* publie l'arrêté suivant :

ARTICLE PREMIER. — Sur le contingent de 60.000 quintaux de vin français prévu pour l'importation en Allemagne pendant la durée de l'avenant à l'accord commercial provisoire conclu entre la France et l'Allemagne, le 31 mars 1927, il sera attribué à titre provisoire aux différentes régions productrices de vins ayant droit à une appellation d'origine, les quantités ci-après, s'élevant au total de 35000 quintaux.

« 500 quintaux pour les vins des côtes du Rhône ; 1000 quintaux pour les vins ayant droit à une appellation d'origine et originaires de régions autres que celles ci-dessus énumérées.

Art. 2. — Il est créé dans chacune des régions viticoles visées à l'article précédent une Commission de répartition et de contrôle.

Autres régions viticoles

« Il sera appliqué à ces régions la procédure indiquée à l'article 5 ci-après. Le siège de chaque commission de répartition et de contrôle sera celui de la Chambre de Commerce à laquelle appartient le président de la Commission.

Art. 3. — La répartition du contingent spécial des vins de chaque région sera effectuée de la façon suivante entre les intéressés quel que soit leur domicile, par les soins de la Commission instituée dans chacune des dites régions.

« L'attribution d'une portion du contingent à un exportateur ne pourra avoir lieu que sur production d'un ordre ferme de l'acheteur allemand. Un ordre ne peut être considéré comme ferme que lorsqu'il est confirmé conformément aux usages commerciaux. Toutefois, pour que les exportateurs puissent avoir une base dans la négociation de leurs affaires, ils doivent faire connaître au président de la Commission, dans un délai fixé par elle, les quantités exportées par eux en Allemagne dans les années 1912, 1913 et 1924.

« Le contingent attribué à chaque région sera réparti provisoirement entre les exportateurs au prorata de leurs expéditions au cours de ces trois années. Les justifications seront fournies à la Commission intéressée.

« Dans chaque région, une portion du contingent sera réservée, en dehors de la répartition ci-dessus indiquée pour les exportateurs n'ayant pas traité d'affaires au cours des années 1912, 1913 et 1924, qui justifieront d'un ordre ferme d'achat ou d'une livraison à effectuer en avril, mai ou juin. L'avis favorable sera donné par la Commission de répartition et de contrôle en tenant compte non seulement des affaires traitées dans les trois années ci-dessus indiquées, mais aussi de l'importance des ordres reçus.

Art. 4. — Les demandes de certificats de contingentement pour les vins ayant droit à une appellation d'origine, établies dans les conditions qui précèdent, seront adressées directement, en double exemplaire, par les exportateurs à la Commission d'Exportation des vins de France, 11 bis, rue d'Aguesseau, à Paris; qui les centralisera et les transmettra pour visa de contrôle au ministère de l'Agriculture (Office de Renseignements agricoles).

Art. 5. — Les demandes de certificats de contingentement relatifs aux vins ayant droit à une appellation d'origine concernant les régions autres que celles ci-dessus énumérées seront adressées, en double exemplaire, par les intéressés à la Commission d'exportation des vins de France, 11 bis, rue d'Aguesseau, à Paris, qui les fera également parvenir, pour contrôle et visa au ministère de l'Agriculture (Office de Renseignements agricoles) ; elles devront être accompagnées de toutes pièces justificatives exigées dans les autres régions pour les demandes présentées aux Commissions de répartition.

Art. 6. — Un arrêté ultérieur fixera les conditions de la répartition du contingent (vins de liqueurs et vermouths) inscrits au même avenant de l'accord commercial provisoire ».

Le nouveau projet de tarif douanier français

Nous avons annoncé que le « projet de loi portant révision du tarif général des douanes » impatiemment attendu, avait été déposé sur le bureau de la Chambre des Députés, sans revenir sur le long exposé des motifs, qui insiste surtout sur la nécessité pour la France d'avoir un tarif douanier en rapport avec les circonstances économiques actuelles (c'est le tarif de 1892 modifié qui est en vigueur), nous sommes en mesure de donner ci-dessous quelques-uns des chiffres des droits d'entrée proposés pour les boissons :

Pour les vins en fûts jusqu'à 12° et par hectolitre de liquide : 135 fr. au tarif général, 45 fr. au tarif minimum (actuellement les tarifs sont de 168 fr. et 42 fr.).

Au delà de 12°, il est perçu en sus, un droit égal au droit de consommation sur l'alcool (1320 fr.).

Pour les moûts de vendange et jus de raisins frais en fûts, et par hectolitre de liquide : 150 fr. tarif général et 50 fr. tarif minimum ; jusqu'à 12° d'alcool en puissance ou d'alcool acquis et en puissance pour les moûts partiellement fermentés, plus 4 francs par degré et par hectolitre sur l'alcool en puissance excédent 12°.

Pour les vins de liqueur, mistelles, vermouths en fûts et par hecto-litres de liquide, 135 fr. et 45 francs, comme pour les vins jusqu'à 12° ; et au-dessus, payement d'une taxe de 4 fr. par degré sur l'alcool en puissance et d'une taxe égale au droit de consommation sur l'alcool, pour l'alcool acquis.

En bouteilles : tarif par 100 kilogs brut :

Vins mousseux................ frs : 337,50 et 112,50
Moûts........................   300, »   100, »
Autres vins, mistelles, etc........ 375, »   125, »

Pour les cidres et poirés, par hectolitre de liquide jusqu'à 6° : 37,50 et 12,50 ; au-dessus de 6°, les cidres suivent le régime de l'alcool.

On sait que l'importation des alcools est réservée à l'Etat. Dans les cas de dérogation à cette prohibition d'importation et en dehors de la surtaxe prévue par l'article 89 de la loi du 25 juin 1920, le nouveau tarif soumet les alcools aux droits ci-après :

Eaux-de-vie (par hectolitre de liquide pour celles importées en bou-teilles ou par hectolitre d'alcool pur, pour celles autrement logées) 1650 fr. et 550 fr.).

Liqueurs, par hectolitre de liquide ; 1300 fr. et 600 fr.

Les commissions compétentes sont saisies.

M. le Président : Je remercie M. **Pastre** de l'exposé si précis qu'il vient de nous faire et je souligne ses conclusions.

Exportons nos vins dans nos colonies. Pour les autres pays, cherchons des conventions douanières avantageuses. Essayons de trouver auprès des Pouvoirs Publics, l'appui sur lequel nous croyons devoir compter.

Je donnerai maintenant la parole à M. **Carles**, Directeur de la *Revue Vinicole Belge* à Bruxelles, qui veut bien nous parler de l'exportation des vins de consommation courante en Belgique.

M. **Carle** s'exprime dans les termes suivants :

Messieurs,

Je m'excuse de prendre la parole après l'exposé si complet que vient de vous faire votre secrétaire-général-adjoint, M. **Pastre**, sur l'exportation des vins de consommation courante.

Certes, les vins de vos contrées méritent d'être plus appréciés en Belgi-que et les efforts que vous avez tentés, en suite de voyage de la mission belge en 1926, ont dû vous convaincre qu'un marché important pouvait s'amorcer chez nous.

La Belgique consomme, d'après les statistiques douanières, environ .550.000 hectolitres de vins dont la France nous fournit environ 380 000 hectolitres.

Ces quantités relevées par la Douane sont certainement beaucoup dépassées dans notre consommation par la fabrication nationale de jus de fruits divers et par une fabrication condamnable de boissons vineuses, vendues sous le nom de « vin » et constituées par du vin dit « chaptalisé » contenant 5 à 600 pour cent d'eau sucrée devenue alcoolique par fermentation.

Ces fraudes dont vous avez souffert dans le temps, mais que votre puissante association est parvenue à faire disparaître, sont devenues votre plus indésirable concurrente chez nous.

Certains négociants, dans un but de lucre, mélangent ces liquides au vrai vin et font une concurrence de prix considérable au commerce loyal.

Or, vos vins, si avantageux comme prix antérieurement, sont devenus inabordables, le change de notre franc anémié est de 40 o/o inférieur au vôtre, les droits augmentés des taxes intérieures ont décuplé et le transport combiné à vos emballages est considérable.

Nous devrions, dans une étude commune, rechercher dans l'économie de l'emballage et du transport, une arme de défense, d'un entretien que j'ai eu avec un de vos rapporteurs, M. **Loubet,** le dévoué Inspecteur aux Services agronomiques de la Compagnie P.-L.-M., il résulte que si cette puissante compagnie voulait bien construire à l'usage du commerce belge, des wagons-foudres jumelés permettant le transport sur un même wagon de deux qualités au lieu d'une de vos vins généreux et créerait pour eux un tarif de transport d'exportation, on éviterait le port de retour de vos pesants demi-muids dont la revente chez nous est rendue impossible et le retour trop onéreux.

Le format de vos fûts est peu utilisable, le brasseur belge qui pourrait les employer pour ses bières, leur préfère la pipe espagnole d'un maniement plus facile.

Notez que la Belgique brasse 17 millions d'hectolitres de bières diverses et que nous pourrions, avec un léger effort, atteindre la vente d'un million d'hectolitres de vrai vin, puisque cette quantité est certainement atteinte avec l'appoint frauduleux dont je vous ai parlé : des boissons vineuses.

Votre négoce du vin si étendu déjà pourrait trouver certes une solution avantageuse en faveur du vin, produit du raisin de France que nous aimons à l'égal des habitants de ce cher Pays, allié de toujours, dans la guerre comme dans la paix.

M. le **Président** s'adressant à M. **Carle** : L'Assemblée vient de vous montrer, M. **Carle**, par ses applaudissements prolongés, l'intérêt qu'elle a pris à votre intervention. Puis, à l'assemblée: M. **Carle**, comme tous les Belges, est de nos amis ; il nous a montré que nous exportions 320.000 hectos en Belgique et que nous pourrions nous assurer la totalité du marché belge, si la répression de la fraude était mieux organisée dans ce pays, et si des facilités de transport étaient accordées à nos produits.

Quelqu'un demande-t-il la parole au sujet des communications de MM. **Pastre et Carle ?**

Personne ne désirant la parole, M. le **Président** invite M. **Carcassonne** à venir présenter son rapport sur la question si embrouillée actuellement des *Mistelles, vins doux naturels et vins de liqueurs.*

M. **Carcassonne :**

Mistelles — Vins de liqueur — Vins doux naturels

Rapporteur : M. Carcassonne, *Président du Syndicat régional des Pyrénées-Orientales* (C. G. V.).

Tel est le sujet que les organisateurs de ce Congrès m'ont demandé de traiter devant vous. — Il est tellement vaste que si je voulais l'examiner complètement je ne pourrais pas le faire dans le temps qui m'est accordé.

Je n'ai pas la prétention de vous faire un cours sur la préparation de ces vins ; des techniciens tels que MM. Roos, Semichon, Vincens, Ventre, Hugues, etc. l'ont fait mieux que je ne saurais le faire et je ne vous donnerai que l'essentiel, tout au plus quelques définitions, pour vous permettre de suivre les questions un peu spéciales que soulève le régime de ces divers produits.

Tout ce que je puis vous apporter d'intéressant (je me demande si ce mot n'est même pas un peu prétentieux) ce sont les observations d'un praticien qui se débat depuis vingt ans au milieu de difficultés créées par une législation qui, jusqu'à ces derniers temps, et encore de nos jours, a paru se désintéresser des efforts des producteurs français de vins de liqueur quand elle ne les a pas franchement contrariés.

Ceci dit, j'aborde mon sujet dans l'ordre fixé par le programme du Congrès et je vais vous parler des mistelles.

Les mistelles sont des moûts de raisins frais auquel on incorpore avant toute fermentation environ 15 o/o d'alcool pur. — C'est un produit de base, très riche en alcool et en sucre, qui sert à la préparation des vins d'imitation et des apéritifs à base de vin.

La production des mistelles en France et en Algérie est de date relativement récente ; elle s'est développée en même temps que la consommation des apéritifs à base de vin. — Mais avant 1914, la protection douanière accordée aux mistelles et aux vins de liqueur français était dérisoire et la lutte était impossible notamment contre des mistelles grecques à 12° alcool et 12° de liqueur qui se présentaient à la douane avec l'estampille de vins de liqueur et qui entraient en payant 12 francs de droits. — Dès l'année 1910, nous avons réclamé une modification au tarif douanier pour faire assimiler les mistelles aux vins de liqueur et pour imposer le sucre contenu dans ces produits (qui n'est que de l'alcool en puissance) comme l'alcool lui-même.

Nous n'avons pas encore obtenu entière satisfaction. — Néanmoins la convention douanière du 11 juillet 1922 avec l'Espagne substitue à la double tarification qui imposait d'un côté les mistelles, de l'autre les vins de liqueur, une tarification unique applicable aux vins de liqueur, aux vermouths et aux mistelles provenant de raisins frais.

Elle impose à ces produits trois taxes :

1° — Un droit sur les 12 premiers degrés applicable aux vins ordinaires — 12 francs par hecto relevé par plusieurs coefficients successifs, actuellement 42 francs.

2° — Un droit sur les degrés d'alcool excédent 12° (droit de consommation de l'alcool, actuellement 1320 francs l'hecto d'alcool.

3° — Un droit sur l'alcool représenté par le sucre ; ce droit est de 3 francs au tarif général et de 1 franc seulement au tarif minimum.

En plus de ces droits, les mistelles et vins de liqueur doivent acquitter une taxe dite de compensation, créée par l'art. 89 de la loi du 25 juin 1920.

Cette taxe a pour but de rétablir l'équilibre entre les producteurs français de vins de liqueur obligés de payer très cher à l'Etat français l'alcool de rétrocession nécessaire au mûtages et les fabricants étrangers qui peuvent acheter de l'alcool industriel à bas prix.

Ce régime qui n'a rien d'excessif et qui a été accepté facilement par les pays importateurs ne correspond plus actuellement à la dévalorisation du franc qui s'est produite depuis 1922.

Le Gouvernement en a maintenu le principe dans son projet de réforme du tarif douanier en y apportant les modifications suivantes :

1° — Droit sur les vins ordinaires, 45 francs.

2° — Droits sur l'alcool au-dessus de 12° (maintenu).

3° — Droit sur l'alcool représenté par le sucre porté à 4 francs par degré. Maintien de la taxe de compensation.

Mais la Commission des douanes de la Chambre, après avis de la Commission des boissons, a cru bien faire de bouleverser complètement cette tarification et d'en adopter une nouvelle qui a, certes, le mérite de la simplicité mais qui, telle qu'elle est présentée, ne nous donne nullement satisfaction.

Les diverses taxes prévues par le projet gouvernemental seraient supprimées ainsi que la taxe de compensation et remplacées par un droit unique qui serait appliqué à l'alcool acquis ou en puissance contenu dans une mistelle ou vin de liqueur. Le droit proposé par le rapporteur de la Commission des douanes est de 8 francs par degré.

Comme nous l'avons écrit aux Présidents des Commissions de la Chambre, nous protestons tout d'abord contre la suppression de la taxe de compensation qui nous paraît indispensable pour pouvoir lutter à armes égales contre la fabrication étrangère. On nous oblige aujourd'hui à payer très cher (1100 francs) un alcool de rétrocession que l'Etat achète aux distillateurs industriels à un prix qui varie de 250 à 300 francs, tandis que les fabricants de vins de liqueur étrangers ont toute liberté pour employer les mêmes alcools sans aucune majoration.

Bien plus, si, comme nous l'espérons, le régime de l'alcool est voté par le Sénat dans un avenir prochain, les muteurs seront obligés d'employer de l'alcool de vins ou de marcs ; ces alcools rectifiés valent en ce moment 1500 à 1600 francs. On voit quel serait le handicap formidable qui péserait sur la production française si elle n'était pas protégée par la taxe de compensation. Mais nous disent les importateurs, ce que nous demandons avant tout c'est payer une taxe qui ne varie pas et la taxe de compensation est sujette à des variations fréquentes ; l'argument a sa valeur, mais alors nous réclamons un droit assez élevé pour nous protéger dans les cas les plus défavorables et nous avons demandé un droit de 12 francs par degré sur tout les degrés acquis ou en puissance contenus dans un vin de liqueur ou une mistelle.

Mais, Messieurs, ce n'est pas seulement contre la concurrence étrangère que nous avons à défendre les mistelles ; elles sont surchargées comme les vins de liqueur par des taxes intérieures écrasantes. — Il est profondément injuste que la loi du 13 avril 1898 ait assimilé les vins de liqueur à l'alcool et leur ait imposé le même régime fiscal. — Mais cette loi n'imposait aux vins de liqueur que le demi-droit de consommation jusqu'à 15°. — La loi du 30 janvier 1907 a, par son article 10, aggravé encore ces dispositions en les imposant pour leur force alcoolique totale avec minimum de 15° et en leur faisant payer les droits pleins.

L'article II de cette loi a décidé que les mistelles suivraient le régime des produits à la fabrication desquels elles sont destinées. — Ce n'est pas tout.

La taxe de luxe créée par la loi du 25 juin 1920 a imposé à l'alcool et à tous les produits assimilés (mistelles, vins de liqueur) une taxe de luxe de 25 o/o de la valeur du produit mis en vente (y compris le droit de circulation). — Cette taxe a été portée récemment à 30 o/o par la loi du 4 avril 1926.

Nous ne voulons pas discuter ici la légitimité de l'augmentation des taxes qu'on a imposées aux alcools, eaux-de-vie et liqueurs. — L'Etat a voulu enrayer la consommation de l'alcool ; il y a réussi, peut-être même au delà de ses désirs ; ce point de vue peut être défendu quand il s'agit de boissons alcooliques de 40 à 70 degrés. En est-il de même pour les vins de liqueur dont le degré ne dépasse généralement pas 18 ?

Nous ne le croyons pas !

C'est pourquoi nous n'avons cessé de réclamer depuis 25 ans pour les mistelles et les vins de liqueur un régime qui leur permette de se développer et de lutter contre leurs concurrents étrangers. Ce régime se résume à deux articles :

1° Le retour au demi-droit de consommation de l'alcool contenu dans les mistelles, vins de liqueur et vins doux naturels ;

2° Suppression de la taxe de luxe sur les vins de liqueur et mistelles ; sinon réduction à 10 o/o de cette taxe, et dans ce dernier cas, application de la taxe à la valeur du vin, abstraction faite du droit de consommation.

Nous ne nous faisons pas de grandes illusions sur le sort de ce vœu tant que les besoins de la Trésorerie française seront aussi grands qu'ils le sont depuis la dernière guerre. — Cependant, nous pensons que l'Etat aurait intérêt à laisser se développer une industrie qui est entravée par l'excès de la fiscalité. — Cette fiscalité outrancière, nous la retrouvons dans la fabrication même des mistelles et dans les déchets d'alcool qui se produisent par les brassages, le pressurage, les soutirages, enfin par toutes les manipulations de la vendange alcoolisée.

Ces déchets produisent un manquant fatal (c'est le mot qui a été employé par un Directeur Général des Contributions Indirectes) dans le compte alcool des mûteurs.

Depuis longtemps déjà, il est tenu compte de ce déchet aux mûteurs Algériens à qui on accorde une déduction de 5 o/o pour les mistelles rouges et de 3 o/o pour les mistelles blanches. Mais les mûteurs français n'ont pas encore réussi à obtenir cette mesure de justice. La dernière chambre des députés a bien voté un texte qui nous donne satisfaction sur ce point en mars 1924, mais nous attendons encore que le Sénat veuille bien l'approuver et le rendre applicable.

J'arrive Messieurs à la question des vins de liqueur ; elle se rattache étroitement à celle des mistelles, puisque actuellement ces deux produits ont le même régime douanier et à peu près le même régime fiscal intérieur. D'autre part cette question doit être traitée paralèllement avec celle des vins doux naturels qui ne sont qu'une variété des vins de liqueur. Nous les étudierons donc ensemble.

Cette matière a été étudiée à fond par M. Sémichon qui a présenté en 1911 un projet de réglementation très ingénieux qu'il a légèrement modifié en 1916.

M. Sémichon distingue trois sortes de vins de liqueur :

1° *Les vins de liqueur naturels* qui conservent encore de la liqueur lorsque leur titre alcoolique atteignant ou dépassant 15°, aucune fermentation n'est plus possible.

A côté de ces vins, se placent les vins de *liqueur par affusion d'alcool* qui se divisent en deux classes : les *vins doux* ou *mistelles* dans lesquels l'addition d'alcool a été pratiquée sur le moût ou sur le raisin en quantité suffisante pour arrêter toute fermentation et les *vins demi-doux* ou *vins doux naturels* créés par la loi du 13 avril 1898 dans lesquels l'addition d'alcool est moindre et est pratiquée en cours de fermentation.

2° *Les vins d'imitation*, qui, comme leur nom l'indique, sont préparés par des industriels qui mettent en œuvre des vins secs ou liquoreux, des mistelles ou vins doux originaires de France, d'Algérie ou de l'étranger pour produire des simili Madère, des simili Malaga, etc.

3° *Les vins de liqueur artificiels* qui se fabriquent avec des vins secs, des mutés au soufre désulfités, des infusions de toutes sortes, du goudron, du caramel et du sucre.

Comme régime fiscal, les vins de liqueur titrant moins de 18° suivaient jusqu'en 1898 le régime des vins ordinaires.

Depuis la loi du 8 juin 1864, les préparateurs de vins de liqueur étaient tenus de payer le droit de consommation sur l'alcool employé au mutage et au vinage. Seuls les bouilleurs de crû pouvaient employer l'alcool produit par eux sans payer la taxe.

La loi du 13 avril 1898 par son article 21 a distrait les vins de liqueur et d'imitation du régime des vins. Ils furent alors imposés pour leur richesse alcoolique totale avec un minimum de 15°.

Lá loi du 30 janvier 1907 a modifié ce régime ; son art. 10 impose les vins de liqueur et d'imitation pour leur force alcoolique totale avec minimum de perception de 15° aux droits *pleins* de consommation d'entrée et d'octroi.

Ils sont donc soumis au régime de l'alcool.

A ce régime des vins de liqueur la même loi de 1898 a apporté une exception par son art. 22 qui dit ceci :

« Les vins possédant naturellement une richesse alcoolique totale
« acquise ou en puissance d'au moins 14° peuvent, à la demande des
« producteurs et sur justification de leur nature, être maintenus sous le
« régime des vins ordinaires. Il peut être donné décharge, moyennant
« paiement du demi-droit de consommation, de l'alcool employé au
« mutage de ces vins avant achèvement de la fermentation, pourvu
« que l'opération soit effectuée chez le viticulteur, en présence du
« service, dans les conditions déterminées par les paragraphes 2 et 3
« de l'art 21 de la loi du 13 avril 1898.

« L'addition d'alcool a pour but, non d'empêcher la fermentation,
« mais de l'arrêter avant son complet achèvement, pour garder au vin
« une certaine douceur. La circulaire 300 du 19 août 1898 dit qu'une
« proportion d'alcool supérieure à 10 o/o doit être considérée comme
« abusive. De cette interprétation de l'administration il résulte que
« seuls les vins de liqueur demi-doux peuvent jouir de ce régime de
« faveur. Ce régime, dit des vins doux naturels, n'a pas été appliqué
« à l'Algérie ni à la Corse.

« Depuis la loi du 30 janvier 1907, en vertu de l'art. 12 de cette
« loi, l'alcool employé dans la préparation des vins doux naturels
« dans les conditions de l'art. 22 de la loi du 13 avril 1898 est passible
« du droit entier de consommation ».

M. Sémichon faisait ressortir en 1911 les inconvénients nombreux de ce régime fiscal et il présentait deux projets, l'un qu'il appelait « projet des droits entiers », l'autre « projet des demi-droits », dans lesquels il proposait d'élargir le régime des vins doux naturels, pour favoriser les vins de liqueur naturels, c'est-à-dire ceux qui sont préparés avec des raisins ou du jus de raisin possédant naturellement une richesse saccharine correspondant à 14° d'alcool.

En 1916, les projets de réforme de l'alcool au Parlement sollicitant l'attention des régions intéressées, une réunion a eu lieu au Syndicat de Béziers-St-Pons, le 14 janvier, dans laquelle les représentants des producteurs apportent des revendications très divergentes.

On formule des propositions de manière à essayer d'harmoniser les demandes des divers producteurs de mistelles, de vins doux naturels, de vermouths, etc.

Voici les 5 propositions que la réunion de Béziers a décidé de soumettre aux divers Syndicats de la C. G. V. et aux autres groupements intéressés.

Première proposition : Que les vins de liqueur naturels soient absolument distingués des vins d'imitation et des vins de liqueur artificiels qui doivent être placés sous le régime général des vins artificiels définis par l'art. 1er de la loi du 6 avril 1897.

2e Proposition : Les vins de liqueur et les mistelles provenant exclusivement de l'addition d'alcool de vin à du vin naturel non chaptalisé ou à du moût de raisin ne seront imposés que du droit de l'alcool sur l'alcool ajouté seulement et jamais sur l'alcool constitutif du vin provenant de la fermentation naturelle. Quand ces produits serviront à la fabrication des vermouths, des vins aromatisés ou des apéritifs à base de vin, ces spiritueux pourront être l'objet d'une surtaxe indépendante du droit précédent.

3e proposition. — L'art. 3 de la loi du 1er septembre 1871 et l'art. 3 de la loi du 2 août 1872 sont abrogés et remplacés par les dispositions suivantes : Les vins présentant une force alcoolique supérieure à 21° sont imposés comme alcool pur.

4e proposition. — Lorsque des raisins ou les jus de raisins mis en œuvre possèderont naturellement une richesse saccharine correspondant au moins à 14° d'alcool, les vins de liqueur obtenus ne seront imposés que du demi-droit général de consommation sur l'alcool de vin ajouté seulement.

5e proposition. — Les régimes établis par les propositions précédentes ne seront concédés qu'à la condition que l'alcool de vin employé ait été dénaturé en présence du service par une affusion de 25 o/o au moins du moût ou du vin à mettre en œuvre et à la condition que la quantité d'alcool de vin employé ne dépasse pas en alcool pur 17 o/o en volume des vins ou mistelles ainsi préparés.

Il faut d'abord remarquer que le régime des vins doux naturels a été modifié par la loi de finances de 1914 qui a limité à quatre cépages (le Grenache, le Muscat, la Malvoisie et le Macabeo) le droit de fabrication de ces vins.

Une autre remarque importante à faire c'est la faveur qu'on réclame pour les vins de liqueur mûtés à l'alcool de vin. M. SEMICHON poursuit son idée de réforme du régime des vins de liqueur et sauf la modification ci-dessus indiquée concernant l'alcool de vin, les résolutions de Béziers sont nettement inspirées des projets de 1911.

Qu'est-il résulté de ces propositions ?

Elles furent discutées à la C. G. V. mais la plupart ne durent pas être acceptées, puisque la seule motion qui ait été votée à la réunion du Conseil d'Administration du 23 janvier 1916 fut la suivante :

Produits artificiels

La C. G. V. — « Considérant qu'il importe de protéger les produits nationaux contre la concurrence de produits soi-disant similaires, fabriqués à l'étranger avec des alcools d'industrie,

Emet le vœu :

« Que les produits artificiels fabriqués en France ou à l'étranger, « vins de liqueurs d'imitation, vermouths ou apéritifs à base d'alcool « d'industrie, soient placés pour le régime intérieur, sous le régime « des vins artificiels établi par l'art. 1er de la loi du 6 avril 1897 ».

La loi du 30 juin 1916 qui établit le régime provisoire de l'alcool pendant la guerre décida que les alcools d'industrie seraient réservés à l'Etat qui ne peut les rétrocéder que pour l'exportation et pour certains emplois privilégiés parmi lesquels figurent les mûtages et les vinages.

Les alcools provenant de la distillation des vins, cidres et poirés, marcs, lies et fruits frais étaient réservés à la consommation de bouche et leur vente restait libre.

Cette loi qui devait prendre fin à la fin de l'année de la cessation des hostilités, c'est-à-dire le 31 décembre 1919, a été successivement prorogée jusqu'à l'institution d'un régime définitif que nous attendons encore.

La même loi de 1916 a été complétée par l'art. 89 de la loi du 25 juin 1920 qui autorise le gouvernement à faire des cessions d'alcool industriel et qui donne au Ministre des Finances le pouvoir de fixer le prix d'achat et de vente des alcools.

Mais la loi de 1916 n'a pas modifié le régime des vins de liqueur.

On peut regretter que l'accord n'ait pu se faire entre toutes les régions intéressées. D'autre part, il est des critiques de M. Sémichon contre la loi de 1898 qui paraissent excessives :

Au sujet de la limitation des cépages, M. Sémichon dit qu'on fait des vins de liqueur non seulement avec les plants spéciaux déjà nommés mais aussi avec des Clairettes, des Tokays, des Picardans, des Carignans, des Riveyrencs ou Aspirans ou encore avec des cépages de Portugal, de Sicile ou d'Andalousie.

Evidemment, on peut faire des vins de liqueur avec n'importe quel cépage, en laissant mûrir suffisamment le raisin ; mais les plants que cite M. Sémichon sont ou des plants communs comme la Clairette, le Carignan, le Riveyrenc, ou des plants disparus comme le Picardan, ou des plants étrangers qui n'existent que dans les collections d'amateurs de curiosités.

Pratiquement la demande d'élargissement du privilège des vins doux naturels ne parait donc pas fondée. La restriction a été la conséquence d'un abus commis en 1912 dans la région de Bellegarde avec des clairettes. Il est peu probable que la réclamation des producteurs de cette région pour revenir à la réglementation primitive obtienne satisfaction.

M. Sémichon se plaint aussi que les producteurs ne puissent pas vinifier en mistelles des vins comme le Muscat sans être soumis à toutes les obligations et charges des marchands en gros.

Est-il bien nécessaire de produire des Muscats à 8° liqueur ? D'ailleurs ne serait-il pas plus simple d'essayer de faire modifier le décret qui limite à 10 o/o la quantité d'alcool ajoutée aux vins doux naturels et de la faire porter à 12 ou 13, ce qui permettrait d'obtenir des muscats de 6 ou 7 degrés de liqueur apparents ?

La seule critique bien fondée de M. Sémichon contre la loi de 1898, c'est son instabilité. Une loi qui peut être modifiée par des décrets successifs est évidemment bien précaire. Mais là aussi il serait peut-être possible d'obtenir une stabilisation de la législation dont on pourrait modifier certaines imperfections.

Il y a enfin une question qu'a soulevée la réunion de Béziers de 1916. — C'est la question de l'emploi obligatoire (ou presque) de l'alcool de vins pour les mutages et les vinages.

Cette obligation est inscrite dans l'accord de Béziers avec les distillateurs du Nord ; elle a été acceptée par les producteurs de mistel-

les et de vins de liqueur et elle est inscrite dans le projet de régime
de l'alcool déposé au Sénat par M. Sarraut. Mais une exception est
prévue à cette obligation ; c'est dans le cas où la récolte totalisée de
la France et de l'Algérie serait inférieure à 55 millions d'hectos. C'est
le cas de la dernière récolte. Il est évident qu'alors tout le vin produit
doit aller à la consommation et que l'alcool fourni par les sous-produits de la vigne ne peut suffire à la demande des mûteurs.

Il est donc logique de leur permettre de s'adresser à l'alcool d'industrie, qui a pour eux l'avantage d'être moins cher, d'être neutre
et d'être abondant.

Mais ne pourrait-on pas trouver un terrain d'entente qui donnerait,
peut-être, satisfaction aux divers intérêts ?

J'ai déjà dit que nous réclamions depuis longtemps, sans l'obtenir,
le retour à la législation de 1898, c'est-à-dire le demi-droit de consommation sur l'alcool contenu dans les mistelles et les vins de liqueur ;
du jour où l'on imposera aux mûteurs l'obligation d'employer de
l'alcool de vin, on leur doit une compensation pour cette nouvelle et
lourde charge. Cette compensation serait le demi-droit sur l'alcool de
de vin avec la réduction de la taxe de luxe de 10 o/o.

De cette manière serait diminué l'avantage fiscal accordé aux vins
doux naturels, et leur privilège serait moins discuté et moins envié.
Mais, comme je le disais au sujet des mistelles, nous ne devons pas
nous faire de grandes illusions sur la réussite d'un pareil projet tant
que notre pays ne sera pas allégé des lourdes charges que la guerre
lui a laissées.

Avant de terminer ce rapport, je voudrais, Messieurs, vous dire
un mot sur une question que M. Sémichon a traité l'an passé au
Congrès de la Mutualité à Perpignan ; la mise en valeur et la vente
des vins de liqueur français.

M. Sémichon a constaté que les vins de liqueur français n'ont ni
en France ni à l'étranger la place qu'ils devraient avoir ; nous sommes
tout à fait d'accord ; il incrimine leur régime fiscal ; je ne dis pas
qu'il ait tort ; mais je crois qu'il y a à cette déchéance d'autres causes.

Je vois la principale dans le régime douanier qui a été pratiqué
jusqu'en 1922 ; l'absence complète de protection jusqu'à cette date,
de nos vins liquoreux, ne permettait pas à nos producteurs de lutter
contre des concurrents mieux organisés qu'eux à tous les points de
vue.

Que faut-il, en effet, pour réussir dans la vente d'un vin de
liqueur ? D'abord le bien préparer avec des raisins de choix mûris par
le soleil ardent. Cette matière première, nous la possédons en France

dans nos départements méridionaux et principalement le Roussillon.

Mais ce produit une fois obtenu, il faut le laisser vieillir et ne le mettre en vente qu'après 4 ou 5 années au moins de cave. Quel est le vigneron qui peut se permettre cette immobilisation de capitaux ?

Des coopératives se sont créées à Maury et à Banyuls, qui peuvent produire des quantités importantes de vins de liqueur. Mais jusqu'à présent elles ont vendu leurs produits dans l'année de leur production, sans en retirer le prix correspondant à leur valeur réelle.

Seule, à notre connaissance, la coopérative de Frontignan obtient pour son muscat des résultats intéressants ; mais c'est parce qu'à côté de la Coopérative des producteurs s'est installée la Coopérative de vente, qui s'occupe de la mise en valeur et de la commercialisation du produit.

Voilà donc la bonne voie à suivre pour nos producteurs de vins de liqueur ; céder ou confier leur vin à une coopérative de vente ou à une Société commerciale qui pourrait les laisser vieillir et qui les ferait connaître non seulement en France mais dans le monde entier.

Quand cette organisation aura pris une certaine extension si nos vins obtiennent la protection douanière que nous réclamons pour eux, et si on nous accorde une amélioration du régime fiscal, nous pourrons entrevoir pour les vins de liqueur français un avenir brillant. C'est un fleuron qui manquait à la Couronne des Vins de France qu'il s'agit d'y insérer pour le plus grand bien de nos vignerons et des consommateurs français.

Nous ne méconnaissons pas les difficultés de la tâche, mais si nous unissons nos efforts nous croyons qu'on peut aboutir.

C'est le cas de répéter le mot célèbre :

Impossible n'est pas français.

En terminant, M. **Carcassonne** fait remarquer qu'il sait très bien que les opinions des petits viticulteurs des Pyrénées-Orientales, ne sont pas partagées par les viticulteurs en général et même par quelques-uns de ses amis.

M. le **Président** remercie M. **Carcassonne** de son exposé si lumineux et ouvre la discussion.

M. **Sémichon** a la parole et s'exprime dans les termes suivants :

Messieurs,

Je me plais à rendre hommage au talent avec lequel M. **Carcassonne** a présenté son Rapport sur les Mistelles, les Vins de liqueur et les Vins doux naturels. Mais le sujet est si complexe, la législation de ces produits constitue un labyrinthe d'une telle complication que, malgré la clarté de l'exposition du Rapporteur, je crains que les personnes non initiées à ce sujet très spécial n'aient pu le suivre dans ses explications.

Il est un fait scandaleux qui domine toute la question : Notre pays possède des crus délicieux, des cépages de choix, avec lesquels on peut, en vins de liqueurs, faire des merveilles. Nos vignerons peuvent en faire pour eux sous le couvert de l'inviolabilité de leur domicile et de leur caves, ils ne peuvent en faire pour la vente en raison d'une fiscalité outrancière et d'une législation tracassière et irraisonnée.

Depuis bientôt 30 ans que j'étudie la production et la vinification des vins de liqueurs j'ai pu constater que les méthodes les plus rationnelles qui permettent de faire des merveilles sont le plus souvent inapplicables parce que, dans leur mise en œuvre, on se heurte toujours au mur infranchissable de la tyrannie fiscale et législative. Dans mes enquêtes, j'ai trouvé partout chez les vignerons de petites merveilles ; on nous en a montré il y a 2 ou 3 ans lors du banquet donné à Argeliers à la délégation départementale ; on ne peut les livrer au public et les mettre en vente.

Aussi que voyons-nous ? notre pays envahi par des Porto, par des vins de liqueur étrangers, venant de pays où les producteurs ont toutes latitudes dans leurs fabrications, tandis que les produits, très supérieurs à ceux-là, que nos vignerons pourraient faire chez-eux sont tués dans l'œuf par les abus de la fiscalité et l'incohérence de la législation.

Le premier point que doit retenir le Congrès est de protester avec le Rapporteur au sujet des modifications au tarif douanier proposées par la Commission des douanes et de demander le retour aux propositions du Gouvernement qui, à mon avis, valent mieux encore que le droit unique de 12 fr. par degré dont on a parlé. C'est vraiment surprenant de demander une taxe unique comme plus commode pour favoriser l'importation des produits étrangers, alors qu'il existe pour les produits similaires français quantités d'espèces, et des taxes multiples !

Le second point est d'étudier et d'obtenir enfin un véritable statuts des vins de liqueurs naturels français qui n'existe pas. Pour cela, je demande que le Congrès, sous l'égide de la C. G. V. propose la nomination d'une Commission d'étude dans laquelle tous les intéressés représentés arrivent à s'entendre et à rédiger des propositions communes à soumettre à l'administration des Finances et au Parlement.

Tant qu'on n'arrivera pas à cette solution on piétinera dans l'incohérence actuelle.

Dans les propositions que j'ai présentées il y a 16 ans et que M. le Rapporteur a bien voulu commenter, j'ai cherché à jeter les bases d'un statut permettant le développement de toutes les initiatives méritoires et des meilleurs procédés techniques applicables aux espèces les plus diverses.

L'article 22 de la loi du 13 avril 1893 en créant le régime fiscal dit « des Vins doux naturels », l'a créé comme une exception. Est-ce admissible ? L'application de ce régime a été l'objet d'une dévolution à l'administration des Contributions Indirectes des pérogatives du législateur. Est-ce admissible ? c'est même anticonstitutionnel. — Un jour un directeur de cette administration estime qu'une proportion d'alcool ajouté supérieur à 10 p. o/o pourrait être considéré comme abusive? Pourquoi? sur quelle base est établie cette estimation? Est-ce admissible? — Un autre jour un autre directeur estime qu'on ne doit pas mettre moins de 2 p. o/o d'alcool. Pourquoi? Et si des raisins très mûrs et très riches n'ont besoin d'aucune addition d'alcool, ces produits très supérieurs ne sont plus des vins doux naturels parce qu'ils n'ont pas reçu d'alcool et leurs détenteurs viennent se heurter à l'article 3 de la loi du 2 août 1872. Il leur faut se défendre et parce qu'ils sont tout à fait supérieurs et hors de pair, il leur incombe de faire la preuve qu'ils ne sont pas des vins sophistiqués. Est-ce admissible?

On limité à 4 cépages le privilège de pouvoir jouir des avantages de l'article 22 de la loi du 13 avril 1898. Pourquoi? J'affirme qu'avec des clairettes et d'autres cépages on peut faire des vins de liqueur merveilleux. Pourquoi cet ostracisme? On accepte bien 25 p. o/o de Carignan dans les Grenaches? Pourquoi les Carignans, s'ils ont une richesse en puissance d'au moins 14 ou 15 degrés ne seraient-ils pas acceptés? Ils font eux aussi de très bons vins de liqueur quand ils ont acquis la surmaturation suffisante qui est la véritable source de la richesse saccharine et en même temps des essences qui confèrent la finesse et la saveur de ces vins spéciaux.

J'ai d'ailleurs indiqué il y a 2 ou 3 ans un moyen analytique qui permet avec une approximation bien suffisante de déterminer dans un vin de liqueur qu'elle était la richesse saccharine du moût originel et qu'elle est la quantité d'alcool qui a été employée pour le mutage. On dispose donc de bons moyens de contrôle pour vérifier que les 2 bases essentielles du véritable régime des vins de liqueur naturels n'ont pas été transgressées.

Le régime des vins doux naturels qui est nettement le régime instable et fragile qui a sauvé les vins de Banyuls ne deviendra leur véritable salut que le jour où il deviendra le régime stable et définitif de tous les véritables vins de liqueur naturels français. C'est ce but qu'il faut atteindre dans l'intérêt même des vins de Banyuls. Qu'ils ne craignent pas d'être concurrencés par d'autres. Qu'ils ne craignent pas d'être submergés dans une trop grande quantité de vins de liqueur naturels français. Si on maintient fermement la base des 14 degrés en puissance dans le moût. On ne fera jamais assez de vins de liqueurs naturels pour satisfaire les aspirations de la clientèle.

Reste la question de l'emploi unique de l'alcool vinique. — J'ai moi-même appelé par le Conseil de la C. G. V. en 1908, proposé et fait voter alors le principe de la séparation des alcools. La loi de 1916 a donné à ce principe un commencement d'application. Elle maintient une exception, l'Etat pouvant livrer aux muteurs des alcools de rétrocession d'origine industrielle. — On voudrait supprimer cette exception. J'ai déjà eu l'occasion de mettre en évidence qu'on n'y parviendra que le jour où les muteurs seront assurés de pouvoir trouver toujours sur le marché des alcools d'origine vinique à des prix qui ne présentent pas des écarts excessifs. Le moyen, c'est la création par les Fédérations des Distilleries coopératives de magasins d'alcool permettant de reporter sur des années déficitaires les excédents produits dans les années de surabondance. En attendant, il a fallu trouver des mesures transitoires qui ont été discutées et définies par la C. G. V. et que M. le Sénateur **Maurice Sarraut** a introduites dans son dernier rapport. Il est sage de s'en tenir à ces dispositions.

Telles sont les observations générales que je désirais présenter. Je souhaite ardemment qu'un statut définitif et rationnel des vins de liqueur français puisse enfin leur permettre de prendre leur essor et de montrer aux consommateurs de bon goût que le vignoble français est capable de produire mieux et meilleur que les pays étrangers.

M. **Carcassonne** : Je suis d'accord avec M. **Semichon**, pour la nomination d'une Commission chargée d'étudier le régime des mistelles et vins de liqueur.

M. **Gustave Coste** : J'ai fait toutes réserves au nom de la C. G. V., lors_ que la législation de juillet 1914 a écarté les cépages fins tels, la clairette de Bellegarde. Aujourd'hui, je m'associe à un vœu pour demander que la question soit de nouveau étudiée.

M. **Astruc** : A la suite du rapport que j'avais établi sur cette question en 1914, il m'a été répondu que l'Administration des Contributions Indirectes n'avait pas assez de personnel pour exercer une surveillance réelle.

M. **Semichon** : Nous savons aujourd'hui déceler dans un vin fait, la richesse du moût mis en œuvre, la quantité d'alcool provenant de la fermentation partielle de ce moût, et par suite la quantité d'alcool ajoutée.

M. **Azémar** : Je proteste contre le terme « commun » qui a été appliqué à la Clairette. Nos Clairettes sont des plants supérieurs qui, dans les Coopératives peuvent faire soit en doux, soit en demi-doux, des vins parfaits, comme ceux que nous obtenions jadis, en 1848, par exemple.

M. **Rouquet** : Je demande au Congrès de se prononcer immédiatement sur cette question de plants. La nomination d'une Commission n'aboutit qu'a un ajournement perpétuel. Nous ne pouvons pas lutter avec nos Clairettes qui paient des droits plus élevés que le Maccabeo, par exemple, simple variété, comme la Clairette, de l'Ugni blanc.

M. **Semichon** : En une demi-heure, on peut se mettre d'accord sur la question des cépages, mais, pour les questions d'ordre fiscal ou douanier, il faut les étudier mûrement, de manière à édifier un projet stable. Aussi bien, en ce qui concerne la nature de l'alcool à employer, il convient de se montrer accommodant. Nous devons aider nos parlementaires pour que le statut de l'alcool puisse être adopté, et par conséquent, accepter en cas de récolte déficitaire, que l'alcool d'industrie puisse dans une certaine mesure, se substituer à l'alcool de vins, de manière à éviter des oscillations trop grandes dans le prix des alcools, par suite de la variabilité des récoltes de vin ou de pommes.

N'oublions pas que les alcools sont passés cette année de 300 à 1.500 fr.

M. **Azémar**. — L'an prochain, où prendrons nous les alcools viniques ? Nous devons nous en tenir à l'accord de Béziers, mais il est certain que, s'il y a deux ans, nous avions mis de côté les alcools de vin à 380 francs, nous nous aurions réalisé aujourd'hui une bonne opération.

M. le **Président**. — Je mets aux voix la nomination d'une Commission composée de la C. G. V. et de représentants qualifiés des groupements agricoles, pour étudier à nouveau le régime des vins de liqueur.

M. **Combemale**. — Le bureau du Congrès s'occupera lui même de désigner les membres de cette Commission.

La discussion sur le rapport de M. **Carcassonne** est épuisé.

M. **le Président**. Je donne maintenant la parole à M. **Roche-Agussol**, Professeur à la Faculté de Droit, secrétaire général du Syndicat Montpellier-Lodève, C. G. V., pour la lecture de son rapport : *Etude législative des questions étudiées pendant le Congrès.*

Vue générale sur les problèmes législatifs soulevés au cours du Congrès

Rapporteur : M. ROCHE-AGUSSOL, *Professeur à la Faculté de Droit.*
secrétaire-adjoint de la C. G. V.

Il a paru aux organisateurs du Congrès qu'il pourrait être utile de tenter une synthèse des problèmes législatifs soulevés au cours de ces deux journées.

Les préoccupations des rapporteurs qui m'ont précédé s'ordonnent autour de deux idées générales : il s'agit d'abord, par une étude exhaustive des sous-produits de la vigne, de faire connaître aux viticulteurs, à une heure où la réduction du prix de revient s'impose dans des termes les plus menaçants que jamais, ce qu'ils laissent encore de richesses ignorées, dédaignées s'échapper de leurs mains.

L'autre préoccupation, d'allure plus discursive en apparence, est en réalité intimement connexe à la précédente. Il s'agit de l'orientation du produit de la vigne hors du marché dont on peut redouter l'encombrement éventuel. Exportation, distillation, production des raisins de table, développement des mistelles et vins de liqueur sont autant de dérivatifs grâce auxquels le marché national des vins de consommation courante se trouve allégé. Pour si inactuelles que puissent paraître, dans l'année de disette mondiale que nous traversons, des préoccupations de ce genre, on ne peut qu'approuver la prudence avertie de ceux qui maintiennent avec énergie les questions qu'elles suggèrent à l'ordre du jour de nos recherches.

Mise au jour de richesses nouvelles, ouverture de débouchés plus largement variés, tel est le double objectif des études que vous avez si justement appréciées.

Si ce programme se détache avec des caractères d'originalité vraie dans la mesure où il soulève des problèmes de technique, aussitôt qu'on l'envisage dans ses conditions sociales, juridiques, il nous amène, ainsi qu'on va le voir rapidement, à formuler des desiderata aux rééditions innombrables. Du moins leur évidence est-elle plus énergiquement mise en relief par ces raisons nouvelles ; la si vivante solidarité qui unit tous les éléments de l'économie du vin se trouve encore plus complètement démontrée.

S'il est une idée qui serve de trait d'union aux divers rapports de ce Congrès, c'est celle de coopération. On la retrouve, comme le plus inévitable leit-motiv, quelle que soit la diversité des questions traitées, au tournant de chaque discussion.

S'agit-il d'utiliser les sous-produits, le plus souvent leur mise en œuvre vraiment économique va exiger un outillage que l'immense majorité des viticulteurs ne peuvent se procurer par leurs propres moyens.

Dans bien des cas, c'est à la distillerie coopérative que l'on songera comme cellule mère de tout un organisme aux fonctions de plus en plus nombreuses. Il est tout un ensemble d'efforts de récupération qu'il est urgent de laisser intégrés dans l'économie agricole, soit parce que le sous-produit, détaché de son milieu d'origine, traité pour lui même, risquerait de ne plus laisser place à une industrie viable, soit parce que nous devons être en garde contre la main mise de l'industrie sur une matière première qu'elle nous retournerait ensuite grevée d'un onéreux tribut.

Traiter dans des conditions uniques d'économie ce qui ne serait, en dehors d'elle, que richesse perdue, se réserver, par une mise en œuvre habile, des richesses très chèrement achetées jusqu'ici, tels sont les objectifs que, sous maintes formes, la science agricole est venue ic proposer à la coopération.

Mais si important que soit son rôle dans cet ordre de problèmes, c'est encore à l'égard du produit principal que sa mission de sauvegarde est apparue, une fois de plus, dans toute son urgence.

Parmi les souvenirs remués devant nous, rappelons seulement, parce que ce sont là des aperçus plus rares sur un domaine si largement parcouru, la victoire inespérée de l'esprit coopératif permettant aux producteurs de raisin de Vaucluse de sauver, en 1927, leur vignoble de la gelée, rappelons aussi l'exemple significatif donné aux viticulteurs de notre pays par l'Italie, qui a su, depuis si longtemps, développer avec tant de force, toutes les œuvres de solidarité agricole.

Si résolu, si réconfortant que soit, dans ses résulats, dans son allure rapidement progressive, l'effort des viticulteurs, il est indispensable que cet effort soit secouru.

Il faut un terrain plus ferme, des cadres élargis, des encouragements plus efficaces à une œuvre aussi urgente.

Au risque de fatiguer l'attention, on ne peut se dispenser de redire ici les graves menaces fiscales qui s'accusent contre les coopératives et aussi d'ailleurs, d'une façon générale, contre les agriculteurs.

Cette menace s'est fait jour non seulement sous la forme de projets, de réserves législatives mal éclaircies, mais déjà par des actes administratifs. C'est ainsi qu'un assez grand nombre de distilleries coopératives ont été grevées de l'impôt sur la propriété bâtie, la même mesure a été prise à l'égard de viticulteurs distilllant les produits de leur exploitation.

Les coopératives ont une double raison de s'émouvoir de cette mesure.

Prise en elle-même, elle constitue la privation d'une immunité légale nettement établie, toujours respectée jusqu'ici. Au terme de la loi de frimaire an VII (article 85), complétée par la loi de 1890, art, 5, paragraphe 2, les bâtiments ruraux sont exempts de l'impôt sur la propriété batie.

La loi du 5 août 1920 sur le Crédit agricole a, dans son art 32, expressément rappelé que la même immunité était acquises aux locaux coopératifs dans lesquels sont effectuées des opérations d'ordre agricole. La loi de 1920 se caractérise par l'ampleur extrême de ses dispositions. Elle s'applique aux « Sociétés coopératives agricoles constituées en vue d'effectuer ou de faciliter toutes les opérations concernant la production, la transformation, la conservation ou la vente des produits agricoles provenant exclusivement des exploitations des associés »... Les Sociétés agricoles ayant pour but de doter une région rurale d'installations modernes telles que « abattoirs industriels, entrepôts frigorifiques, réseaux électriques, » (art. 22).

Refuser aux distilleries le bénéfice, jusqu'ici indiscuté, de dispositions aussi formelles est une mesure grave, surtout en raison des perspectives qu'elle fait entrevoir. Sur les feuilles de contributions délivrées selon les nouvelles formules, la distillerie reçoit la qualification d'usine. On refuse de considérer la distillation comme un acte de la profession agricole. L'agriculteur qui distille les produits de son exploitation est ainsi en voie d'être assimilé à un industriel ; ce sont les impôts commerciaux (impôt sur les bénéfices, taxe sur le chiffre d'affaires) qui vont alors fondre sur lui.

Il y aurait ainsi, parmi les agriculteurs et les groupements agricoles, une coupure nécessairement assez arbitraire. D'un côté se trouveraient ceux qui demeurent agriculteurs parce que, sans s'abstenir tout à fait de mettre en œuvre les produits de l'exploitation, sans les livrer à l'état complètement brut aux intermédiaires, ils auraient du moins été assez discrets dans leurs ambitions. De l'autre côté seraient tous ceux qui auraient prétendu utiliser avec le maximum de puissance les produits de leur sol.

L'offensive fiscale actuelle, si dispersée, si inégale dans ses manifestations, anticipe sur certains projets législatifs. Elle répond à une direction qui a trouvé des défenseurs plus enthousiastes que réfléchis. On a parlé à ce sujet d'égalité fiscale : il était difficile d'invoquer de façon plus malencontreuse principe plus respectable.

Egalité fiscale signifie mise en regard d'obligations et de facultés respectivement identiques. Vouloir considérer comme identiques l'acte d'un agriculteur qui distille les produits de son exploitation et celui d'un commerçant qui distille les produits de l'exploitation d'autrui, c'est se laisser dominer par une analogie purement matérielle et négliger volontairement l'aspect juridique, social, c'est-à-dire essentiel de l'une et de l'autre opération.

Dans le premier cas, il s'agit purement et simplement de l'exercice du droit de propriété, de la mise en valeur, qu'il est loisible de souhaiter aussi complète, aussi fructueuse que possible, du produit que l'on a, par ses propres sacrifices, fait venir, — dans le second cas, d'une activité spéculative, interposée entre le producteur et le consommateur, — activité dont il ne s'agit pas de contester les services, mais dont il n'est que juste de dire qu'elle est inassimilable à la première dans sa nature, dans son urgence.

On ne saurait d'ailleurs voir mosaïque plus diverse que celle des dispositions appliquées, soit par l'administration, soit, lorsque les décisions administratives n'ont pas été acceptées, par la jurisprudence.

Politique d'empirisme qui pourrait, entre autres risques, présenter celui de diviser les forces coopératives, si le sentiment de leur unité morale était chez elles moins profond.

Ainsi une distinction est faite entre les caves de vinification et les distilleries. Les caves demeurent inattaquées, pour l'instant, dans leur immunité fiscale, parce que l'on juge tout de même excessif d'assimiler à un industriel le vigneron qui, selon sa mission multiséculaire, a transformé ses raisins en vin.

Ainsi qu'on l'a vu, les distilleries coopératives sont traitées avec plus de rigueur parce qu'on refuse à voir dans la distillation une opération agricole, — méconnaissant ainsi l'autorité d'une tradition que garantissait, hier encore, le privilège des bouilleurs de cru, non supprimé mais simplement suspendu, cantonné dans son application utile.

Encore l'attitude prise à l'égard des distilleries ne l'est-elle qu'avec certaines réserves. Ce n'est pas à toutes, mais à certaines d'entre elles qu'est appliquée la dénomination d'usine.

Enfin, dans les distilleries qui joignent à la production de l'alcool l'utilisation nouvelle de certains sous-produits du marc (huile de pépins, produits tartriques) ce sont les impôts commerciaux que l'on applique, tantôt sur les recettes afférentes à ce supplément d'activité, tantôt sur l'ensemble des opérations.

Bien des essais ont été faits pour introduire de l'ordre dans cet ensemble de décisions dispersées, peu conciliables entre elles. Parfois le principe de la discrimination entre l'industrie agricole et l'industrie proprement dite, soumise à la fiscalité commerciale, sera cherché dans la puissance productive.

Quand il s'agira d'un agriculteur pris individuellement, on se préoccupera du rapport qui existe entre l'installation transformatrice et le domaine agricole. C'est du moins l'idée qui perce à travers certaines décisions judiciaires.

Lorsqu'il s'agit de collectivités, semblable comparaison ne saurait jouer ; le problème est alors livré à une appréciation encore plus hasardeuse.

On a tout dit au sujet d'un semblable critère. Il ne saurait y avoir système moins justifiable que celui qui tend ainsi à décourager l'esprit d'initiative, à exclure de la profession agricole ceux qui ont fait acte de courage économique.

Dans une proposition de loi d'allure surtout transactionnelle, empreinte, dans certaines de ses dispositions, d'un esprit de véritable bienveillance à l'égard des coopératives, c'est un autre indice qui est considéré comme décisif : le sort de l'industrie agricole dépendra non de ses moyens d'action, mais de ses buts.

Si l'idée maîtresse de cette proposition était admise, demeureraient essentiellement agricoles, avec toutes les suites attachées à ce caractère, les opérations tendant à obtenir les produits qu'un usage bien établi montre réservés à l'activité de l'agriculteur : le vin, l'alcool, pour ne citer que des exemples particulièrement évidents.

C'est là un point de vue qui, s'il procède d'intentions manifestement plus favorables que celles de la pratique fiscale actuelle, suscite le même grief essentiel.

Vouloir, à une époque où il n'est de vie économique qui ne soit soumise à un effort d'adaptation perpétuellement renouvelé, immobiliser une profession, prétendre qu'il est pour elle un type arrêté d'opérations immuables, dans leur but, sinon dans leurs moyens, exclure fiscalement de l'agriculture individus et groupements qui auraient simplement utilisé au mieux leurs produits, seraient, quels que soient les ménagements consentis, quelles que soient les intentions modérées dont on fait preuve (intentions qui risquent toujours d'être insuffisamment respectées en cours d'évolution) méconnaître à la fois les exigences d'une vraie logique fiscale et celles d'un développement économique plus nécessaire que jamais.

L'erreur fondamentale consiste à vouloir discriminer et taxer pour elle-même l'activité industrielle. L'industrie est partout, elle commence dès qu'il y a effort organisé en vue d'un certain but méthodiquement poursuivi. Agriculteurs, commerçants relèvent toujours d'elle à quelque degré.

Saluer un perfectionnement par une surtaxe, ajouter aux aléas inhérents à l'application de toute découverte le poids d'une surcharge d'impôt, alors que c'est au contraire par des encouragements, des exonérations qu'il faut accueillir tout effort vers le mieux, telle serait l'une des inéluctables conséquences de la politique qui vient d'être dessinée.

On peut en entrevoir d'autres : les personnes et les groupements ainsi exclus, au point de vue fiscal, de l'agriculture risqueraient, si l'on voulait suivre jusqu'à ses extrêmes conséquences logiques l'opinion adoptée à leur égard, d'être incorporés professionnellement au monde commercial (au point de vue de la tenue des livres, des obligations et incompatibilités diverses) ; ou bien on verrait se constituer certaines catégories juridiques mal définies, hybrides en quelque sorte, réunissant les caractères de la profession commerciale et de la profession agricole sans pouvoir être rangées d'une manière décisive ni dans l'une, ni dans l'autre.

Sans doute ce sont là des conséquences auxquelles personne ne songe actuellement, mais la critique d'une idée n'est-elle pas singulièrement facilitée par cet aperçu des suites qu'il faudrait accepter si on voulait lui demeurer vraiment fidèle.

Pour trancher le débat engagé, à l'heure actuelle, dans des conditions si dangereusement obscures, il est un seul critère acceptable : celui de l'acte commercial.

Aussi longtemps que l'on n'achète pas pour revendre, on demeure agriculteur. Telle est d'ailleurs la base de discrimination donnée par notre code de commerce.

Aucune profession ne peut être placée sous un signe de subordination, condamnée au stationnement.

Nous demandons en conséquence que quiconque se borne à utiliser, à transformer les seuls produits de sa terre, soit traité comme un agriculteur. Sans doute, il est légitime qu'il retire un gain de ce surcroît de peine, de frais, mais il s'agit là d'un revenu qui demeure essentiellement agricole. D'ailleurs, le gain supplémentaire se réduit parfois à une simple sauvegarde : économie de frais généraux, organisation d'un débouché de secours.

Ce sont là des vues très anciennes qui n'ont rien perdu de leur évidence. On n'a jamais discuté l'immunité de l'agriculteur qui vend sa récolte, fut-il amené à développer sa publicité, son outillage. Si la notion de bénéfice industriel, insidieusement introduite, comme on l'a vu, dans la pratique fiscale, parvenait à s'acclimater dans notre législation, cette immunité qui a été pour certains, dans des périodes vraiment cruelles, une suprême ligne de défense, risquerait d'être elle aussi, irrémédiablement compromise.

On ne saurait, en faveur des exigences fiscales actuelles, invoquer, comme on l'a fait parfois, la nécessité de défendre le Trésor contre certains abus de l'immunité agricole.

Quand on se trouvera en présence de véritables exploitations commerciales, invoquant pour se soustraire à l'impôt un prétexte agricole, il y a un procédé légitime de redressement à leur égard, il est fourni par la théorie bien connue de l'accessoire.

Aussi longtemps qu'on se borne, par les moyens les plus économiques, à extraire de son seul produit ce qu'il contient, cette œuvre d'analyse doit être intégralement sauvegardée.

Si au contraire on obtient avec le produit de son exploitation, joint à d'autres produits, une richesse de synthèse telle que les produits apportés du dehors soient autre chose qu'un simple accessoire, la spécialisation agricole n'est plus invoquable ; c'est la modification du caractère juridique essentiel des actes accomplis et non leur perfectionnement technique qui explique ce déclassement fiscal.

La libre recherche de l'utilité du produit agricole est une faculté sans laquelle bien des résolutions de ce congrès risqueraient de demeurer lettre morte.

Il fallait d'abord dégager les droits de l'agriculteur isolé ; est-il nécessaire d'ajouter que ces mêmes droits ne sauraient subir aucune diminution du fait que les agriculteurs s'unissent pour les exercer. La seule question qui puisse légitimement se poser sera de savoir si on se trouve en présence d'une collectivité vraiment agricole ou d'un intermédiaire.

Le critère agricole et le critère coopératif sont, en l'espèce, strictement calqués l'un sur l'autre.

Le groupement coopératif sera celui qui ne veut être que la synthèse, pure de tout mélange, d'activités professionnelles. Les coopératives vinicoles qui s'accumulent, en ce moment, sous la poussée d'un esprit de prévoyance et de solidarité dont l'agriculteur français a donné tant de preuves sont, à travers leurs diversités d'objets, de formules — fidèles à ce programme.

La coopérative ne met en œuvre que les produits de ses adhérents. Les recettes nettes de ses opérations sont réparties entre les coopérateurs en raison non du capital apporté mais des apports en nature. c'est-à-dire de la part effective de chacun à l'activité commune. Enfin, par un scrupule qui témoigne d'un manière significative de leur esprit social, les administrateurs ne reçoivent, directement ou indirectement, aucune rémunération.

Aucun revenu extra agricole ne se trouve donc créé, la coopérative ainsi comprise remplit avec le maximum de netteté son rôle d'agent de coordination. Tout ce qui est permis, individuellement à des agriculteurs doit l'être aussi au groupement qui s'est borné à intensifier leur puissance, sans altérer en quoi que ce soit, la nature exacte de leur activité.

Il faut aux coopératives une politique extensive, non seulement dans le cercle des opérations, mais dans l'ampleur du groupement.

Parmi les réalisations indiquées au passage pendant ce Congrès si riche en suggestions diverses, beaucoup impliquent des réunions de matières premières, des conditions d'outillage, de méthode inaccessibles à des groupements purement locaux.

D'autre part, les tâches de propagande, plus particulièrement celles qui ont trait à la conquête des marchés étrangers impliquent des organismes fédératifs dont le vrai cadre est encore à obtenir.

Nous ne ferons que mentionner les vœux récemment adoptés à Marmande et à Strasbourg en faveur de l'extension aux Fédérations coopératives agricoles du statut accordé aux coopératives de base, de leur régime juridique, de leur participation aux avances de l'Etat

Tout ce que nous pourrons dire ici, c'est que l'urgence de ces vœux a été encore soulignée par le Congrès.

Nous venons de voir, par un exemple singulièrement important, combien les questions d'économie agricole se trouvent à l'heure actuelle de plus en plus étroitement impliquées dans des problèmes fiscaux. Beaucoup d'autres nous en ont été donnés ici.

Aux cours de la communication consacrée aux mistelles et aux vins de liqueur, nous avons vu se manifester, d'une manière particulièrement saisissante, le contraste si souvent relevé entre les insuffisances de la protection douanière et les rigueurs de fiscalité intérieure.

Rappelons à cet égard l'excès manifeste que constitue une taxe de luxe à la fois écrasante par son taux et assise sur le prix brut de la marchandise, c'est-à-dire non seulement sur la valeur du produit, mais sur l'impôt, déjà énorme, dont ce produit est grevé.

Nous ne saurions formuler vœu plus pressant que celui de voir pénétrer dans notre législation l'esprit qui animait les conférences de novembre dernier et d'hier sur la valeur alimentaire du raisin, du vin et aussi, toutes proportions gardées, toute mesure observée, de l'alcool.

A tant d'affirmations systématiques, passionnées, opposer la parole vraiment scientifique dont l'écho est encore présent ici, telle sera l'une de nos tâches essentielles. Il faut éliminer de chez nous cette influence prohibitionniste encore trop puissante, faire pénétrer la notion d'équilibre, de sélection, de juste discrimination dans une fiscalité rendue ainsi plus ménagère d'une grande richesse nationale et plus réellement productive peut-être pour le Trésor.

Nous ne faisons qu'énumérer les principaux problèmes fiscaux soulevés ici. Le plus urgent de tous, celui du régime définitif de l'alcool devait aussi appararaître à diverses reprises. Pour tant qu'il constitue paraît-il, une garantie de durée, le caractère provisoire d'un régime a véritablement fait son temps après une expérience favorable de onze années. Il faut à la fois que ce régime se consolide et que ses garanties ne se trouvent pas compromises sous l'action de facteurs extérieurs insuffisamment surveillés.

On a eu l'exemple d'un péril de ce genre au moment de l'importation massive des rhums en 1922. La révision douanière en cours risque, si telle proposition était adoptée, de susciter un péril du même genre. A l'alcool d'industrie français, — exclu du marché alimentaire ou exceptionnellement admis sur ce marché en quantités et pour des emplois strictement déterminés, à des prix assez élevés pour atténuer les effets de cette concurrence limitée, — on risquerait de substituer purement et simplement l'alcool industriel étranger, librement incorporé à des produits trop faiblement taxés.

* *

Mais ce n'est là que l'un des signes de cette pression exercée sur tous les points essentiels de l'économie viticole par le régime douanier.

Nous avons eu à nous en préoccuper ici à un point de vue moins défensif qu'expansif.

Rien ne saurait être plus efficace contre un pessimisme découragé, contre un optimisme trop confiant que le sort comparé de ces deux exportations dont on nous a successivement parlé : l'une, celle des raisins de table, en période magnifiquement ascensionnelle, l'autre, celle du vin, assombrie par un ensemble d'épreuves qui ont momentanément paralysé le développement d'une vocation économique jadis pleine de promesses.

L'analyse de l'une et de l'autre met en relief l'influence combinée du facteur douanier et de l'organisation professionnelle. Le développement de la solidarité entre producteurs, en même temps qu'il garantit l'utilisation plus complète des possibilités douanières, permet de réagir sur elles.

Parmi tant de déséquilibres, de déceptions, de menaces, il faut cependant noter à cet égard un résultat qui vaut surtout comme indication d'avenir.

Pendant très longtemps, par suite d'une véritable trahison de l'idée par le mot, les accords commerciaux étaient considérés comme intéressant exclusivement, dans leur préparation, dans leur interprétation, le Ministère du commerce.

Les producteurs agricoles étaient des absents sacrifiés, en vertu même de ce caractère non commercial qu'on leur oppose, sans s'interdire de le leur discuter parfois, comme nous l'avons vu en matière fiscale.

Au moment où tout problème économique tend à s'organiser, plus inéluctablement que jamais, en termes internationaux, il était indiscutable de rompre avec un point de vue aussi artificiel. Tous les représentants de la production nationale doivent concourir à l'établissement des accords où se débattent les mutuels sacrifices exigés par l'aménagement des échanges. La représentation agricole n'est encore assurée que dans des conditions presque embryonnaires ; du moins la rupture avec un régime d'exclusion pure et simple est-elle un encouragement donné à nos revendications.

C'est aux habitudes nées de ce régime trop longtemps conservé qu'il faut, dans une large mesure, attribuer cette décourageante rigueur douanière à laquelle se heurte l'activité de notre exportation.

Une concurrence étrangère active, puissamment organisée, avec laquelle nos producteurs de raisins ont aussi de plus en plus largement à compter, se trouvait par trop favorisée par cette carence de toute sauvegarde agricole efficace, dans la discussion des accords internationaux.

Parmi les ressources de soutien de l'exportation, on a parfois entrevu la prime. C'est un procédé dont le rôle a été grand dans la constitution de notre économie nationale et même, à l'égard de certains produits, dans un passé encore assez récent. Leur efficacité se trouve, à l'heure actuelle, menacée par un protectionnisme aussi rigoureux dans ses susceptibilités que prompt dans ses réactions. En vertu d'un principe d'application à peu près universelle, la prime à l'exportation dans le pays d'origine appelle, dans le pays de destination, une surtaxe douanière destinée à la neutraliser.

Du moins est-il une forme d'encouragement dont l'efficacité apparaît comme moins menacée par des représailles éventuelles, c'est le tarif différentiel de transport, qui est d'ailleurs d'une pratique internationale assez étendue. Il est trop faiblement encore appliqué chez nous, son développement s'est trouvé enrayé jusqu'ici sous l'action de tendances vivaces, qu'accuse notamment la rigueur démesurée des taxes de transport perçues sur le vin.

Une fois de plus apparaît l'interdépendance étroite des facteurs intérieurs et extérieurs, l'influence à la fois matérielle et morale de nos propres attitudes sur celles que nous pouvons escompter de la part des autres pays.

**

Telle est la revue rapide que je vous devais des problèmes législatifs évoqués par un congrès d'ordre surtout technique.

C'est à l'occasion de semblables débats que l'on peut le mieux éprouver les limites d'efficacité d'une mesure légale. Elle vaut tout à la fois comme indice et comme adjuvant d'une volonté collective d'organisation, de redressement. On ne saurait reprocher aux viticulteurs de solliciter une protection qui tendrait à les dispenser de l'effort.

Aucun vœu direct ne termine ce rapport ; plusieurs communications antérieures ont abouti à des motions formelles ; certaines autres impliquaient virtuellement des résolutions sur lesquelles l'assemblée s'est prononcée.

Je vous demanderai seulement la permission d'interpréter l'ensemble des actes de ce Congrès comme une affirmation énergique en faveur d'une vraie liberté coopérative, d'une équité douanière et fiscale plus nécessaires que jamais, dans une période de charges aggravées et de si laborieuse reconstruction.

Munis de ces indispensables garanties, les viticulteurs pourront, mettant pleinement à profit les indications qui leur ont été données ici, poursuivre, plus efficace, leur patient effort et contribuer plus puissamment que jamais au soutien de cette énergie terrienne qui est un des privilèges historiques de notre pays.

M. le Président. — Je remercie M. **Roche-Agussol** de son très intéressant rapport, qui ne paraît guère sujet à discussion dans cette assemblée et je donne la parole à M. **Roos**, Directeur honoraire de la Station Œnologique de l'Hérault, qui va nous résumer les travaux du Congrès.

M. **Roos** passe alors en revue à grands traits, les divers rapports présentés au cours des quatre séances du Congrès. Il n'y a d'ailleurs pas lieu de reproduire ici ce résumé.

M. **le Président.** — Je crois être l'interprète de tous en remerciant M Roos du résumé si complet, qu'il vient de nous faire, et je vous remercie tous, de la bienveillante attention que vous avez montrée aux diverses questions traitées au Congrès.

M. **Combemale.** — Je vous rappelle que le Congrès se continuera demain matin par la visite de l'Ecole Nationale d'Agriculture, le soir par celle de la Coopérative de distillation « La Grappe » de Montpellier et celle d'une Coopérative de vinification, celle de Lansargues.

M. **le Président.** — La séance est levée.

TROISIÈME JOURNÉE DU CONGRÈS

Jeudi 9 Juin 1927, — *Matin*

Le jeudi matin, 9 juin, dès neuf heures, la plupart des Congressistes se sont rendus à l'Ecole Nationale d'Agriculture. Ils ont été reçus par M. **Ravaz**, directeur de l'Ecole entouré de ses principaux professeurs.

Parmi les visiteurs quelques uns, anciens élèves, ont été tout heureux de revoir l'Ecole où s'était écoulée une partie et non la moins joyeuse de leur existence.

Le domaine de l'Ecole est d'une étendue assez grande pour qu'on puisse s'y égarer. M. le **Directeur Ravaz** guide ses visiteurs dans les champs d'expériences, où, avec sa courtoisie habituelle, il fournit tous renseignements et explications désirables au milieu des ceps, américains purs, et hybrides d'Américains et de Vinifera.

M. **Lagatu** et **Vidal** professeurs à l'Ecole promènent ensuite les visiteurs dans leurs laboratoires et leurs champs d'expérience.

M. le **Professeur Ventre**, pendant la visite de son laboratoire, a l'occasion de montrer à l'appui du rapport qu'il avait présenté au Congrès sur l'*Huile de pépins de raisins*, des échantillons de cette huile raffinée pour la consommation, et du savon préparé avec cette même huile sans autre mélange.

Le Directeur de l'Ecole et ses professeurs ont fait preuve de la plus grande amabilité, et les Congressistes ont montré le grand intérêt qu'ils ont pris à cette visite qui n'a pris fin qu'à midi.

Jeudi 9 Juin, — *Soir.*

Suivant le programme la première visite a été pour la Coopérative de distillation « La Grappe » dans la banlieue de Montpellier.

Les Congressistes sont reçus par le Président du Conseil d'Administration et par M. **Camps**, directeur de l'Usine. Après les salutations d'usage M. **Camps**, directeur, donne sur le fonctionnement de la Société, les renseignements techniques les plus complets. La Coopérative n'avait envisagé que la distillation des marcs lors de sa fondation. Ce n'est que depuis deux ans qu'elle a songé à annexer à la distillerie une huilerie de pépins.

Au moment de la visite les appareils séparateurs de pépins sont en plein fonctionnement. C'est évidemment pour les visiteurs, le meilleur enseignement. Ils suivent avec intérêt le travail mécanique de cette opération. La capacité pour huile de « La Grappe », est d'environ 2,400 kilog. de pépins par jour.

Les résultats que la Coopérative obtient pour ses adhérents sont excellents, et elle nourrit l'espoir que l'huilerie de pépins viendra les améliorer.

Les Congressistes très intéressés, doivent cependant quitter « La Grappe » en remerciant vivement le Président du Conseil d'Administration et M. **Camps**, pour l'accueil si aimable dont ils ont été l'objet, pour se rendre à Lansargues.

La Coopérative de vinification de Lansargues n'est pas de création récente, mais elle n'en est pas moins pourvue d'un outillage très moderne. Son aspect intérieur est imposant. Les congressistes y sont reçus par M. **Castan**, président de la Cave Coopérative de Lansargues, par M. **Ales**, Conseiller général, Ancien Président de la Coopérative et M. le Commandant **Barbezier**, Ex-Président Fondateur de cette même Coopérative.

Aux nombreux visiteurs, se sont joints M. **Combemale**, qui dirige la caravane et M. **André Cassan**, architecte, qui a établi les plans de la Coopérative en 1913 et en a dirigé la construction.

Après une visite en détail de la Coopérative qui, malheureusement ne peut fonctionner, vu l'époque de la visite, et des nombreuses explications demandées et données, un vin d'honneur, avec les produits de la cave, est offert aux visiteurs et une allocution de bienvenue est prononcée par M. **Ales**.

M. **Combemale** remercie au nom des Congressistes et la caravane retourne à Montpellier où elle est arrivée à 17 heures.

Les excursions faisant suite au Congrès sont terminées et le Congrès également.

TABLE DES MATIÈRES

2ᵉ Journée. — *Séance du matin*

Séance du soir

3ᵉ Journée

www.ingramcontent.com/pod-product-compliance
Lightning Source LLC
LaVergne TN
LVHW010109070726
842525LV00017B/1012